高职高专"十二五"规划教材

金属材料热处理技术

主编 刘槐 卫开旗

北 京
冶金工业出版社
2015

内 容 提 要

本书共分三个部分：第一部分基础知识，包含 12 个模块，其主要内容涉及金属生产和加工专业所需的基础知识；第二部分实践拓展知识，包含 12 个模块，其主要内容为针对不同专业的实践性教学内容以及学生未来所需的相关知识；第三部分专业技术知识，包含 7 个模块，其主要内容涉及具体专业（如冶炼、压力加工、热处理等）所需要的知识。

本书可作为金属材料生产、加工类专业的教学用书，也可作为生产现场技术工人的培训教材。

图书在版编目（CIP）数据

金属材料热处理技术/刘槐，卫开旗主编. —北京：冶金工业出版社，2015.7

高职高专"十二五"规划教材

ISBN 978-7-5024-6970-2

Ⅰ.①金…　Ⅱ.①刘…　②卫…　Ⅲ.①金属材料—高等职业教育—教材　②热处理—高等职业教育—教材　Ⅳ.①TG14　②TG15

中国版本图书馆 CIP 数据核字（2015）第 159263 号

出 版 人　谭学余

地　　　址　北京市东城区嵩祝院北巷 39 号　邮编　100009　电话　（010）64027926
网　　　址　www.cnmip.com.cn　电子信箱　yjcbs@cnmip.com.cn
责任编辑　俞跃春　李维科　美术编辑　彭子赫　版式设计　葛新霞
责任校对　李　娜　责任印制　李玉山
ISBN 978-7-5024-6970-2
冶金工业出版社出版发行；各地新华书店经销；北京百善印刷厂印刷
2015 年 7 月第 1 版，2015 年 7 月第 1 次印刷
787mm×1092mm　1/16；14 印张；336 千字；214 页
35.00 元

冶金工业出版社　投稿电话　（010）64027932　投稿信箱　tougao@cnmip.com.cn
冶金工业出版社营销中心　电话　（010）64044283　传真　（010）64027893
冶金书店　地址　北京市东四西大街 46 号（100010）　电话　（010）65289081（兼传真）
冶金工业出版社天猫旗舰店　yjgycbs.tmall.com
（本书如有印装质量问题，本社营销中心负责退换）

前　言

金属材料热处理是钢铁材料生产及加工过程中极其重要的工艺环节。"金属材料热处理技术"是现代高等职业教育中，与钢铁材料生产、加工相关的专业不可或缺的专业基础和专业技术课程，通过学习，学生可以了解和掌握金属材料热处理的知识和技术，为在相关领域就业奠定基础，拓宽就业面。

本书针对高职教育的培养目标，结合高职学生特点，以"理论够用，突出实践"为特色，根据相关职业标准，将"金属材料热处理技术"课程内容——金属学基本原理、热处理原理及工艺、钢铁材料等分为三个部分，即基础知识部分、实践拓展知识部分、专业技术知识部分。在使用本书时，可以根据专业课对专业基础知识的要求以及培养目标的不同，选择本书中的不同模块组成授课内容。

刘槐同志负责基础知识部分模块 1~8，实践拓展知识部分模块 13~20，专业技术知识部分模块 25~27 的编写；卫开旗同志负责基础知识部分模块 9~12，实践拓展知识部分模块 21~24，专业技术知识部分模块 28~31 的编写。

在本书的编写过程中，参阅了大量的生产技术资料和参考文献，也得到了相关专业教师、生产现场技术人员的鼎力支持，特别是攀枝花钢铁集团公司轨梁厂陶功名、刘晓华等同志，提供了大量生产一线的资料，充实了本教材的实践拓展内容，在此向相关专家、作者和老师深表谢意。

由于编者水平所限，书中不足之处，恳请各位专家和读者批评指正。

编　者

2015 年 5 月

目　录

第一部分　基础知识模块

第二部分　实践拓展知识模块

第三部分　专业技术知识模块

第一部分

基础知识模块

模块 1　课程介绍

主题 1.1　概念及其说明

1.1.1　材料

材料是人类用来制造各种有用物件的物质。它是人类生存与发展以及改造自然的物质基础，它在科学发展和国民经济中占有极其重要的地位。材料与能源、信息一起被誉为现代经济发展的三大支柱。历史学家用不同时代所使用的标志性材料将人类的发展史划分为石器时代、青铜器时代、铁器时代、水泥时代、钢时代、硅时代和新材料时代等。

1.1.2　工程材料

工程材料是指具有一定性能，在特定条件下能够承担某种功能、被用来制取零件和元件的材料。工程材料的种类繁多，分类方法也不同，但均可分为金属材料和非金属材料两大类。

1.1.3　金属材料

金属材料通常分为黑色金属和有色金属两大类，黑色金属包括铁、锰、铬及它们的合金，有色金属材料是除黑色金属之外的所有金属及其合金。非金属材料在广义上是指金属及合金以外的所有材料，工程上使用的非金属材料主要有高分子材料、工业陶瓷和复合材料等。

金属材料是现代工业、农业、国防及科学技术等部门使用最广泛的材料。据统计，目前各种机器设备、车辆、船舶、仪器仪表以及国防武器等所用的材料中，金属材料约占90%以上。

1.1.4　性能

性能是金属材料满足生产加工和使用的能力。金属材料的性能根据分类的方法不同，可以分为使用性能和工艺性能，或物理性能和化学性能等。金属材料之所以能获得广泛的应用，不仅是由于它的来源丰富，而且还由于它具有优良的性能。

1.1.5 化学成分

金属材料的化学成分是指组成金属材料的主要金属元素（如铁等）、其他元素（如碳等）和所谓的杂质等。化学成分是由冶炼和铸造特别是冶炼来保证的，冶炼和铸造条件的任何变化都会影响到成分的改变。

1.1.6 组织结构

金属材料的组织结构是指晶体的形貌和晶体中原子的排列形式。在金属学中，组织这个概念是指用肉眼或借助于各种不同放大倍数的显微镜所观察到的金属材料内部的情景。习惯上将用肉眼或放大几十倍的放大镜所观察到的组织，称为低倍组织或宏观组织；用放大 100~2000 倍的光学显微镜所观察到的组织，称为高倍组织或显微组织；用放大几千倍到几十万倍的电子显微镜所观察到的组织，称为电镜组织或精细组织。用 X 射线衍射法研究的晶体中原子的排列形式，称为晶体结构，简称结构。

1.1.7 热处理

热处理是将钢在固态下加热到预定的温度，保温一段时间，然后在一定的介质中冷却，以改变其整体或表面组织（或表面成分），从而获得所需性能的一种热加工工艺。

主题 1.2　主要内容及特点

金属材料的性能与其化学成分、组织结构和热处理方式密切相关。例如，钢和铸铁虽然都是铁碳合金，但是两者的力学性能却差别很大，一为塑性材料，一为脆性材料。这主要是由于钢和铸铁的含碳量不同，两者的组织不同，从而导致钢和铸铁在性能上有很大的不同。用含碳量为 0.77% 的碳钢，制成两个相同的试件，都加热到 760℃，然后分别使之快冷（淬火）和慢冷（退火），结果两个试件的硬度相差 3~4 倍之多。这是因为冷却速度不同，形成了不同的组织。对金属材料进行压力加工（轧制、锻造等）也可改变组织，从而改善其性能。

本课程主要讲解金属材料的性能与它的成分、内部组织结构和热处理方式之间的关系及变化规律，改变金属材料性能的途径以及常用金属材料等，是冶炼、压力加工、材料成型、机械制造等专业必修的技术基础课。其主要内容包括金属的性能、金属及合金的结构与结晶、合金相图、塑性变形与再结晶、热处理原理和工艺、工业用钢、铸铁、有色金属及其合金等内容。

通过本课程的学习使学生获得有关金属学、热处理、工程材料的基本理论、基本知识和基本方法，为以后学习有关专业课程，以及正确选择、合理使用金属材料，充分发挥金属潜力奠定基础。

本课程是一门实践性非常强的学科。本教材在编撰过程中，针对高职学生的特点、培养目标，以理论够用，突出实践为原则，特别重视实践性内容的安排。从课时上看，实践性教学环节占总课时量的30%以上。此外，在每一个模块中均安排有与实际运用相关的习题或项目。

本教材由三个模块组成。每一模块包含一个或数个主题，每一个主题均为相对独立的一个或数个知识点。其中基础知识模块包含的内容为任何涉及金属生产和加工的专业均需要的基础知识。专业技术知识模块包含的内容为涉及具体专业（如冶炼、压力加工、热处理等）所需要的知识。实践拓展知识模块包含的内容为针对本课程或不同专业的实践性教学内容以及考虑到学生未来发展所需的相关知识。教师在使用本教材时，可以根据专业课对专业基础知识要求的不同，培养目标的不同，选择本教材中的不同模块组成本课程的授课内容。

模块 2　金属材料的性能

主题 2.1　关于金属材料性能的一般描述

金属材料的性能有不同的分类方法。在本课程中，金属材料的性能可以大致分为使用性能和工艺性能。

使用性能是指为保证机械零件或工具正常工作，材料应具备的性能。它包括力学性能（也称机械性能）、物理性能和化学性能等。使用性能决定了材料的应用范围、安全可靠性与使用寿命。工艺性能是指在制造机械零件或工具的过程中，金属材料适应各种冷热加工的性能，它包括铸造性能、压力加工性能、焊接性能、切削加工性能以及热处理性能等。

根据不同的情况，金属材料的某一性能可以分别属于使用性能或工艺性能。例如强度，在使用过程中，需要承载外力时，可以视为使用性能；而在零件的加工过程（如冷弯）中，可以视为工艺性能。

金属材料在加工或使用过程中，都是要承受外力作用的，当外力超过某一限度时，金属就会发生变形，甚至断裂。作用在金属材料上的外力也叫做载荷，根据载荷的性质可分为静载荷、冲击载荷和交变载荷等。同一种金属在不同性质的载荷作用下，表现出不同的力学行为。例如在静载荷作用下表现出一定塑性的材料在冲击载荷作用下表现为脆性材料。

金属受到载荷作用后，其变形和破坏过程一般是：弹性变形—弹性变形+塑性变形—断裂。弹性变形是指载荷全部卸除后，可完全恢复的变形；塑性变形是指在载荷去除后，材料中仍残留下来的永久变形。

金属抵抗外力作用的能力，称为机械性能或力学性能，或者说金属材料的机械性能是指材料在外加载荷作用下所表现出来的性能，通常包括：强度、塑性、硬度、韧性、疲劳强度等。

主题 2.2　金属材料的机械性能

2.2.1　强度及其指标

强度是指金属材料在静载荷作用下，抵抗永久变形和断裂的能力。由于载荷的作用方式有拉伸、压缩、弯曲、剪切等形式，所以强度也分为抗拉强度、抗压强度、抗弯强度、抗剪强度等。

常用的强度指标有屈服极限和强度极限（或称为屈服强度和抗拉强度）。屈服极限 σ_s 是表示金属抵抗变形的能力，强度极限则表示金属抵抗断裂的能力。各种机械零件和结构件在使用时其所受应力都不允许超过屈服极限。

2.2.1.1　屈服极限 σ_s

屈服极限是材料开始产生明显塑性变形时的最低应力，也称为屈服点。有些金属材料，如高碳钢及某些合金钢，在拉伸试验中没有明显的屈服现象发生，故无法确定 σ_s。此时可将试样发生 0.2% 的塑性变形时的应力值定为屈服点，称为屈服强度或条件屈服极限 σ_b。

由金属材料制成的零件和结构件，在使用时经常因过量的塑性变形而失效，一般不允许发生塑性变形。因此，材料的屈服极限是零件和结构件选材和设计的主要依据，被公认为是评定金属材料强度的重要指标。

2.2.1.2　强度极限 σ_b

强度极限是材料在断裂前所承受的最大应力。

强度极限是材料对最大均匀变形的抵抗能力，是材料在拉伸条件下所能承受的最大应力值，工程上通常称为抗拉强度，它是设计和选材的主要依据之一，也是材料的重要机械性能指标。

2.2.2　塑性及其指标

塑性是指金属材料在断裂前发生永久变形的能力，通常用金属断裂时的最大相对塑性变形来表示。标志金属塑性好坏的两项指标是伸长率和断面收缩率。

2.2.2.1　伸长率 δ

试样在拉断后，其标距部分内所增加的长度与原始标距长度的比值称为伸长率。

2.2.2.2　断面收缩率 ψ

试样在拉断后，其断裂处横截面积的缩减量与原始横截面积的比值称为断面收缩率。金属的伸长率与断面收缩率越大，其塑性越好。

2.2.3　硬度及其硬度值

硬度是材料抵抗其他物体压入或刻划其表面的能力，是衡量金属材料软硬程度的一种性能指标，在金属材料制成的半成品或成品的质量检验中，硬度是标志产品质量的重要依据。

硬度的试验方法很多，生产上常用的硬度测量方法是压入法。因为它能测量所有金属材料的硬度，而且设备简单，操作方便、迅速，工件损伤小，适于成批检验，还可在一定条件下根据硬度大致推算出材料的强度值。

硬度值的物理意义随试验方法的不同而不同，实际上不是一个单纯的物理量，它是表征材料的弹性、塑性、形变强化、强度和韧性等一系列不同物理量组合的一种综合性指标。

在静载压入法中根据载荷、压头和表示方法的不同，又分为布氏硬度、洛氏硬度、维氏硬度和显微硬度等多种表示方法，其中前三种最为常用。

2.2.3.1　布氏硬度

在规定载荷 P 的作用下，将一个直径为 D 的淬硬钢球或硬质合金球压入被测试件表面，获得一压痕，以压痕的单位面积所承受的平均载荷作为被测试金属的布氏硬度值。当所加载荷 P 和钢球直径 D 选定后，硬度值只与压痕直径 d 有关，d 越大，说明金属材料对载荷的抵抗力越低，即布氏硬度值越小，材料越软；反之，d 越小，布氏硬度值越大，材料越硬。

试验时布氏硬度不需计算，在生产现场用读数放大镜测出压痕直径 d，然后对照布氏硬度表即可查得相应的布氏硬度值。在试验室可在硬度试验机上直接读出硬度值。例如，600HBW1/30/20 表示用直径 1mm 的硬质合金球在 30kg 试验力下保持 20s 测定的布氏硬度值为 600。

由于金属材料有软有硬，工件有厚有薄，如果只采用一种标准的载荷 P 和钢球直径 D，就会出现硬材料合适而软材料会发生钢球陷入材料表面的现象，或厚材料合适而薄材料可能被压透的现象。为此国家标准规定布氏硬度试验时，应根据金属材料的种类和厚度不同按表 2-1 所示的布氏硬度试验规范选择钢球直径、载荷及载荷保持时间，以求对同一种材料采用不同的载荷和钢球直径进行试验时，能得到相同的布氏硬度值。

表 2-1　布氏硬度试验规范

材料类型	布氏硬度	试样厚度/mm	载荷 P 与钢球直径 D 的关系	钢球直径/mm	载荷 P/N	载荷保持时间/s
黑色金属	140~450	3~6	$P = 9.8 \times 30D^2$	10	29420	10
		2~4		5	7355	
		<2		2.5	1838	
	<140	>6	$P = 9.8 \times 10D^2$	10	9807	10
		3~6		5	2452	
		<3		2.5	613	
有色金属	>130	3~6	$P = 9.830D^2$	10	29420	30
		2~4		5	7355	
		<2		2.5	1838	

材料类型	布氏硬度	试样厚度/mm	载荷 P 与钢球直径 D 的关系	钢球直径/mm	载荷 P/N	载荷保持时间/s
有色金属	36~130	6~9	$P=9.8\times10D^2$	10	9807	30
		3~6		5	2452	
		<3		2.5	613	
	8~35	>6	$P=9.8\times2.5D^2$	10	2452	60
		3~6		5	613	
		<3		2.5	153	

2.2.3.2 洛氏硬度

洛氏硬度试验法是目前工厂中应用最广泛的试验方法之一。它和布氏硬度一样，也是一种压入硬度试验，但它不是测定压痕的面积，而是测定压痕的深度，以深度的大小反映材料的硬度。

为了适应人们的数值越大硬度越高的习惯，采用一个常数 k 减去 h 来表示硬度的高低，并用每 0.002mm 的压痕深度为一个硬度单位，由此获得的硬度值称为洛氏硬度值，用 HR 表示。

洛氏硬度试验时，其硬度值可由硬度计的指示器上直接读出，且硬度值只表示硬度高低而没有单位。使用金刚石压头时，常数 $k=0.2$mm，表盘刻度为洛氏硬度计中黑色表盘刻度；使用钢球压头时，常数 $k=0.26$mm，表盘刻度为红色表盘刻度。为了能用一种硬度计测出软硬不同的材料的硬度，可选用不同的压头和总载荷配合使用，测得的硬度值分别用 HRA、HRB、HRC 表示，其试验规范见表 2-2，例如 HRC45 表示所测试样的 C 标度洛氏硬度值是 45。各硬度值不能直接进行比较，在实际应用中可通过实验测定的方法进行换算。

表 2-2 洛氏硬度试验规范

标度	压 头	初载荷/N	总载荷/N	表盘刻度	有效硬度	适 应 材 料
HRA	金刚石圆锥	98.07	588.4	黑色	60~85	碳化物、硬质合金、淬火钢、浅层表面硬化钢
HRB	钢球		980.7	红色	25~100	软钢、铜合金、铝合金、可锻铸铁
HRC	金刚石圆锥		1471.0	黑色	20~67	淬火钢、调质钢、深层表面硬化钢

洛氏硬度试验法的优点是操作简便、迅速，压痕较小故可在工件表面或较薄的金属上进行试验，并适用于大批量生产中的成品检查，测试的硬度范围大，适于各种软、硬材料。但是，因为压痕小，对于内部组织和硬度不均匀的材料，硬度值波动较大。一般同一金属上应测试三点以上，取平均值。

2.2.3.3 维氏硬度

为了避免钢球压入时产生变形而带来测量误差，布氏硬度试验只可用来测定硬度小于450HB 的金属材料，洛氏硬度试验虽然可用来测定各种金属材料的硬度，但采用了不同的压头和总载荷，标度不同，硬度值彼此没有联系，不能直接换算。为了使从软到硬的各种金属材料有一个连续一致的硬度标度，可采用维氏硬度试验法。

维氏硬度的测量方法与布氏相同，但压头不同。维氏硬度法使用顶角为 136° 的金刚石正四棱锥压头。仍然以压痕的单位面积所承受的平均载荷作为被测试金属的维氏硬度值。所得的硬度值用符号 HV 表示。例如，600HV30/20 表示采用 30kg 力的试验力，保持 20s，得到硬度值为 600。

维氏硬度试验所用载荷可根据试样的大小、厚薄等条件进行选择。载荷按标准规定有 49N、98N、196N、294N、490N、981N 等，载荷保持时间为：黑色金属 10～15s，有色金属（30±2）s。

维氏硬度试验法适用于测定零件表面硬化层、金属镀层以及薄片金属的硬度。与布氏、洛氏硬度相比，它具有很多优点。它不存在布氏硬度试验那种载荷与压头直径比例关系的约束，也不存在压头变形问题；由于角锥压痕清晰，采用对角线长度计量，精确可靠。此外维氏硬度也不存在洛氏硬度的硬度值无法统一的问题，而且比洛氏硬度能更好地测定极薄试件的硬度。

2.2.4　韧性及其指标

以较大速度作用于工件上的载荷称为冲击载荷。许多机器零件在工作时都要受到冲击载荷的作用，如火车的启动、刹车以及速度突然改变时，都会受到冲击，刹车越猛、启动越猛，冲击力也就越大。还有一些机械本身就是利用冲击能量来工作的，如锻锤、冲床、凿岩机、铆钉枪等。制造这类零件所用的材料不能单用在静载荷作用下的指标来衡量，而必须考虑材料抵抗冲击载荷的能力。

金属材料在冲击载荷作用下，抵抗破坏的能力称为冲击韧性。一般由冲击韧性值（a_k）和冲击功（A_k）表示，其单位分别为 J/mm² 和 J（焦耳）。a_k 值的大小表示材料的韧性好坏。一般把 a_k 值低的材料称为脆性材料，a_k 值高的材料称为韧性材料。

a_k 值取决于材料及其状态，与试样的形状、尺寸有很大关系。a_k 值对材料的内部结构、组织状态的变化很敏感，如夹杂物、偏析、气泡、内部裂纹、钢的回火脆性、晶粒粗化等都会使 a_k 值明显降低；同种材料的试样，形状、尺寸不同，冲击韧性值（a_k）和冲击功（A_k）相差也比较大。因此不同形状、尺寸的试样不能直接比较。

材料的 a_k 值随温度的降低而减小，且在某一温度范围内，a_k 值发生急剧降低，这种现象称为冷脆，该温度范围称为韧脆转变温度（T_k）。因此冲击韧性还可以揭示材料的变脆倾向。

2.2.5　疲劳及其指标

许多机械零件如轴、齿轮、弹簧、滚动轴承、轧辊等都是在重复或交变应力作用下工作的。所谓重复应力，是指材料所受的应力只是量的变化，即由小变大，再由大变小；所谓交变应力，是指材料所受的应力的大小和方向随时间作周期性变化。承受重复应力或交变应力的零件，在工作过程中，往往在工作应力低于其屈服强度的情况下发生断裂，这种断裂称为疲劳断裂，疲劳断裂与静载荷作用下的断裂不同，无论是脆性材料还是韧性材料，疲劳断裂都是突然发生的，事先没有明显的塑性变形，很难事先观察到，因此具有很大的危险性，常常造成严重的事故。

疲劳断裂是一个裂纹发生和发展的过程，由于材料质量或加工过程中造成的缺陷（裂纹、夹杂、划痕等），在局部造成应力集中，超过屈服强度而形成微裂纹。在重复应力或交变应力作用下，这些裂纹不断扩展，使材料承受载荷的有效面积不断减小，当减小到不能承受外加载荷作用时，便产生突然断裂，其断口如图 2-1、图 2-2 所示。

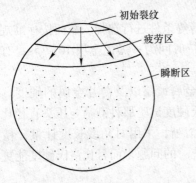

图 2-1　疲劳断口特征图

图 2-2　疲劳断口实物图

大量实验证明，金属材料所受的最大交变应力越大，则断裂前所经受的应力循环次数 N（疲劳寿命）越少；反之，最大交变应力越小，疲劳寿命 N 越大。如果将所加的应力和对应的疲劳寿命绘成图，便得到交变应力与疲劳寿命之间的关系曲线。该曲线称为疲劳曲线，如图 2-3 所示。

衡量金属材料疲劳抗力的指标主要有疲劳极限及其他一些指标。由疲劳曲线可以看出，当应力低于某一值时，材料可以经受无限次应力循环而不断裂。材料经受无限多次应力循环而不断裂的最大应力就称为疲劳极

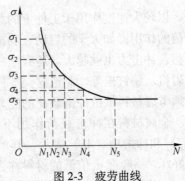

图 2-3　疲劳曲线

限，用 σ_{-1} 表示。实际上金属材料不可能作无限次应力循环试验，国家标准规定，对于黑色金属，取应力循环次数为 10^7 次时，能承受的最大循环应力为疲劳极限，而对有色金属取 10^8 次。低强度钢的塑性和冲击韧性对提高冲击疲劳抗力的作用不大。

模块 3　金属的晶体结构

主题 3.1　晶体和非晶体

3.1.1　概念及特性

原子在三维空间作有规则的周期性重复排列的物质称为晶体，否则称为非晶体。如天

然晶体有：食盐，冰，雪花等；金属晶体有：日常生活和工业产品上的各种金属构件等；非晶体有：玻璃等大多数非金属。

晶体与非晶体的本质区别不在于外形，而在于内部原子排列是否规则。

晶体具有一定的熔点。熔点就是晶体向非结晶状态的液体转变的临界温度。在熔点以上，晶体变为液体，处于非结晶状态；在熔点以下，液体又变为晶体，处于结晶状态。晶体从固体至液体或从液体至固体的转变是突变的；而非晶体从固体至液体，或从液体至固体的转变是逐渐过渡的，没有确定的熔点或凝固点，玻璃就是一个典型的例子，故往往将非晶态的固体称作玻璃体。

晶体的另一个特点是存在各向异性或异向性，即在不同的方向上测量其性能时，表现出或大或小的差异；而非晶体为各向同性或等向性的。各向异性是晶体的一个重要特性，是区别于非晶体的一个重要标志。

晶体具有各向异性的原因，是由于在不同晶向上的原子紧密程度不同所致。原子的紧密程度不同，意味着原子之间的距离不同，则导致原子间结合力不同，从而使晶体在不同晶向上的物理、化学和机械性能不同。

由一个核心（晶核）生长而成的晶体称为单晶体；而金属材料通常由许多不同位向的小晶体所组成，称为多晶体。单晶体具有各向异性；多晶体中各晶粒的各向异性互相抵消，故一般不显示各向异性，所以在工业用的金属材料中，通常见不到各向异性特征，称之为伪各向同性。如果用特殊的加工处理工艺，使组成多晶体的每个晶粒的位向大致相同，或获得单晶体，就会表现出各向异性，这在工业上已经得到了广泛应用。

晶体与非晶体之间存在着本质的差别，但这并不意味着两者之间存在着不可逾越的鸿沟。在一定条件下，它们可以互相转化。例如，玻璃经长时间高温加热后能形成晶态玻璃；用特殊的设备，使液态金属以极快的速度冷却下来，可以制出非晶态金属。

3.1.2　晶格与晶胞

3.1.2.1　晶格

为了研究原子的排列规律，将理想晶体中的原子设想为固定不动的刚性小球，则晶体即是由这些刚性小球堆垛而成，图 3-1（a）即为这种原子的堆垛模型，很直观，但很难看清内部排列的规律和特点，不便于研究。为了清楚地表明原子在空间排列的规律性，常常将原子简化为一点，称之为阵点或结点，并用假想的直线将这些阵点连接起来构成一个三维空间格架，如图 3-1（b）所示。这种用于描述晶体中原子排列规律的三维空间格架称为空间点阵，简称为点阵或晶格。

3.1.2.2　晶胞

由于晶格中原子排列具有周期性的特点，因此，为了简便起见，可以从晶格中选取一个能够完全反映晶格特征的最小的几何单元，用来分析晶体中原子排列的规律性。这种能够完全反映晶体中原子排列规律的几何单元称为晶胞，如图 3-1（c）所示。

3.1.2.3　晶格常数和轴间夹角

为了研究晶体结构，通常取晶胞角上某一结点作为原点，沿其 3 条棱边作 3 条坐

标轴 x、y、z，称为晶轴，并规定在坐标原点的前、右和上方为轴的正方向，以晶胞棱边的长度 a、b、c 和棱间夹角 α、β、γ 等 6 个参数作为晶格参数，表示晶胞的几何形状和大小，如图 3-1（c）所示。其中晶胞棱边长度 a、b、c 称为晶格常数或点阵常数，单位为埃（Å，$1\text{Å}=10^{-10}\text{m}$）；晶胞棱间夹角 α、β、γ 称为轴间夹角，单位为度（°）。

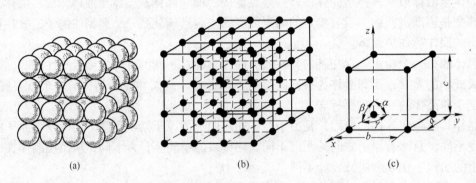

图 3-1　晶体中原子排列示意图
(a) 原子堆垛模型；(b) 晶格；(c) 晶胞

主题 3.2　三种典型的金属晶体结构

3.2.1　三种典型的金属晶体结构

自然界中的晶体有成千上万种，但若根据晶胞的 3 个晶格常数和 3 个轴间夹角的相互关系对所有的晶体进行分析，则发现可把它们的空间点阵分为 14 种类型。若进一步根据空间点阵的基本特点进行归纳整理，又可将 14 种空间点阵归属于 7 个晶系。

由于金属原子趋向于紧密排列，所以在工业上使用的金属元素中，除了少数具有复杂的晶体结构外，绝大多数都具有比较简单的晶体结构，其中最典型、最常见的金属晶体结构有 3 种类型，即：体心立方结构，符号 bcc，例如 α-Fe；面心立方结构，符号 fcc，例如 γ-Fe；密排六方结构，符号 hcp，例如 Zn。它们的结构如图 3-2~图 3-4 及表 3-1 所示。

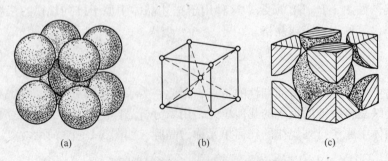

图 3-2　体心立方原子排列示意图
(a) 刚球模型；(b) 晶胞模型；(c) 晶胞原子数

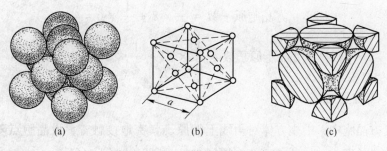

图 3-3　面心立方原子排列示意图

（a）刚球模型；（b）晶胞模型；（c）晶胞原子数

表 3-1　三种典型的晶体结构

名称	晶 格 特 点	典型金属	原子半径	晶胞原子数	配位数	致密度
体心立方晶格	立方体 $a=b=c$，$\alpha=\beta=\gamma=90°$ 8 个顶角及体中心各有一个原子	α-Fe、Cr、V、Nb、Mo、W 等	$\frac{\sqrt{3}}{4}a$	2	8	0.68
面心立方晶格	立方体 $a=b=c$，$\alpha=\beta=\gamma=90°$ 8 个顶角及 6 个面中心各有一个原子	γ-Fe、Cu、Ni、Al、Ag 等	$\frac{\sqrt{2}}{4}a$	4	12	0.74
密排六方晶格	$a_1=a_2=a_3=a\neq c$，$\alpha=\beta=120°$，$\gamma=90°$ 12 个角及两个底中心上各有 1 个原子，胞内还有 3 个原子	Zn、Mg、Be、Cd 等	$\frac{a}{2}$	6	12	0.74

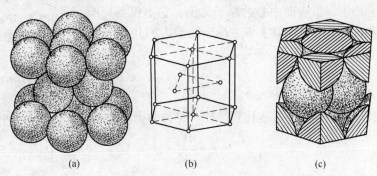

图 3-4　密排六方晶胞示意图

（a）刚球模型；（b）晶胞模型；（c）晶胞原子数

3.2.2　三种典型的金属晶体结构的描述

晶体结构的特征除用晶格常数来描述外，还用晶胞原子数、原子半径、配位数、致密度等来反映。

3.2.2.1　晶胞原子数

晶胞原子数是指一个晶胞内所包含的原子数目，即：

$$体心立方晶胞原子数 = \frac{1}{8} \times 8 + 1 = 2$$

$$面心立方晶胞原子数 = \frac{1}{8} \times 8 + \frac{1}{2} \times 6 = 4$$

$$密排六方晶胞原子数 = \frac{1}{6} \times 12 + \frac{1}{2} \times 2 + 3 = 6$$

3.2.2.2　原子半径

在体心立方晶胞中，沿立方体对角线上的原子紧密地接触着，设晶胞点阵常数为 a，则立方体对角线长度为 $\sqrt{3}\,a$，等于 4 个原子半径，所以其原子半径 $r = \sqrt{3}\,a/4$。

在面心立方晶格中，只有沿着晶胞 6 个面的对角线上原子是互相接触的，故面心立方晶胞的原子半径 $r = \sqrt{2}\,a/4$。

在密排六方晶格中，上下底面对角线上的原子是紧密接触的，设正六边形的边长为 a，则晶胞原子半径 $r = 2a/4 = a/2$。

3.2.2.3　配位数

配位数是指晶体结构中与任一个原子最近邻、等距离的原子数目。配位数越大，晶体中的原子排列便越紧密。

体心立方晶格中，以体中心的原子来看，与其最近且等距离的原子是 8 个顶角的 8 个原子，故其配位数为 8。

在面心立方晶格中，以面中心的原子为例，与其最近且等距离的原子有 12 个，如图 3-5 所示，所以其配位数是 12。

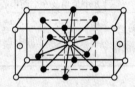

图 3-5　面心立方晶格配位数示意图

密排六方晶格中，以底面中心的原子为例，它不仅与周围 6 个角上的原子相接触，而且与其上下方位于晶胞内的共 6 个原子相接触，所以其配位数为 12。

3.2.2.4　致密度

致密度是原子所占体积与晶胞体积之比，也称为密集系数，可用下式表示：

$$k = \frac{nV_1}{V}$$

式中　　k ——晶胞的致密度；

　　　　n ——晶胞原子数；

　　　　V_1 ——一个原子的体积；

　　　　V ——晶胞的体积。

体心立方晶胞：$k = \dfrac{nV_1}{V} = \dfrac{2 \times \dfrac{4}{3}\pi r^3}{a^3} = \dfrac{2 \times \dfrac{4}{3}\pi \left(\dfrac{\sqrt{3}}{4}a\right)^3}{a^3} \approx 0.68$

面心立方晶胞：$k = \dfrac{nV_1}{V} = \dfrac{4 \times \dfrac{4}{3}\pi r^3}{a^3} = \dfrac{4 \times \dfrac{4}{3}\pi \left(\dfrac{\sqrt{2}}{4}a\right)^3}{a^3} \approx 0.74$

密排六方晶格的晶格常数有两个，一个是正六边形的边长 a，另一个是上下底面之间的距离 c，c 与 a 之比 c/a 称为轴比。在理想密排情况下，可按几何关系推算出 $c/a = \sqrt{8/3} \approx 1.633$（实测为 $1.57 \sim 1.64$），故其致密度为：

$$k = \frac{nV_1}{V} = \frac{6 \times \frac{4}{3}\pi r^3}{\frac{3\sqrt{3}}{2}a^2 \times \sqrt{\frac{8}{3}}a} = \frac{6 \times \frac{4}{3}\pi \left(\frac{a}{2}\right)^3}{3\sqrt{2}a^3} = \frac{\sqrt{2}\pi}{6} \approx 0.74$$

主题 3.3　金属的同素异构转变

某些化学元素单质为固态时，不只有一种晶体结构，在不同的外部条件下，具有不同的晶体结构。例如化学元素碳（C），它有金刚石和石墨两种结构。金属也是如此。

大部分金属只有一种晶体结构，但也有少数金属如 Fe、Mn、Ti、Co 等具有两种或几种不同的晶体结构，即具有多晶型。当外部条件（如温度和压力）改变时，金属可能由一种晶体结构转变成另一种晶体结构。这种固态金属在不同温度下具有不同晶格的现象称为多晶型性或同素异晶性。固态金属在一定温度下，其原子排列由一种晶格转变为另一种晶格的过程，称为多晶型转变，也称同素异晶（构）转变，同素异晶（构）转变的产物称为同素异晶（构）体。如纯铁的同素异构转变为：

$$\underset{\text{(体心立方)}}{\alpha\text{-Fe}} \xrightarrow[]{912℃} \underset{\text{(面心立方)}}{\gamma\text{-Fe}} \xrightarrow[]{1394℃} \underset{\text{(体心立方)}}{\delta\text{-Fe}}$$

由于不同的晶体结构具有不同的致密度，因而发生同素异构转变时，必然引起体积和比容的变化，同时还会引起其他性能的变化。

主题 3.4　实际金属的晶体结构

前述金属晶体结构是理想晶体的晶体结构，在实际应用的金属材料中，不但在结构上是多晶体，而且晶体内部总是不可避免地存在着一些晶体缺陷，即原子偏离规则排列的不完整性区域。这些晶体缺陷对金属的性能如强度、塑性等产生重大影响，而且还在扩散、相变、塑性变形和再结晶等过程中扮演着重要角色。

根据晶体缺陷的几何形态特征，可以将它们分为：点缺陷、线缺陷和面缺陷三类。

3.4.1　点缺陷

点缺陷在三个方向上的尺寸都很小，相当于原子的尺寸，例如空位、间隙原子等。

在实际晶体结构中，晶格的某些结点往往未被原子所占据，这些空着的结点位置称为空位；同时又可能在个别晶格空隙处出现多余的原子，这些不占据正常晶格结点位置而处在晶格空隙之间的原子称为间隙原子，如图 3-6 所示。另外，材料中总是或多或少存在着一些杂质

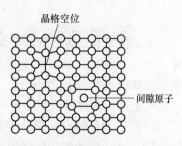

图 3-6　晶体中的空位和
间隙原子示意图

或其他元素，这些异类原子可以占据晶格空隙形成异类间隙原子，也可以占据原来原子的晶格结点成为置换原子。

晶体中的空位和间隙原子不是静止不动的，而是处于不断运动和变化中。当空位周围的原子由于热振动而获得足够的能量时，就有可能跳入这个空位，这个空位随之消失，但在原子原来位置上却又形成了一个新空位，这造成了空位的运动。间隙原子也可以从一个间隙位置跳到另一个间隙位置上。当空位或间隙原子移到晶体表面或晶界时，空位或间隙原子便消失，如两者相遇，便彼此抵消。

空位、间隙原子以及置换原子的存在，破坏了原子的平衡状态，使晶格发生了扭曲，即晶格畸变。点缺陷造成的局部晶格畸变将使金属的屈服强度增加、电阻升高、密度发生变化。

3.4.2　线缺陷

所谓线缺陷就是在晶体的某一晶面上沿某一方向伸展为呈线状分布的缺陷，其特征是一个方向上的尺寸很大，而另两个方向的尺寸很小。这种缺陷实质上就是各种类型的位错。

位错是指晶体的一部分相对于另一部分发生了一列或若干列原子有规律的错排现象。最简单、最基本的类型有两种：刃型位错和螺型位错。

3.4.2.1　刃型位错

刃型位错的模型如图3-7所示。设有一简单立方晶体，某一原子面在晶体内部中断，这个原子平面中断处的边缘就是一个刃型位错，犹如刀刃一样垂直地切入晶体中，故称刃型位错。刃口处的原子列称为刃型位错线（图3-7中 *EF* 线）。

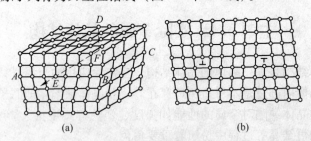

（a）　　　　　　　　　　　　　（b）

图 3-7　刃型位错示意图

（a）立体示意图；（b）垂直于位错线的原子平面

刃型位错有正负之分，在晶体的上半部多出半个原子面的位错称为正刃型位错，以符号"⊥"表示；在晶体的下半部多出半个原子面的位错称为负刃型位错，以符号"⊤"表示，如图3-7（b）所示。

从上述刃型位错模型中还可看出，刃型具有以下几个重要特征：

（1）刃型位错有一额外半原子面。

（2）在位错线附近区域发生了晶格畸变。对于正刃型位错，位错线上部邻近区域受到压应力，下部邻近区域受到张（拉）应力，而负刃型位错与此相反；距位错线较远区域，原子排列逐渐趋于正常。

（3）位错线与晶体滑移的方向相垂直，即位错线运动的方向垂直于位错线。

3.4.2.2　螺型位错

位错线附近的原子按螺旋形排列的位错叫做螺型位错，如图 3-8 所示。

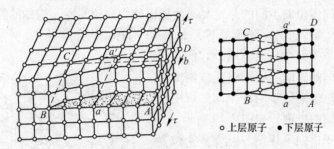

图 3-8　螺型位错示意图

螺型位错的特征为：

（1）螺型位错线 BC 附近区域发生了晶格畸变。

（2）位错线与滑移方向平行，位错线运动的方向与位错线垂直。

在金属的结晶、塑性变形、相变过程中，都能够形成位错，所以在实际晶体中经常有大量的位错存在，通常把单位体积中所包含的位错线的总长度称为位错密度 ρ，即：

$$\rho = \frac{L}{V}$$

式中　　ρ——位错密度，cm/cm^3（或 cm^{-2}）；

　　　　V——晶体体积；

　　　　L——晶体中位错线的总长度。

一般经充分退火的多晶体金属中，位错密度为 $10^6 \sim 10^8 \, cm/cm^3$，而经剧烈冷变形的金属中，位错密度高达 $10^{11} \sim 10^{12} \, cm/cm^3$。

位错在晶体中的存在及其密度的变化，对金属的性能及原子的扩散、相变等都有重要影响。位错密度与金属强度的关系如图 3-9 所示。

3.4.3　面缺陷

面缺陷是在两个方向上尺寸较大，在第三个方向上的尺寸很小而呈面状分布的缺陷。晶体的面缺陷包括晶体的外表面（表面或自由界面）和内界面两类，其中的内界面又有晶界、亚晶界等。

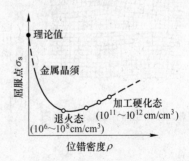

图 3-9　位错密度与金属强度关系示意图

3.4.3.1　晶体表面

晶体表面是指金属与真空或气体、液体等外部介质相接触的界面。处于这种界面上的原子，会同时受到晶体内部的自身原子和外部介质原子或分子的作用力。显然，这两个作用力不平衡，内部原子对界面原子的作用力显著大于外部原子或分子的作用力。这样，表面原子就会偏离其正常平衡位置，并因而牵连到邻近的几层原子，造成表面层的晶格畸变。

3.4.3.2　晶界

晶体结构相同但位向不同的晶粒之间的界面称为晶粒间界，简称晶界。相邻晶粒间的位向差小于 10° 的晶界称为小角度晶界，大于 10° 时称为大角度晶界。

晶界处的原子排列与晶内不同，它们受到相邻晶粒不同位向的影响，要同时适应两个晶粒的位向，因而近似地处于两种位向的折中位置上，呈现无规则的排列，如图 3-10 所示。

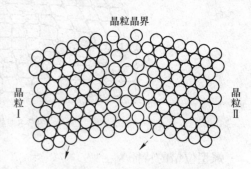

图 3-10　晶界的过渡结构模型

由于晶界原子排列不规则，偏离平衡位置较多，因此晶格畸变较大，原子的平均能量比晶内高，高出的这部分能量称为晶界能或界面能。由于晶界结构和界面能的影响，使晶界具有一系列不同于晶粒内部的特点：

（1）抗腐蚀性能较差。

（2）熔点较低。

（3）对金属的塑性变形起阻碍作用。因此，一般情况下晶粒越细小，晶界越多，强度和硬度越高。

3.4.3.3　亚晶界

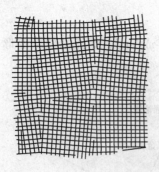

图 3-11　亚晶和亚晶界示意图

在多晶体金属中，每个晶粒内的原子排列并不是十分齐整的，其中会出现位向差极小（通常小于 1°）的小晶块，这些小晶块称为亚晶（或称嵌镶块、亚结构、亚组织），亚晶间的边界就称为亚晶界，如图 3-11 所示。

亚晶界实际上是由一系列刃型位错组成的小角度晶界，它可在凝固时形成，可在形变时形成，也可在回复再结晶时形成，还可在固态相变时形成。

由于亚晶界上也存在晶格畸变，因此，亚晶界对金属的性能也有一定影响。当晶粒大小一定时，亚晶越小或位向差越大，塑性变形阻力也越大，金属的强度也越高。

模块 4　纯金属的结晶

金属由液态转变为固态的过程称为凝固，由于凝固后的固态金属通常是晶体，所以又将这一转变过程称之为结晶。一般的金属制品都要经过熔炼和铸造，也就是要经过由液态转变为固态的结晶过程；金属在焊接时，焊缝中的金属也要发生结晶。

　　金属结晶后所形成的组织，包括各种相的晶粒形状、大小和分布等，都将极大地影响到金属的加工性能和使用性能。对于铸件和焊接件来说结晶过程就基本上决定了它的使用性能和使用寿命，而对尚需进一步加工的铸锭或铸坯来说，结晶过程不仅直接影响它的轧制和锻造工艺性能，而且还不同程度地影响其制品的使用性能。因此研究和控制金属的结晶过程，已成为提高金属机械性能和工艺性能的一个重要手段。

主题 4.1　金属结晶的现象

4.1.1　金属结晶的热分析实验和冷却曲线

　　图 4-1 所示是热分析装置示意图。实验时，先将纯金属装入坩埚中加热熔化成液体，然后插入热电偶以测量温度。在液态金属缓慢而均匀的冷却过程中，用 X-Y 函数记录仪将温度与时间记录下来便得到如图 4-2 所示的冷却曲线，又称为热分析曲线。这一实验方法称为热分析法。

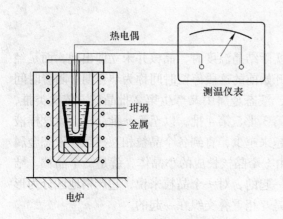

图 4-1　热分析装置示意图

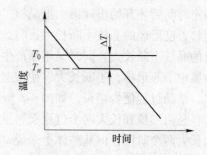

图 4-2　纯金属冷却曲线

　　从图 4-2 可以看出：随时间的推移，液态金属的温度连续降低，当温度冷却到理论结晶温度 T_0（理论熔点、凝固点）时并不凝固，当温度降低到 T_0 以下某一温度 T_n 时，开始结晶，在结晶过程中，结晶潜热等于冷却散热，温度不发生变化，冷却曲线上出现一个"平台"，结晶终了，温度继续下降。

4.1.2　结晶过程的宏观现象

4.1.2.1　过冷现象

　　从冷却曲线知，纯金属的实际结晶温度 T_n 总是低于理论结晶温度 T_0，这种现象称为过冷现象。金属的理论结晶温度 T_0 与实际结晶温度 T_n 之差称为过冷度，用 ΔT 表示，$\Delta T = T_0 - T_n$。实际结晶温度越低，则过冷度越大。

　　金属的过冷度并不是一个恒定值，它随金属本身的性质、纯度、冷却速度不同而变化。不同的金属具有不同的过冷度；金属的纯度越高，过冷度越大；同一金属冷却速度越快，过冷度越大，实际结晶温度越低，反之，冷却速度越慢，过冷度就越小，实际结晶温度就越接近于理论结晶温度。但是，不管冷却速度多慢，金属都不可能在理论结晶温度下结晶。也就是说金属结晶必须在一定的过冷度下进行，不过冷就不可能结晶，所以说过冷是金属结晶的必要条件。

4.1.2.2　结晶潜热

金属从一个相转变为另一个相时所吸收或释放出的热量称为相变潜热。金属从固相转变为液相时所吸收的热量称为熔化潜热，而金属从液相转化为固相时所放出的热量称为结晶潜热。

结晶潜热可以从图 4-2 所示的冷却曲线上反映出来。当液态金属的温度达到结晶温度 T_n 开始结晶时，由于结晶潜热的释放，补偿了散失到周围环境中的热量，所以在冷却曲线上出现了平台，平台延续的时间就是结晶过程所用的时间，结晶过程结束，结晶潜热释放完毕，温度又继续降低。

4.1.3　金属结晶的微观过程

金属的结晶过程是形核与长大的过程。

当液态金属过冷至理论结晶温度以下的实际结晶温度时，晶核并未立即出现，而是经过一定时间后才开始出现第 1 批晶核。结晶开始前的这段停留时间称为孕育期。随着时间的推移，已形成的晶核不断长大；与此同时，液态金属中又产生第 2 批晶核，依次类推，原有的晶核不断长大，同时又不断产生新的第 3 批、第 4 批，以至第 n 批晶核。就这样液态金属中不断形核，不断长大，使液态金属越来越少，直到各个晶粒相互接触，液态金属耗尽，结晶过程便告结束，如图 4-3 所示。由一个晶核长成的小晶体，就是一个晶粒。结晶过程是由形核和长大两个过程交错重叠在一起的，对一个晶粒来说，它严格地区分为形核和长大两个阶段，但从整体上来说，两者是互相重叠交织在一起的。

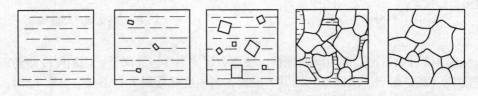

图 4-3　纯金属结晶过程示意图

由于各个晶核是随机形成的，其位向各不相同，故各晶粒的位向也不相同，这样就形成一块多晶体金属。如果在结晶过程中只有一个晶核形成并长大，那么就形成一块单晶体金属。

主题 4.2　晶核的形成及晶核的长大

金属的结晶是由晶核的形成和长大两个基本过程组成的。为了掌握和应用结晶的基本规律，控制晶粒大小，改善性能，必须了解晶核形成的规律和晶粒长大的方式。

4.2.1　晶核的形成

晶核的形成有自发形核和非自发形核两种方式。结晶时，以过冷液态金属中存在的相起伏为基础而形成晶核的方式称为自发形核，或者称为均匀形核、均质形核。而以过冷液态金属中某些固体质点为基础而形成晶核的方式称为非自发形核或非均匀形核、异质形核。自发形核和非自发形核往往是同时存在的，但非自发形核比自发形核所需能量小，所以非自发形核比自发形核更容易，非自发形核在金属结晶中起着优先的、主导的作用。

由于实际金属中总是或多或少地存在着某些杂质，所以实际金属的结晶主要以非自发形核方式进行。

4.2.2　晶核的长大

晶核的长大有平面长大和树枝状长大两种方式。

在冷却速度较小的情况下，纯金属晶体主要以其表面向前平行推移的方式长大，这种长大方式称为平面长大。但晶体沿不同方向长大的速度是不一样的，沿原子最密排面的垂直方向长大的速度最慢。平面长大的结果是晶体获得表面为原子最密排面的规则外形。在实际金属的结晶中，这种长大方式是很少见的。

当冷却速度较大，特别是存在有杂质时，晶体与液体界面的温度会高于近处液体的温度，这时金属晶体往往以树枝状的形式长大，如图 4-4 所示。晶核棱角处散热较快，因而长大较快，成为深入到液体中去的晶枝；同时，尖角处的缺陷较多，从液相中转移过来的原子容易在这些地方固定，有利于晶体的长大成为树枝晶。最初形成的是晶体的主干，叫做一次晶轴；在一次晶轴生长的同时，在其上生出二次晶轴，继而又在二次晶轴上生出三次晶轴，这样依次地成长直到与邻近的枝晶互相接触，枝晶间的液体全部凝固为止。

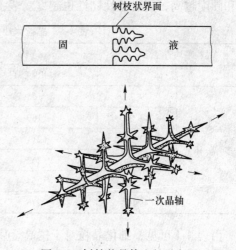

图 4-4　树枝状晶体生长示意图

晶体呈树枝状长大，主要是由于金属凝固时有结晶潜热释放，在晶体的棱边特别是顶角处，通过液体的对流作用，热量得以迅速散去，因而这些部位的温度下降比晶体侧面快，有利于晶体较快成长。

一个晶核长大而形成的晶体是一个晶粒。多晶体金属的每个晶粒一般都是由一个晶核采取树枝状长大的方式形成的。由于金属容易过冷，因此实际金属结晶时，一般均以树枝状长大方式结晶，如图 4-5 所示。

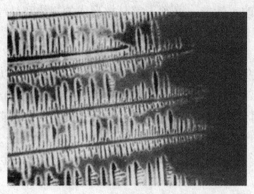

图 4-5　树枝状长大实物

主题 4.3　晶粒大小的控制

晶粒的大小称为晶粒度，通常用单位面积上的晶粒数目、晶粒的平均直径（或平均面积）来表示。

4.3.1　晶粒大小对金属的机械性能的影响

晶粒的大小对金属的机械性能有很大的影响。一般在常温下，金属的晶粒越细小，强度和硬度越高，同时塑性韧性也越好。表 4-1 列出了不同晶粒大小的纯铁的力学性能。

表 4-1　晶粒大小对纯铁力学性能的影响

晶粒平均直径/mm		σ_b/MPa	σ_s/MPa	δ/%
单 晶 体		140~150	30~40	30~50
多 晶 体	9.7	165	40	28.8
	7.0	180	38	30.6
	2.5	211	44	39.5
	0.20	263	57	48.8
	0.16	264	65	50.7
	0.10	278	116	50.0

由表 4-1 可见，细化晶粒对于提高金属材料的常温机械性能作用很大，这种通过细化晶粒来提高材料强度的方法称为细晶强化。

但是，对于在高温下工作的金属材料，晶粒过于细小，其性能反而不好，一般希望得到适中的晶粒度。对于制造电动机和变压器的硅钢片来说，晶粒越粗大越好，因为晶粒越大，其磁滞损耗越小，电磁效应越高。此外，除了钢铁等少数金属材料外，其他大多数金属不能通过热处理来改变其晶粒大小，因此通过控制铸造及焊接时的结晶条件来控制晶粒度的大小，便成为改善机械性能的重要手段。

4.3.2　影响晶粒大小的因素

金属结晶时，每个晶粒都是由一个晶核长大而成的。晶粒的大小取决于形核率和长大速度的相对大小。形核率越大，单位体积中的晶核数目越多，每个晶粒的长大余地越小，因而长成的晶粒越细小。同时长大速度越小，在长大过程中将会形成更多的晶核，因而晶粒也将越细小。

实践证明，单位面积内的晶粒数目 Z 与形核率 N 和晶粒长大速度 G 的关系如下：

$$Z_S = 1.1\left(\frac{N}{G}\right)^{1/2}$$

单位体积内的晶粒数目为：

$$Z_V = 0.9\left(\frac{N}{G}\right)^{3/4}$$

由此可见，凡能促进形核、抑制长大的因素都能细化晶粒；相反，凡是抑制形核、促进长大的因素都使晶粒粗化。

4.3.3　控制晶粒大小的措施

根据结晶时的形核和长大规律，工业生产中用来细化晶粒的方法有以下几种。

4.3.3.1　控制过冷度

形核率和长大速度都与过冷度有关，增大结晶时的过冷度，形核率和长大速度均随之增加，但形核率的增长率大于长大速度的增长率。在一般金属结晶时的过冷范围内，过冷度越大，则 N/G 比值越大，因而晶粒越细小，如图 4-6 所示。

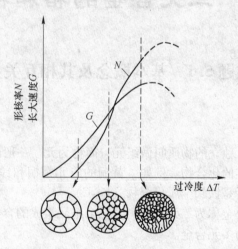

图 4-6　金属结晶时形核率和长大速度与过冷度的关系

增加过冷度的方法主要是提高液态金属的冷却速度。如在铸造生产中，采用金属铸型或石墨铸型代替砂型，增加金属铸型的厚度，降低金属铸型的温度，采用蓄热多散热快的金属铸型，局部加冷铁，以及采用水冷铸型等都能提高液态金属的过冷度。

增加过冷度的另一种方法是采用低的浇注温度、减慢铸型温度的升高，或者进行慢浇注，这样做一方面可使铸型温度不至于升高太快，另一方面由于延长了凝固时间，晶核形成的数目增多。

用增加过冷度的方法来细化晶粒只对小型或薄壁的铸件有效。对较大的厚壁铸件增大过冷度，只是表层冷得快，而心部冷得很慢，因此无法使整个铸件体积内都获得细小而均匀的晶粒。对于形状复杂的铸件来说，降低浇注温度往往浇不满铸型，提高冷却速度又容易使铸件产生裂纹和变形等缺陷。为此，工业上广泛采用变质处理的方法。

4.3.3.2　变质处理（孕育处理）

变质处理是在浇注前向液态金属中加入形核剂（又称变质剂），促进非自发形核、抑制晶粒长大的方法。

变质剂是在浇注前向液态金属中加入的促进形核、抑制晶粒长大的物质。例如在铝合金中加入钛和锆；在钢中加入钛、锆、钒；在铸铁中加入硅铁或硅钙合金以促进形核。

还有一类变质剂，它虽不能提供结晶核心，但能起阻止晶粒长大的作用，因此又称其为长大抑制剂。例如将钠盐加入 Al-Si 合金中，钠能富集于硅的表面，降低硅的长大速度，使合金的组织细化。

4.3.3.3　附加振动

对即将或正在凝固的金属进行振动或搅动，一方面是依靠从外面输入能量促使晶核提前形成，另一方面是使成长中的枝晶破碎，使晶核数目增加，从而细化晶粒。常用的振动或搅动的方法有机械振动、超声波振荡、电磁振荡等。

模块 5　二元合金的相和相结构

主题 5.1　基本概念及其相互关系

5.1.1　组元

组成合金最基本的、独立的物质叫做组元，简称为元。一般说来，组元就是组成合金的元素，但也可以是稳定的化合物。例如，黄铜的组元是铜和锌，青铜的组元是铜和锡，碳钢的组元是铁和碳或者是铁和金属化合物（Fe_3C）。

由两个组元组成的合金称为二元合金，由三个组元组成的合金称为三元合金，由三个以上组元组成的合金称为多元合金。

5.1.2　合金系

由给定的组元按不同的比例配制成的一系列成分不同的合金称为合金系统，简称合金系。由两个组元组成的合金系称为二元系，三个组元组成的合金系称为三元系，由三个以上组元组成的合金系称为多元系，若为纯金属，则称之为单元系。例如，凡是由铜和锌组成的合金，不论其成分如何，都属于铜锌二元合金系。

5.1.3　相

合金中具有相同的结构、成分和性能，并以界面相互分开的组成部分称为相。如纯金属在固态时为一个相（固相），在熔点以上为另一个相（液相），在熔点时为固液两相共存，两相之间有界面（相界）分开。

由一种固相组成的合金称为单相合金，由几种不同固相组成的合金称为多相合金。

5.1.4　组织

合金的组织为合金中相的综合体，即合金中不同形状、大小、数量和分布的相，相互组合而成的综合体，或说组织就是相的机械混合物。如含碳 0.77% 的铁碳合金经缓慢冷却到室温时，其组织为铁素体相和 Fe_3C 相组成的两相组织，称为珠光体组织。

组成合金的组元，若不能相互溶解，则组元与相等同，组元分别为独立的相；若组元间能相互溶解或形成化合物，则形成了新的相。相同的组元能形成不同的相，如组成碳钢的两种组元铁和碳，可以形成铁素体、奥氏体、渗碳体等。相同的相由于形状、大小、数量、分布不同，可以形成不同的组织，如碳钢中铁素体和渗碳体可以组成铁素体+渗碳体、铁素体+珠光体、珠光体、珠光体+渗碳体等诸多组织。

由于合金的性质取决于它的组织，而组织又是由合金中的相构成的，所以要了解合金的组织和性能，就必须了解合金中相的结构。

主题 5.2　合金中相的分类

根据相的晶体结构特点可以将其分为两大类，即固溶体和金属化合物。

5.2.1　固溶体

一种组元均匀地溶解在另一组元中而形成的均匀固相称为固溶体。它和化学上的溶液相类似，也有溶剂和溶质之分，一般以量多者或晶格保持不变的组元为溶剂，量少者或晶格消失的组元为溶质。例如糖溶于水中，可以得到糖的水溶液，其中水是溶剂，糖是溶质，当糖水凝固成冰，就得到糖在固态水中的固溶体。

固溶体的分类方法很多，按不同的分类方法可将固溶体分为不同的种类。

5.2.1.1　按溶质原子在溶剂晶格中所占位置分类

置换固溶体是溶质原子位于溶剂晶格的某些结点上所形成的固溶体，如图 5-1（a）所示，它犹如溶剂晶格结点上的原子被溶质原子所置换一样。金属元素之间一般都能形成置换固溶体，只是溶解度的大小相差悬殊。

间隙固溶体是溶质原子位于溶剂原子间的一些间隙中的固溶体，如图 5-1（b）所示。一般形成间隙固溶体的溶质元素都是一些原子半径小于 0.1nm 的元素，如氢、氧、氮、碳、硼等，而溶剂元素则都是过渡族元

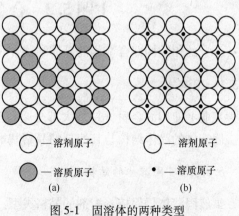

○—溶剂原子　　　　　○—溶剂原子

●—溶质原子　　　　　·—溶质原子

　　（a）　　　　　　　（b）

图 5-1　固溶体的两种类型

（a）置换固溶体；（b）间隙固溶体

素。实践证明，只有当溶质与溶剂原子半径之比小于 0.59 时才可能形成间隙固溶体。

5.2.1.2　按溶质原子在溶剂中的溶解度分

有限固溶体是溶质在溶剂中的溶解度（固溶度）有一定的限度的固溶体。大部分固溶体都属于这一类。

无限固溶体是溶质原子与溶剂原子能无限互溶的固溶体。由于溶剂晶格中能容下溶质原子的间隙是有限的，所以无限固溶体只可能是置换固溶体。能形成无限固溶体的合金系不很多，Cu-Ni、Ag-Au、Ti-Zr、Mg-Cd 等合金系可形成无限固溶体。

溶质和溶剂的晶体结构是否相同，是它们能否形成无限固溶体的必要条件。如果溶质和溶剂的晶格类型不同，则组元间的固溶度只能是有限的，就只能形成有限固溶体。只有晶体结构类型相同，溶质原子才有可能连续不断地置换溶剂晶格中的原子，形成无限固溶体；即使不能形成无限固溶体，其溶解度也比晶格类型不同的组元间要大。无限固溶体必然是置换固溶体，间隙固溶体必然是有限固溶体。

5.2.1.3　按溶质原子与溶剂原子的相对分布分类

无序固溶体。溶质原子在溶剂晶格中的分布是随机的，它或占据与溶剂原子等同的一些位置，或位于溶剂原子间的间隙中，没有次序性或规律性。

有序固溶体是溶质原子按适当比例并按一定顺序和一定方向，围绕着溶剂原子分布的固溶体。它既可以是置换固溶体，也可以是间隙固溶体。

5.2.2　金属化合物

合金系中，组元间按一定的原子数量比，相互化合而成的一种完全不同于其组元的固体物质，由于它具有一定的金属性能（如导电性等），故称为金属化合物，一般可用分子式来大致表示其组成，如铁和碳形成的 Fe_3C 等。

金属化合物的种类很多，常见的有正常价化合物、电子价化合物、间隙相和间隙化合物。

主题 5.3　合金的相结构及性能

合金的相结构即合金相的晶体结构。

5.3.1　固溶体

工业上使用的金属材料绝大部分是以固溶体为基体的，有的甚至完全由固溶体所组成。固溶体的晶体结构与其溶剂的晶格基本相同。

5.3.1.1　固溶体的结构

虽然固溶体仍保持着溶剂的晶格类型，但若与纯组元相比，结构还是发生了变化，有的变化还相当大，主要表现在以下几个方面。

A 晶格畸变

由于溶质与溶剂的原子大小不同，因而在形成固溶体时，必然在溶质原子附近的局部范围内造成晶格畸变，即与溶质原子相邻的溶剂原子要偏离其平衡位置，内能增加，这部分增加的能量称为畸变能。

对置换固溶体来说，当溶质原子比溶剂原子半径大时，晶格常数增大，如图 5-2（a）所示；反之，当溶质原子比溶剂原子半径小时，晶格常数减小，如图 5-2（b）所示。形成间隙固溶体时，晶格常数总是随溶质原子的溶入而增大，如图 5-3 所示。

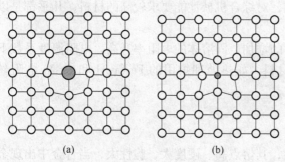

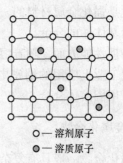

○—溶剂原子
●—溶质原子

图 5-2 置换固溶体中的晶格畸变　　　　图 5-3 间隙固溶体中的晶格畸变

B 偏聚与有序

经 X 射线精细研究表明，溶质原子在固溶体中的分布，总是在一定程度上偏离完全无序状态，存在着分布的不均匀性；当同种原子间的结合力大于异种原子间的结合力时，溶质原子倾向于成群地聚集在一起，形成许多偏聚区，如图 5-4（a）所示；当异种原子（即溶质原子和溶剂原子）间的结合力较大时，则溶质原子的近邻皆为溶剂原子，溶质原子倾向于按一定的规律呈有序分布，如图 5-4（b）所示，这种有序分布通常只在短距离、小范围内存在，称之为短程有序。

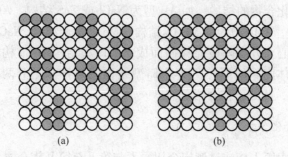

图 5-4 固溶体中溶质原子分布情况示意图
（a）偏聚分布；（b）短程有序分布

C 有序固溶体

具有短程有序的固溶体，当低于某一温度时，可能使溶质和溶剂原子在整个晶体中都按一定的顺序排列起来，即由短程有序转变为长程有序，这样的固溶体即为有序固溶体。

当有序固溶体加热至某一临界温度时，将转变为无序固溶体，而在缓慢冷却至这一温度时，又可转变为有序固溶体。这一转变过程称为有序化，发生有序化的临界温度称为固溶体的有序化温度。

5.3.1.2　固溶体的性能

形成固溶体时，由于溶剂晶格发生畸变，导致塑性变形抗力增加，固溶体的强度、硬度提高，这种现象称为固溶强化。溶质与溶剂原子的尺寸差别越大，所引起的晶格畸变也越大，强化效果越明显。在塑性韧性方面，固溶体要比其组元的纯金属低，但比一般碳化物要高得多。因此，综合来看，固溶体比纯金属和化合物具有更为优越的综合机械性能，固溶强化是强化金属材料的一种重要途径，对综合机械性能要求较高的材料，几乎都是以固溶体为基体相的合金。

在物理性能方面，随着溶质原子浓度的增加，固溶体的电阻率升高，电阻温度系数下降。因此工业上应用的精密电阻和电热材料，如热处理炉用的 Fe-Cr-Al 和 Cr-Ni 电阻丝等，多采用固溶体合金。

5.3.2　金属化合物

金属化合物一般具有复杂的晶体结构，其熔点高、硬度大、脆性大，当合金中出现金属化合物时，可提高合金的强度、硬度、耐磨性，但降低合金的塑性和韧性。因此金属化合物是各类合金钢、硬质合金和许多有色金属合金的重要组成相。

5.3.2.1　正常价化合物

正常价化合物通常是由金属元素与周期表中 IV、V、VI 族元素组成的。例如 Mg_2Si、Mg_2Sn、Mg_2Pb、MgS、MnS 等，其中 Mg_2Si 是铝合金中常见的强化相，MnS 则是钢铁材料中常见的夹杂物。

正常价化合物一般有 AB、A_2B（或 AB_2）、A_3B_2 三种类型，其晶体结构往往对应于具有同类分子式的离子化合物的结构。如 AB 型为 NaCl 或 ZnS 结构，AB_2 型为 CaF_2 型结构，A_2B 型为反 CaF_2 结构，A_3B_2 型为反 Me_3O_2 结构（Me 表示金属）。NaCl 结构可看成是由两种原子各自构成的面心立方点阵彼此穿插而成；CaF_2 型结构中 Ca 构成面心立方结构，F 位于晶胞内 8 个四面体间隙的中心；反 CaF_2 型结构就是将 Ca、F 两种原子的位置互换；A_3B_2 型结构较为复杂，此处不作介绍。

5.3.2.2　电子价化合物

电子价化合物是由第 I 族或过渡族金属元素与第 II 至第 V 族金属元素形成的金属化合物，它不遵守原子价规律，而是按照一定的电子浓度比值形成的化合物。所谓电子浓度是指化合物中的价电子数与原子数的比值。

电子浓度不同，所形成的化合物的晶格类型也不同。例如电子浓度为 3/2（21/14）时，具有体心立方晶格（称为 β 相）；电子浓度为 21/13 时，为复杂立方晶格（称为 γ相）；电子浓度为 21/12 时，为密排六方晶格（称为 ε 相）。例如 Cu_5Zn_8，Cu 的价电子数为 1，Zn 的价电子数为 2，电子浓度为（5×1+8×2）/（5+8）= 21/13，故 Cu_5Zn_8 是具有复杂立方结构的电子化合物或 γ 相。表 5-1 列出了一些常见的电子化合物。

表 5-1　合金中常见的电子化合物

合金系	电子浓度		
	$\frac{3}{2}\left(\frac{21}{14}\right)$	$\frac{21}{13}$	$\frac{7}{4}\left(\frac{21}{12}\right)$
	晶体结构		
	体心立方结构	复杂立方结构	密排六方结构
Cu-Zn	CuZn	Cu_5Zn_8	$CuZn_3$
Cu-Sn	Cu_5Sn	$Cu_{31}Sn_8$	Cu_3Sn
Cu-Al	Cu_3Al	Cu_9Al_4	Cu_5Al_3
Cu-Si	Cu_5Si	$Cu_{31}Si_8$	Cu_3Si
Fe-Al	FeAl		
Ni-Al	NiAl		

5.3.2.3　间隙相和间隙化合物

间隙相和间隙化合物是由过渡族金属元素与碳、氮、氢、硼等原子半径很小的元素形成的金属化合物。当非金属元素与金属元素原子半径之比小于 0.59 时，形成具有简单结构的化合物（称为间隙相）；当非金属元素与金属元素原子半径之比大于 0.59 时，形成具有复杂晶体结构的化合物（称为间隙化合物）。

A　间隙相

间隙相都具有简单的晶体结构，如面心立方、体心立方、密排六方或简单立方等，金属原子位于晶格的正常结点上，非金属原子则位于晶格的间隙位置。间隙相的化学成分可用简单的分子式表示：Me_4X、Me_2X、MeX、MeX_2（Me 表示金属元素，X 表示非金属元素）。

应当指出，间隙相与间隙固溶体是两个完全不同的相，有着本质的区别。间隙相是一种金属化合物，它具有与其组元完全不同的晶体结构，而间隙固溶体是一种固溶体，具有与溶剂组元相同的晶格。钢中常见的间隙相见表 5-2。

表 5-2　钢中常见的间隙相

间隙相的一般化学式	钢中常见的间隙相	结构类型
Me_4X	Fe_4N、Mn_4N	面心立方
Me_2X	Ti_2H、Zr_2H、Fe_2N、Cr_2N、V_2N、Mn_2C、W_2C、Mo_2C	密排六方
MeX	TaC、TiC、ZrC、VC、ZrN、VN、TiN、CrN、ZrH、TiH	面心立方
	TaH、NbH	体心立方
	WC、MoN	简单立方
MeX_2	TiH_2、ThH_2、ZnH_2	面心立方

虽然间隙相中非金属元素含量最多可达 50%～60%，但却具有明显的金属特性（如具有金属光泽和良好的导电性），且具有极高的熔点和硬度，见表 5-3。所以间隙相是合金工具钢、硬质合金和高温金属陶瓷的重要组成相。

表 5-3　钢中常见碳化物的熔点和硬度

碳化物类型	间　隙　相							间隙化合物	
	NbC	WC	Mo$_2$C	TaC	TiC	ZrC	VC	Cr$_{23}$C$_6$	Fe$_3$C
熔点/℃	3770±125	2867	2960±50	4150±140	3410	3805	3023	1577	1227
硬度 HV	2050	1370	1480	1550	2850	2840	2010	1650	约800

B　间隙化合物

间隙化合物一般具有复杂的晶体结构，Cr、Mn、Fe 的碳化物均属此类。它的种类很多，在合金钢中经常遇到的有 Me$_3$C（如 Fe$_3$C、Mn$_3$C）、Me$_7$C$_3$（如 Cr$_7$C$_3$）、Me$_{23}$C$_6$（如 Cr$_{23}$C$_6$）、Me$_6$C（如 Fe$_3$W$_3$C、Fe$_4$W$_2$C）等。其中的 Fe$_3$C 是钢铁材料中的一种基本组成相，称为渗碳体，Fe$_3$C 中的铁原子可以被其他金属原子（如 Mn、Cr、Mo、W 等）所置换，形成以间隙化合物为基的固溶体，如（Fe，Mn）$_3$C、（Fe，Cr）$_3$C 等，称为合金渗碳体。其他的间隙化合物中金属原子也可被其他金属元素置换。间隙化合物也具有很高的熔点和硬度，所以间隙化合物也是钢的重要组成相。但与间隙相相比，熔点和硬度要低些，而且加热时也较易分解。钢中常见碳化物的熔点及硬度见表 5-3。

间隙化合物的晶体结构都很复杂。如钢中 Fe$_3$C，碳与铁的原子半径比为 0.63，属间隙化合物；其晶体结构为正交晶系，3 个点阵常数不相等；晶胞原子数为 16（碳原子 4 个，铁原子 12 个），其中铁原子接近于密堆排列，而碳原子位于其间隙位置；每个碳原子的四周有 6 个相邻的铁原子，铁原子的配位数为 12。其他间隙化合物的结构在此不作过多介绍。

模块 6　二元合金相图的基本类型

主题 6.1　二元合金相图的表示方法

合金存在的状态通常由合金的成分、温度和压力三个因素决定，合金的化学成分变化时，合金中所存在的相及相的相对含量也随之发生变化；同样，当温度和压力发生变化时，合金所存在的状态也要发生变化。由于合金的熔炼、加工处理等都是在常压下进行的，所以合金的状态可由合金的成分和温度两个因素确定。

对二元合金系来说，通常用横坐标表示合金成分，纵坐标表示温度，如图 6-1 所示。横坐标从左到右表示合金成分的变化，A、B 两点表示组成合金的两个组元，C 点表示 40%B、60%A 的合金，D 点表示 40%A、60%B 的合金。

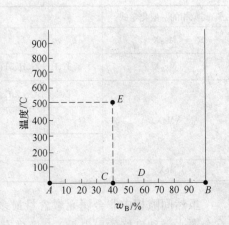

图 6-1　二元合金相图的坐标

在成分和温度坐标平面上的任一点（如图 6-1 中 E 点）称为表象点。一个表象点的坐标值表示一个合金的成分和温度，如图 6-1 中 E 点表示合金的成分为 $w_A = 60\%$、$w_B = 40\%$、温度为 500℃。

主题 6.2　二元合金相图的基本类型

6.2.1　匀晶相图

两组元在液态时无限互溶，在固态也无限互溶的二元合金系所形成的相图称为匀晶相图，如 Cu-Ni、Ag-Au、Cr-Mo、Cd-Mg、Fe-Ni、Mo-W 等。在这类合金中，结晶时都是从液相中结晶出单相固溶体，这种结晶过程称为匀晶转变。

6.2.1.1　相图分析

以 Cu-Ni 合金相图（图 6-2）为例。相图上面一条曲线为液相线，下面一条曲线为固相线，两条曲线将相图分成三个相区，即液相区 L、固相区 α 以及两相区 L+α。

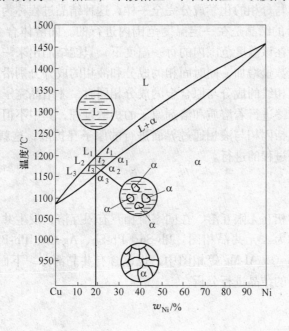

图 6-2　Cu-Ni 合金相图及 20%Ni 合金的平衡结晶过程

6.2.1.2　固溶体合金的平衡结晶过程

固溶体合金的平衡结晶过程分析如下。

平衡结晶是指合金在极缓慢冷却条件下进行结晶的过程。以 20%Ni 的 Cu-Ni 合金为例进行分析。

由图 6-2 可以看出，当合金自高温缓慢冷却至 t_1 温度时，开始从液相中结晶出 α 固溶体，其成分为 α_1：

$$L_1 \underset{}{\overset{t_1}{\rightleftharpoons}} \alpha_1$$

当温度缓冷至 t_2 温度时，便有一定数量的 α 固溶体结晶出来，此时的固相成分为 α_2，液相成分为 L_2：

$$L_2 \underset{}{\overset{t_2}{\rightleftharpoons}} \alpha_2$$

在温度不断下降过程中，通过扩散，α 的成分将不断地沿固相线变化，液相成分也将不断地沿液相线变化。同时，α 相的数量不断增多，而液相 L 的数量不断减少。

当冷却到 t_3 温度时，最后一滴液体结晶成固溶体，结晶终了，得到了与原合金成分相同的 α 固溶体。图 6-2 说明了该合金平衡结晶时的组织变化过程。

6.2.1.3　固溶体合金的结晶特点

固溶体的结晶过程和纯金属一样，也包括形核和长大两个基本过程，但固溶体合金的结晶与纯金属相比有其显著的特点，主要表现在以下两个方面：

（1）异分结晶。固溶体合金结晶时所结晶出的固相成分与液相的成分不同，这种结晶出的晶体与母相化学成分不同的结晶过程称为异分结晶，或称选择结晶。而纯金属结晶时，所结晶出的晶体与母相的化学成分完全一样，这种结晶过程称为同分结晶。

（2）固溶体合金的结晶是在一定温度范围内进行的。固溶体合金的结晶需要在一定的温度范围内进行，在该温度范围内的每一温度下，只能结晶出来一定数量的固相。随着温度的降低，固相的数量增加，同时固相的成分和液相的成分分别沿着固相线和液相线而连续地改变，直至固相线的成分与原合金的成分相同时，才结晶完毕。这就意味着，固溶体合金在结晶时，始终进行着溶质和溶剂原子的扩散过程，其中不但包括液相和固相内部原子的扩散，而且包括固相与液相通过界面进行的原子互扩散，这就需要足够长的时间，才得以保证平衡结晶过程的进行。

6.2.2　共晶相图

两组元在液态时相互无限互溶，在同态时相互有限互溶，发生共晶转变，形成共晶组织的二元系相图，称为二元共晶相图。Pb-Sn、Pb-Sb、Ag-Cu、Pb-Bi 等合金系的相图都属于共晶相图，在 Fe-C、Al-Mg 等相图中，也包含有共晶部分。下面以 Pb-Sn 相图为例，对共晶相图及其合金的结晶进行分析。

6.2.2.1　相图分析

图 6-3 为 Pb-Sn 二元共晶相图，图中 AE、BE 为液相线，AMENB 为固相线，MF 为 Sn 在 Pb 中的溶解度曲线，也叫固溶度曲线，NG 为 Pb 在 Sn 中的溶解度曲线。

相图中有三个单相区：即液相 L、固溶体 α 相和固溶体 β 相。α 相是 Sn 溶于 Pb 中的固溶体，β 相是 Pb 溶于 Sn 中的固溶体。各个单相区之间有三个两相区，即 L+α、L+β 和 α+β。在三个两相区之间的水平线 MEN 表示 α+β+L 三相共存区。

在三相共存水平线所对应的温度下，成分相当于 E 点的液相（$L_{61.9}$）同时结晶出与 M 点相对应的 α_{19} 和 N 点所对应的 $\beta_{97.5}$ 两个相，形成两个固溶体的混合物。转变的反应式是：

$$L_{61.9} \underset{}{\overset{183℃}{\rightleftharpoons}} \alpha_{19} + \beta_{97.5}$$

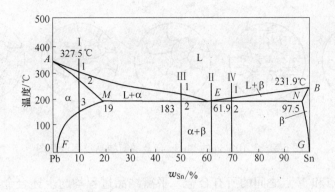

图 6-3　Pb-Sn 二元共晶相图

在一定的温度下，由一定成分的液相同时结晶出成分一定的两个固相的转变过程称为共晶转变或共晶反应。共晶转变的产物为两个固相的混合物，称为共晶组织（共晶体）。

相图中的 *MEN* 水平线称为共晶（转变）线，*E* 点称为共晶点，*E* 点对应的温度称为共晶温度，成分对应于共晶点的合金称为共晶合金；成分位于共晶点以左，*M* 点以右的合金称为亚共晶合金；成分位于共晶点以右，*N* 点以左的合金称为过共晶合金。凡成分在共晶线范围内的合金，当温度冷却到共晶温度时，均要发生共晶转变。

6.2.2.2　典型合金的平衡结晶及其组织

A　Sn 含量不大于 19% 的合金（合金Ⅰ）

现以 10%Sn 的合金Ⅰ为例进行分析。从图 6-3 可以看出，当合金Ⅰ缓慢冷却到 1 点时，开始从液相中结晶出 α 固溶体，随着温度的降低，α 固溶体的数量不断增多，而液相的数量不断减少，它们的成分分别沿固相线 *AM* 和液相线 *AB* 发生变化。合金冷却到 2 点时，结晶完毕，全部结晶成单相 α 固溶体，其成分与原始的液相成分相同。这一过程与匀晶系合金的结晶过程完全相同。

继续冷却时，在 2 点至 3 点温度范围内，α 固溶体不发生变化。当温度下降到 3 点以下时，Sn 在 α 固溶体中呈过饱和状态，因此，多余的 Sn 就以 β 固溶体的形式从 α 固溶体中析出。随着温度的继续降低，α 固溶体的溶解度逐渐减小，因此这一析出过程将不断进行，α 相和 β 相的成分分别沿 *MF* 线和 *NG* 线变化，这种由固溶体中析出另一个固相的过程称为脱溶过程，也即过饱和固溶体的分解过程，也称之为二次结晶。二次结晶析出的相称为次生相或二次相，次生的 β 固溶体以 $β_{Ⅱ}$ 表示，以区别于从液体中直接结晶出来的 β 固溶体（β）。$β_{Ⅱ}$ 优先从 α 相晶界析出，其次是从晶粒内的缺陷部位析出。由于固态下的原子扩散能力小，析出的次生相不易长大，一般都比较细小。

合金结晶结束后形成以 α 相为基体的两相组织，如图 6-4 所示，图中黑色基体为 α 相，白色颗粒为 $β_{Ⅱ}$。$β_{Ⅱ}$ 分布在 α 相的晶界上，或在 α 相晶粒内部析出。图 6-5 是 10%Sn 的合金平衡结晶过程示意图。

图 6-4　10%Sn 的 Pb-Sn 合金
的显微组织（500×）

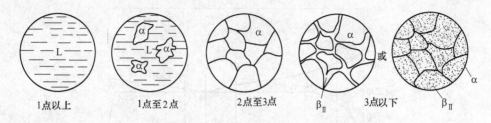

图 6-5　含 10%Sn 的 Pb-Sn 合金平衡结晶过程示意图

成分位于 *F* 点和 *M* 点之间的所有合金，平衡结晶过程均与上述合金相似，其显微组织也是由 $\alpha + \beta_{II}$ 两相所组成，只是两相的相对含量不同。合金成分越靠近 *M* 点，β_{II} 的含量越多。

B　61.9%Sn 的共晶合金（合金Ⅱ）

共晶合金Ⅱ中，含锡量为 61.9%，其余为铅。图 6-6 是该合金平衡结晶过程的示意图。当合金Ⅱ缓慢冷却至温度 t_E（183℃）时，发生共晶转变：

$$L_{61.9} \xrightleftharpoons{183℃} \alpha_{19} + \beta_{97.5}$$

这个转变一直在 183℃ 进行，直到液相完全消失为止，这时所得到的组织是 α_{19} 和 $\beta_{97.5}$ 两个相的混合物，即共晶组织。

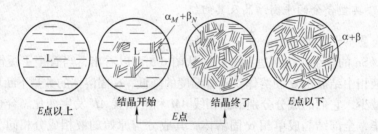

图 6-6　Pb-Sn 共晶合金平衡结晶过程示意图

继续冷却时，共晶组织中的 α 相和 β 相都要发生溶解度的变化，α 相成分沿着 *MF* 线变化，β 相的成分沿着 *NG* 线变化，分别析出次生相 β_{II} 和 α_{II}，直到室温为止。由于从共晶组织中析出的次生相常与共晶组织中的同类相混在一起，难以在显微镜下分辨，且含量较少，可不予考虑，所以共晶合金的室温组织为（α+β），如图 6-7 所示，α 相和 β 相呈层片状交替分布，其中黑色的为 α 相，白色的为 β 相。

共晶组织的形态很多，常见的有层片状、棒状（条状或纤维）、球状（短棒状）、针片状、螺旋状等。

图 6-7　共晶合金
组织的形态

C　亚共晶合金（合金Ⅲ）

在图 6-3 所示的 Pb-Sn 二元共晶相图中，凡是成分位于共晶点 *E* 点以左，*M* 点以右的合金都是亚共晶合金。下面以含锡量为 50% 的合金Ⅲ为例，分析其结晶过程。

当合金Ⅲ缓冷至 1 点时，开始结晶出 α 固溶体。在 1 点至 2 点温度范围内，随着温度的缓慢下降，α 固溶体的数量不断增多，α 相的成分和液相成分分别沿着 *AM* 和 *AE* 线变化。这一阶段的转变属于匀晶转变。

当温度降至 2 点即 t_E 温度（183℃）时，α 相和剩余液相的成分分别达到 *M* 点和 *E* 点。此时，剩余的成分为 *E* 点的液相便发生共晶转变：

$$L_{61.9} \underset{}{\overset{183℃}{\rightleftharpoons}} \alpha_{19} + \beta_{97.5}$$

这一转变一直进行到剩余液相全部形成共晶组织为止。为了和共晶转变前形成的 α 固溶体相区别，将共晶组织中的 α 固溶体和 β 固溶体叫做共晶 α 相和共晶 β 相，而将共晶转变之前形成的 α 固溶体叫做初晶或先共晶相。先共晶 α 固溶体和共晶体中的 α 相，虽是相同的相，但由于结晶条件不同，其形态也不同。亚共晶合金在共晶转变刚刚结束之后的组织是由先共晶 α 相和共晶组织（α+β）所组成的。

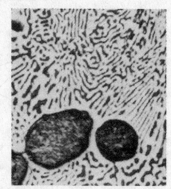

图 6-8 亚共晶合金组织

在 2 点以下继续冷却时，由于溶解度的变化，将从先共晶 α 相和共晶 α 相中析出 β_{II} 相，而共晶 β 相中也要析出 α_{II} 相。在显微镜下，只有从先共晶 α 相中析出的 β_{II} 可能被观察到，共晶组织中析出的 α_{II} 和 β_{II} 一般难以分辨，故其室温平衡组织为 α+β_{II}+（α+β），如图 6-8 所示，其中暗黑色树枝状部分是先共晶 α 相，白色颗粒为 β_{II}，黑白相间分布的是共晶组织。图 6-9 为该合金的平衡结晶过程示意图。

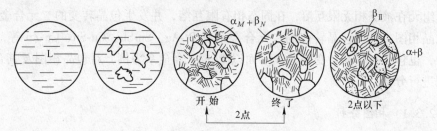

图 6-9 Pb-Sn 亚共晶合金平衡结晶过程示意图

D 过共晶合金（合金Ⅳ）

在图 6-3 所示的 Pb-Sn 二元共晶相图中，成分位于共晶点 *E* 以右，*N* 点以左的合金都叫做过共晶合金。过共晶合金的平衡结晶过程和显微组织与亚共晶合金相似，所不同的是先共晶相不是 α，而是 β，其室温平衡组织为 β+α_{II}+（α+β）。图 6-10 是含锡量为 70% 的合金Ⅳ的显微组织，图中亮白色卵形部分为先共晶 β 固溶体，其余部分为共晶组织。

综合上述分析可知，虽然 *F* 点到 *G* 点之间的合金均由 α 和 β 两相所组成，但是由于合金成分和结晶过程的变化，相的大小、数量和分布状况，即合金的组织差别很大，甚至完全不同。如在 *F* 点到 *M* 点的成分范围内，合金的组织为 α+β_{II}，亚共晶合金的组织为 α+β_{II}+（α+β），共晶合金完全为共晶组织（α+β），过共晶合金的组织为 β+α_{II}+（α+β），

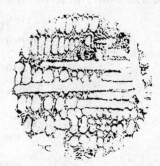

图 6-10 过共晶合金组织

在 N 点到 G 点之间的合金组织为 β+α$_{II}$。其中的 α、β、α$_{II}$、β$_{II}$ 及（α+β）在显微组织中均能清楚地区分开，是组成显微组织的独立部分，这种在显微组织中能清楚分辨的组成的显微组织的独立部分称为组织组成物。从本质看，它们都是由 α 和 β 两相所组成，所以 α 和 β 两相就是组成合金组织的基本相，称为合金的相组成物。

为了便于了解合金系中的合金在任一温度下的组织状态及其组织在结晶过程中的变化，常常把合金平衡结晶后的组织直接标记在合金相图上，如图 6-11 所示就是标记了组织组成物的 Pb-Sn 合金相图。

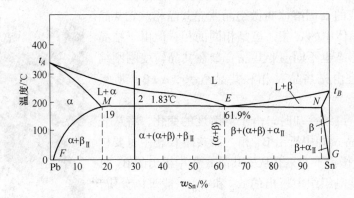

图 6-11　标记组织组成物的 Pb-Sn 合金相图

6.2.3　包晶相图

两组元在液态相无限互溶，在固态相有限互溶，并发生包晶转变的二元合金系相图，称为包晶相图。具有包晶转变的二元合金系有 Pt-Ag、Sn-Sb、Cu-Sn、Cu-Zn 等，在 Fe-C 相图中，也包含有包晶转变部分。下面以 Pt-Ag 合金系为例，对包晶相图及其合金的结晶过程进行分析。

6.2.3.1　相图分析

Pt-Ag 二元合金相图如图 6-12 所示。图中 ACB 为液相线，$APDB$ 为固相线，PE 及 DF 分别是银溶于铂中和铂溶于银中的溶解度曲线。

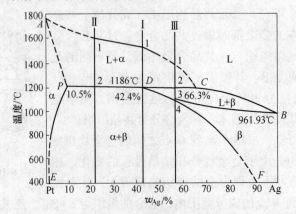

图 6-12　Pt-Ag 合金相图

相图中有三个单相区，即液相 L 及固相 α 和 β。其中 α 相是银溶于铂中的固溶体，β 相是铂溶于银中的固溶体。单相区之间有三个两相区，即 L+α、L+β 和 α+β。两相区之间存在一条三相（L、α、β）共存水平线，即 PDC 线。

水平线 PDC 是包晶转变线，所有成分在 P 点到 C 点范围内的合金在该温度都将发生三相平衡的包晶转变，这种转变的反应式为：

$$L_{66.3} + \alpha_{10.5} \xrightleftharpoons{1186℃} \beta_{42.4}$$

在一定的温度下，由一定成分的固相与一定成分的液相作用，形成另一个一定成分的固相的转变过程，称为包晶转变或包晶反应。在相图上，包晶转变区的特征是：反应相是液相和一个固相，其成分点位于水平线的两端，所形成的固相位于水平线中间的下方。

相图中的 D 点称为包晶点，D 点所对应的温度（t_D）称为包晶温度，PDC 线称为包晶（转变）线。

6.2.3.2　典型合金的平衡结晶过程及组织

A　含银量为 42.4% 的 Pt-Ag 合金（合金Ⅰ）

由图 6-12 可以看出，当合金Ⅰ自液态缓慢冷却到与液相线相交的 1 点时，开始从液相中结晶出 α 相。在继续冷却的过程中，α 相的数量不断增多，液相的数量不断减少，α 相和液相的成分分别沿固相线 AP 和液相线 AC 变化。

当温度降低到 t_D（1186℃）时，合金中 α 相的成分达到 P 点，液相的成分达到 C 点时，液相 L 和固相 α 发生包晶转变：

$$L_{66.3} + \alpha_{10.5} \xrightleftharpoons{1186℃} \beta_{42.4}$$

转变结束后，液相和 α 相消失，全部转变为 β 固溶体。

继续冷却时，由于 Pt 在 β 相中的溶解度随着温度的降低而沿 DF 线不断减小，将不断地从 β 固溶体中析出次生相 $\alpha_{Ⅱ}$。合金的室温组织为 $\beta + \alpha_{Ⅱ}$，其平衡结晶过程如图 6-13 所示。

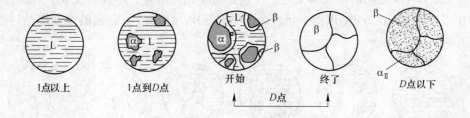

1点以上　　　　1点到 D 点　　　　开始　　　终了　　　D 点以下

$\overbrace{\qquad\qquad}^{D点}$

图 6-13　合金Ⅰ的平衡结晶过程示意图

B　含银量为 10.5%~42.4% 的 Pt-Ag 合金（合金Ⅱ）

以图 6-12 中含银量为 22% 的 Pt-Ag 合金Ⅱ为例，当其缓慢冷却至液相线的 1 点时，开始结晶出初晶 α，随着温度的降低，初晶 α 的数量不断增多，液相的数量不断减少，α 相和液相的成分分别沿着 AP 线和 AC 线变化。在 1 点到 2 点之间属于匀晶转变。当温度降低至 2 点时，α 相和液相的成分分别为 P 点与 C 点，在温度为 t_D（1186℃）时，成分相当于 P 点的 α 相与 C 点的液相共同作用，发生包晶转变，转变为 β 固溶体：

$$L_{66.3} + \alpha_{10.5} \xrightleftharpoons{1186℃} \beta_{42.4}$$

与上述的合金 I 相比较，合金 II 在 t_D 温度时的 α 相的相对含量较大，因此，包晶转变结束后，除了新形成的 β 相外，还有剩余的 α 相。在 t_D 温度以下，由于 β 和 α 固溶体的溶解度变化，随着温度的降低，将不断地从 β 固溶体中析出 α_{II}，从 α 固溶体中析出 β_{II}，因此该合金的室温组织为 $\alpha+\beta+\alpha_{II}+\beta_{II}$。合金的平衡结晶过程如图 6-14 所示。

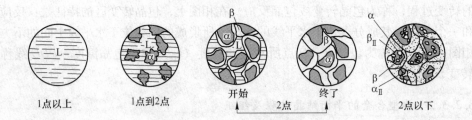

图 6-14　合金 II 的平衡结晶过程示意图

C　含银量为 42.4%～66.3% 的 Pt-Ag 合金（合金 III）

当合金 III 冷却到与液相线相交的 1 点时，开始结晶出初晶 α 相，在 1 点到 2 点之间，随着温度的降低，α 相数量不断增多，液相数量不断减少，这一阶段的转变属于匀晶转变。当冷却到 2 点（1186℃）时，发生包晶转变，得到 β 固溶体。与上述合金 II 相似，此时合金 III 中液相的相对含量大于合金 I 中液相的相对含量，所以包晶转变结束后，仍有液相存在。

当合金的温度从 2 点继续降低时，剩余的液相继续结晶出 β 固溶体，在 2 点到 3 点之间，合金的转变属于匀晶转变，β 相的成分沿 DB 线变化，液相的成分沿 CB 线变化。在温度降低到 3 点时，合金 III 全部转变为 β 固溶体。

在 3 点到 4 点之间的温度范围内，合金 III 为单相固溶体，不发生变化。在 4 点以下，将从 β 固溶体中析出 α_{II}。因此，该合金的室温组织为 $\beta+\alpha_{II}$。合金的平衡结晶过程如图 6-15 所示。

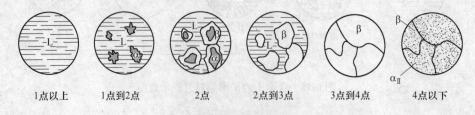

图 6-15　合金 III 的平衡结晶过程

除上述三种常见的基本相图外，还有一些其他类型的基本相图，这里不一一介绍。值得注意的是，某些合金如 Fe-C 合金在结晶结束后的固态范围内，存在着与匀晶、共晶转变相同特征的转变。

模块 7　铁碳合金及铁碳合金相图

主题 7.1　铁碳合金的组元及基本相

7.1.1　组元

铁碳合金（Fe-C 合金）主要由铁（Fe）和碳（C）组成，即其组元为 Fe 和 C。此外含有一些杂质元素，一般不作为组元。若是合金钢或合金铸铁等，其中为获得某种特殊的性能而特意加入的合金元素，则作为组元对待。

由于含碳量（C%）高于 6.69%（如 Fe_3C 的 C%）的铁碳合金脆性太高而没有实用价值（工业上使用的铁碳合金的 C%通常小于 5%），因此通常可以将 Fe_3C 视为铁碳合金的一个组元。

7.1.2　基本相

在含碳量不大于 6.69%的铁碳合金中，主要存在铁素体、奥氏体、渗碳体三个基本相。

7.1.2.1　铁素体

碳溶于体心立方晶格的 α-Fe 中形成的固溶体称为铁素体，一般用"α"或"F"表示。铁素体仍保持 α-Fe 的体心立方晶格，其中碳存在于 α-Fe 的晶格间隙中，是一种间隙固溶体。α-Fe 的溶碳能力取决于晶格中原子间隙的形状和大小，在 727℃时，碳在 α-Fe 中具有最大溶解度（0.0218%），600℃时降到 0.008%，到室温时，溶解度减小到 0.0057%。

由于铁素体的溶碳量很小，有时可以把它看做是纯铁，它的力学性能与纯铁极为相近，强度和硬度低，而塑性和韧性好，其数值如下：

抗拉强度 σ_b　　　　　180~230MPa
屈服强度 $\sigma_{0.2}$　　　　100~170MPa
伸长率 δ　　　　　　　30%~50%
断面收缩率 ψ　　　　　70%~80%
冲击韧度 a_k　　　　　　160~200J/cm^2
硬度 HBS　　　　　　　50~80

铁素体和纯铁一样，在 770℃以上具有顺磁性，在 770℃以下时呈铁磁性。在显微镜下观察，铁素体为均匀明亮的多边形晶粒，如图 7-1 所示。

铁碳合金在 1394℃以上时，会出现碳溶于体心立方的 δ-Fe 中而形成的固溶体，其晶格与铁素体一样呈体心立方

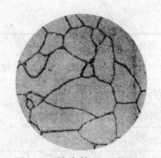

图 7-1　铁素体的显微组织

晶格，但晶格常数不一样，为与铁素体相区别，把它称为高温铁素体或 δ 铁素体，以"δ"表示。在 1495℃时碳在 δ-Fe 中的溶解度最大，为 0.09%。

7.1.2.2　奥氏体

碳溶于面心立方晶格的 γ-Fe 中所形成的固溶体称为奥氏体，用"γ"或"A"表示。奥氏体仍保留面心立方晶格，和 α-Fe 一样，碳也存在于 γ-Fe 的晶格间隙中，也是间隙固溶体。

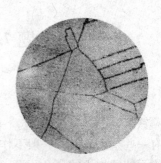

γ-Fe 的溶碳能力比 α-Fe 大，727℃时，奥氏体中碳的溶解度为 0.77%，而在 1184℃时最大，达到 2.11%。

高温下奥氏体的显微组织如图 7-2 所示，其晶粒呈多边形，与铁素体的显微组织相似，但晶粒边界比铁素体更平直，且晶粒内常有孪晶出现。

图 7-2　奥氏体的显微组织

奥氏体的力学性能与其溶碳量及晶粒度有关，一般来说，奥氏体的硬度为 170~220HBS，伸长率为 40%~50%，因此，奥氏体是一个硬度较低而塑性较高的相。其磁性与铁素体不同，它呈顺磁性而不呈现铁磁性。

7.1.2.3　渗碳体

铁与碳形成的稳定化合物 Fe_3C 称为渗碳体，含碳量为 6.69%，是一个高碳相，属于复杂结构的间隙化合物。在常温下，由于碳在 α-Fe 中的溶解度小，所以碳在铁碳合金中主要是以渗碳体形式存在。

渗碳体的硬度很高，为 800HB，是钢中的主要强化相，但脆性大、塑性极低，是一个硬而脆的相。渗碳体在 230℃以下具有弱铁磁性，在该温度以上则失去铁磁性。渗碳体的熔点为 1227℃（理论计算结果）。

渗碳体可与其他元素形成置换式固溶体，其中碳原子可被其他非金属元素原子（如氮等）所置换，而铁原子则可被其他金属原子（如铬、锰等）所置换。这种以渗碳体晶体结构为基的固溶体称为合金渗碳体，在合金钢及合金铸铁中经常会遇到这种相。

渗碳体不被硝酸酒精腐蚀，在显微镜下呈白亮色，在碱性苦味酸钠腐蚀下，被染成黑色。渗碳体在钢和铸铁中与其他相共存时，可以呈片状、粒状、网状或板状。

根据以上阐述，将铁碳合金的三种基本相概括列于表 7-1 中。

表 7-1　铁碳合金中的三种基本相

名称	铁素体（F）	奥氏体（A）	渗碳体（Fe_3C）
类型	碳溶于 α-Fe 中形成的间隙固溶体	碳溶于 γ-Fe 中形成的间隙固溶体	铁与碳形成的稳定化合物
晶格	体心立方	面心立方	斜方晶格
含碳量/%	<0.0218	0.77~2.11	6.69
外形	不规则外形晶粒	不规则外形晶粒	片、粒、网状
性能	塑性、韧性好，强度、硬度低	硬度低，塑性好	硬而脆

主题 7.2 铁碳合金相图

铁碳合金相图如图 7-3 所示，按点、线和相区分析如下。

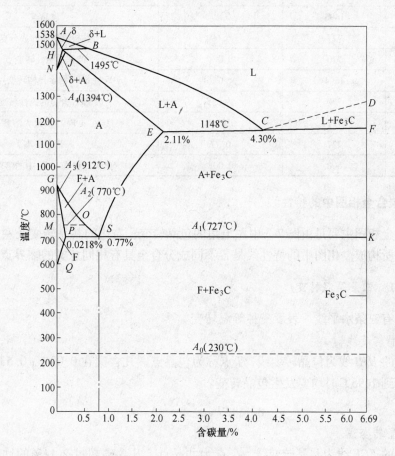

图 7-3 铁碳合金相图

7.2.1 铁碳合金相图中的特性点

图 7-3 中各点的温度、含碳量及其含义列于表 7-2 中。

表 7-2 铁碳合金相图中的特性点

特性点	温度/℃	含碳量/%	特 性 点 的 含 义
A	1538	0	纯铁的熔点
B	1495	0.53	包晶转变时液态合金的成分点
C	1148	4.30	共晶点
D	1227	6.69	渗碳体的熔点
E	1148	2.11	碳在 γ-Fe 中的最大溶解度点
F	1148	6.69	共晶渗碳体的成分点

特性点	温度/℃	含碳量/%	特 性 点 的 含 义
G	912	0	$\alpha\text{-Fe} \rightleftharpoons \gamma\text{-Fe}$ 同素异构转变点（A_3）
H	1495	0.09	碳在 δ-Fe 中的最大溶解度点
J	1495	0.17	包晶点
K	727	6.69	共析渗碳体的成分点
M	770	0	纯铁的磁性转变点
N	1394	0	$\gamma\text{-Fe} \rightleftharpoons \delta\text{-Fe}$ 同素异构转变点（A_4）
O	770	约 0.5	0.5%C 合金的磁性转变点
P	727	0.0218	碳在 α-Fe 中的最大溶解度点
S	727	0.77	共析点（A_1）
Q	600	0.008	600℃时碳在 α-Fe 中的溶解度点

7.2.2　铁碳合金相图中的特性线

铁碳合金相图主要是由图 7-3 中左上角的包晶转变，右边的共晶转变及左下角的共析转变三部分所构成。相图中的特性线是各不同成分合金具有相同意义的临界点的连线。

7.2.2.1　三条等温转变线

相图中有三条水平线，表示三种等温转变。

A　包晶转变线

1495℃的 *HJB* 线为包晶转变线，*J* 点称为包晶点。凡含碳在 0.09%~0.53% 的铁碳合金缓慢冷却到 1495℃时均要发生包晶转变：

$$\delta_{0.09} + L_{0.53} \xrightleftharpoons{1495℃} A_{0.17}$$

B　共晶转变线

1148℃的 *ECF* 线为共晶转变线，*C* 点为共晶点。凡含碳超过 2.11% 的铁碳合金缓慢冷却到 1148℃时均要发生共晶转变：

$$L_{4.3} \xrightleftharpoons{1148℃} A_{2.11} + Fe_3C$$

共晶转变的产物（$A + Fe_3C$）称为莱氏体，用 "L_d" 表示。

C　共析转变线

727℃的 *PSK* 线是共析转变线，*S* 点为共析点。凡含碳大于 0.0218% 的铁碳合金缓慢冷却到 727℃（A_1）时均要发生共析转变：

$$A_{0.77} \xrightleftharpoons{727℃} F_{0.0218} + Fe_3C$$

共析转变的产物（$F + Fe_3C$）称为珠光体，用 "P" 表示。

7.2.2.2　三条固态转变线

A　*GS* 线

含碳小于 0.77% 的铁碳合金在冷却过程中，从奥氏体中析出铁素体的开始线，或在加热过程中铁素体转变成奥氏体的终了线，又称 A_3 线。

B　ES 线

碳在奥氏体中的饱和溶解度曲线（固溶线），又称 A_{cm} 线。凡是含碳大于 0.77% 的铁碳合金自 1148℃冷却至 727℃的过程中，都将从奥氏体中析出渗碳体（称为二次渗碳体 Fe_3C_{II}）。

C　PQ 线

碳在铁素体中的饱和溶解度曲线（固溶线）。一般铁碳合金自 727℃冷至室温时，将从铁素体中析出渗碳体（称为三次渗碳体 Fe_3C_{III}）。

铁碳合金相图的特性线及其含义归纳列于表 7-3 中。

表 7-3　铁碳合金相图中的特性线及其含义

特性线	特性线的含义	特性线	特性线的含义
ABCD	液相线	PQ	碳在 α-Fe 中的溶解度线
AHJECF	固相线	ES（A_{cm}）	碳在 γ-Fe 中的溶解度线
NH	δ 铁素体向奥氏体转变开始温度线，即碳在 δ 铁素体中的溶解度曲线	HJB	包晶转变线
		ECF	共晶转变线
JN（A_4）	δ 铁素体向奥氏体转变终了温度线	PSK（A_1）	共析转变线
GS（A_3）	奥氏体向铁素体转变开始温度线	MO（A_2）	铁素体的磁性转变线
GP	奥氏体向铁素体转变终了温度线	230℃水平线（A_0）	渗碳体的磁性转变线

7.2.2.3　铁碳合金相图中的相区

相图中有 5 个单相区，它们是：

（1）ABCD 以上为液相区（L）。

（2）AHNA 为 δ 铁素体区（δ）。

（3）NJESGN 为奥氏体区（A 或 γ）。

（4）GPQ 以左为铁素体区（F 或 α）。

（5）DFK 垂线为渗碳体区（Fe_3C 或 C）。

除单相区以外，相图中还有 7 个两相区，这些两相区分别存在于相邻的两个单相区之间，它们是：L+δ、L+A、L+Fe_3C、δ+A、A+F、A+Fe_3C 及 F+Fe_3C。

此外，三相共存水平线 HJB、ECF 及 PSK 也可看做是 3 个三相区。

模块 8　典型铁碳合金的平衡结晶及组织

主题 8.1　铁碳合金的分类

根据铁碳合金的含碳量及组织不同，可将铁碳合金相图中所有合金分成三大类：工业纯铁、钢、白口铸铁。

（1）工业纯铁，含碳量小于 0.0218% 的铁碳合金。

（2）钢，含碳量为 0.0218%～2.11% 的铁碳合金。根据其室温组织的不同，钢又分为三类：亚共析钢（C 0.0218%～0.77%）、共析钢（C 0.77%）、过共析钢（C 0.77%～2.11%）。

（3）白口铸铁，含碳量为 2.11%～6.69% 的铁碳合金。根据室温组织的不同，白口铸铁又分为亚共晶白口铁（C 2.11%～4.3%）、共晶白口铁（C 4.3%）、过共晶白口铁（C 4.3%～6.69%）。

下面以几种典型的铁碳合金为例，分析其平衡结晶过程及组织转变。所选取的合金成分如图 8-1 所示。

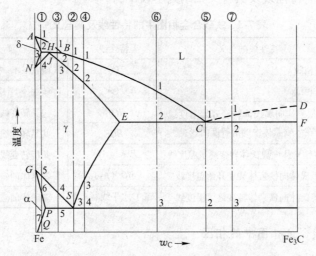

图 8-1　典型铁碳合金在 Fe-Fe₃C 相图中的位置

主题 8.2　典型铁碳合金的平衡结晶及组织

8.2.1　工业纯铁

以含碳 0.01% 的合金为例（图 8-1 中合金①），其结晶过程如图 8-2 所示。

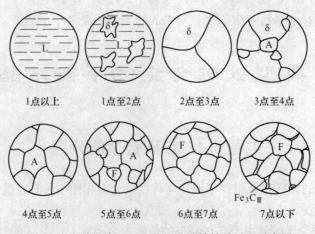

图 8-2　含碳量为 0.01% 的工业纯铁结晶过程示意图

合金溶液在 1 点到 2 点温度区间，按匀晶转变结晶出 δ 固溶体，液相成分沿液相线 AB 变化，δ 固溶体的成分沿 AH 变化。冷却到 2 点，匀晶转变结束，合金全部转变为 δ 固溶体。2 点到 3 点间无变化，组织为 δ 固溶体。冷却到 3 点时，开始发生固溶体的同素异构转变 δ→A，A 的晶核通常优先在 δ 相的晶界上形成，然后长大，这一转变在 4 点结束。4 点到 5 点合金全部呈单相奥氏体。冷却到 5 点到 6 点间又发生同素异构转变 A→F，铁素体同样是在奥氏体的晶界上优先形核长大，到 6 点结束，全部转变为 F。6 点到 7 点 F 无变化。冷却到 7 点时，碳在铁素体中的溶解量达到饱和，在 7 点以下将从铁素体中析出沿铁素体晶界分布的片状三次渗碳体 Fe_3C_{III}。所以工业纯铁的室温组织为铁素体和三次渗碳体，其显微组织如图 8-3 所示。在含碳量小于 0.0218% 的工业纯铁中，随着含碳量的增加，Fe_3C_{III} 的含量也增加，在 P 点处 Fe_3C_{III} 的含量达到最大值：

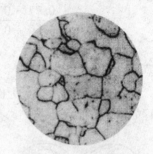

图 8-3　工业纯铁的室温平衡组织

$$W_{Fe_3C_{III}max} = \frac{0.0218 - 0.0057}{6.69 - 0.0057} \approx \frac{0.0218}{6.69} \approx 0.33\%$$

8.2.2　共析钢

共析钢是含碳量为 0.77% 的铁碳合金（图 8-1 中合金②），其结晶过程如图 8-4 所示。

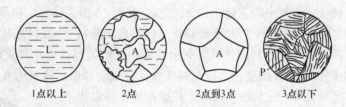

　　1点以上　　　　2点　　　　2点到3点　　　　3点以下

图 8-4　共析钢结晶过程示意图

合金降温至 1 点，开始从液体中结晶出奥氏体。1 点到 2 点之间合金按匀晶转变结晶出奥氏体，结晶过程中液相的浓度沿 BC 线变化，奥氏体的浓度沿 JE 线变化，降温到 2 点凝固终了。2 点到 3 点之间组织为单相奥氏体组织。冷却到 3 点（727℃），在恒温下发生共析转变，转变产物为珠光体（P），它是由铁素体与渗碳体两相呈片层相间组成的细密混合物，珠光体中的铁素体和渗碳体称为共析铁素体和共析渗碳体。转变刚结束时，共析铁素体和共析渗碳体的相对含量分别是：

$$W_F = \frac{SK}{PK} = \frac{6.69 - 0.77}{6.69 - 0.0218} \approx 88.78\%$$

$$W_{Fe_3C} = \frac{PS}{PK} = \frac{0.77 - 0.0218}{6.69 - 0.0218} \approx 11.22\%$$

在 3 点以后的冷却过程中，共析铁素体中的含碳量沿 PQ 线变化，共析铁素体中将析出 Fe_3C_{III}。在缓慢冷却条件下，Fe_3C_{III} 在共析铁素体和共析渗碳体的相界上形成，与共析渗碳体连在一起，显微镜下难以分辨，同时其数量也很少，对珠光体的组织和性能没有明显影响，因此可以认为共析钢的室温组织就是珠光体，如图 8-5 所示。

在室温下，共析钢中的铁素体与渗碳体两相的相对含量可按杠杆定律求得：

$$W_{\mathrm{F}} = \frac{6.69 - 0.77}{6.69 - 0.0057} \approx 88.57\%$$

$$W_{\mathrm{Fe_3C}} = \frac{0.77 - 0.0057}{6.69 - 0.0057} \approx 11.43\%$$

8.2.3 亚共析钢

以含碳 0.45% 的合金为例（图 8-1 中合金③），其结晶过程如图 8-6 所示。

图 8-5 共析钢的室温
平衡组织

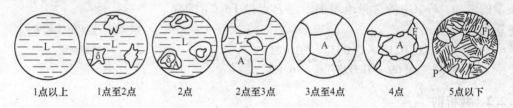

| 1点以上 | 1点至2点 | 2点 | 2点至3点 | 3点至4点 | 4点 | 5点以下 |

图 8-6 亚共析钢结晶过程示意图

合金在 1 点到 2 点之间按匀晶转变结晶出 δ 固溶体，冷却到 2 点（1495℃），δ 固溶体中碳的含量为 0.09%，液相中碳含量 0.53%，此时液相与 δ 固溶体发生包晶转变，形成奥氏体。由于合金中含碳量（0.45%）大于 0.17%（包晶点成分），所以包晶转变终了以后，还有过剩的液相存在。从 2 点冷却到 3 点，剩余的液相又以匀晶转变的形式继续结晶出奥氏体，所有奥氏体成分均沿 JB 线变化。冷却到 3 点，合金全部由含碳量为 0.45% 的奥氏体组成。单相奥氏体冷却到 GS 线上的 4 点时，开始在奥氏体晶界上析出铁素体，称为先共析铁素体，随着温度的下降，先共析铁素体量不断增多，而奥氏体量不断减少。先共析铁素体中含碳量沿 GP 线变化，而剩余奥氏体中碳的含量则沿 GS 线变化。当温度降至与共析转变线相交的 5 点时（727℃），剩余奥氏体中碳的含量达到 S 点（0.77%），于是发生剩余奥氏体的共析转变，形成珠光体。5 点以下，先共析铁素体和珠光体中的共析铁素体都将析出三次渗碳体，但其数量很少，一般可忽略不计。故该合金的室温组织由先共析铁素体和珠光体所组成，如图 8-7 所示。

图 8-7 亚共析钢的
室温平衡组织

含碳量低于 0.53% 的亚共析钢，其结晶过程均与上述情况相似。

所有亚共析钢的室温组织都是由先共析铁素体和珠光体组成，其差别仅在于其中先共析铁素体和珠光体的相对含量不同，含碳量越高，珠光体越多，而先共析铁素体则越少。它们的相对含量均可用杠杆定律求得，如含碳 0.45% 的合金③，其组织组成物中先共析铁素体和珠光体的相对含量分别为（忽略三次渗碳体）：

$$W_{\mathrm{F}} = \frac{0.77 - 0.45}{0.77 - 0.0218} \approx 42.77\%$$

$$W_P = \frac{0.45 - 0.0218}{0.77 - 0.0218} \approx 57.23\%$$

同样，也可以算出相组成物的相对含量：

$$W_F \approx \frac{6.69 - 0.45}{6.69} \approx 93.27\%$$

$$W_{Fe_3C} = 1 - 93.3\% = 6.73\%$$

8.2.4　过共析钢

以含碳 1.2% 的合金为例（图 8-1 中合金④），其结晶过程如图 8-8 所示。

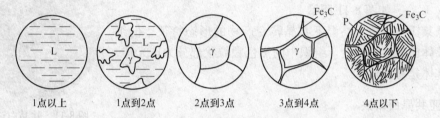

图 8-8　含碳量为 1.2% 的碳钢结晶过程示意图

合金在 1 点到 2 点间按匀晶过程转变为单相奥氏体后，冷却到 3 点，开始从奥氏体析出二次渗碳体（又称先共析渗碳体，Fe_3C_{II}，一般沿奥氏体晶界呈网状分布），直到 4 点为止。随着温度的下降及先共析渗碳体的不断析出，奥氏体含碳量沿 *ES* 线降低。当温度到达 4 点（727℃）时，奥氏体的含碳量降为 0.77%，因而在恒温下发生共析转变，奥氏体转变为珠光体，最后得到的室温平衡组织是网状的二次渗碳体和珠光体，如图 8-9 所示。

图 8-9　过共析钢的室温平衡组织

在过共析钢中，随着含碳量的增加，组织中二次渗碳体量不断增加，网状趋于完整并逐渐增厚。当含碳量达到 2.11% 时，二次渗碳体的量达到最大值，其相对含量可由杠杆定律算出：

$$W_{Fe_3C_{II}max} = \frac{2.11 - 0.77}{6.69 - 0.77} \approx 22.64\%$$

8.2.5　共晶白口铁

共晶白口铁是含碳量为 4.3% 的铁碳合金（图 8-1 中合金⑤），其结晶过程如图 8-10 所示。

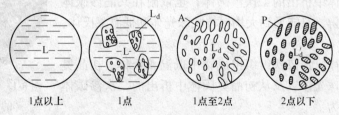

图 8-10　含碳 4.3% 的白口铁平衡结晶过程示意图

合金溶液冷却到 1 点（1148℃）时，在恒温下发生共晶转变，形成由奥氏体和渗碳体组成的共晶体（称为莱氏体，L_d）。这种由共晶转变而结晶出的奥氏体与渗碳体，分别称为共晶奥氏体与共晶渗碳体，莱氏体是它们的混合物，其形态是呈颗粒状的奥氏体分布在渗碳体的基体上。当降温在 1 点到 2 点之间，组织中的共晶渗碳体不再发生变化，而奥氏体却因碳的溶解度不断降低而在其周围不断析出二次渗碳体，它通常依附在共晶渗碳体上长大，从而使二者不易分辨。在该温度区间，奥氏体析出渗碳体后成分将沿 ES 线变化，当温度降至 2 点（727℃）时，共晶奥氏体的含碳量降至 0.77%，在恒温下发生共析转变，产物为珠光体。因此，在室温下共晶白口铁的组织是由珠光体与渗碳体组成的共晶体，这种组织叫低温莱氏体或变态莱氏体（L_d'），如图 8-11 所示。

低温莱氏体保留了高温下共晶转变产物的形态特征，但组成相奥氏体已发生了转变。组织中的黑色颗粒状部分为珠光体，白亮的基体是渗碳体。

图 8-11　共晶白口铁室温平衡组织

8.2.6　亚共晶白口铁

以含碳 3.0% 的合金为例（图 8-1 中合金⑥），其结晶过程如图 8-12 所示。

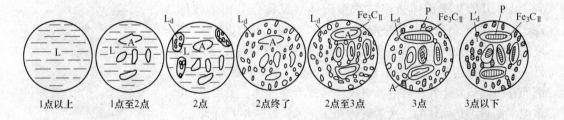

1点以上　　1点至2点　　2点　　2点终了　　2点至3点　　3点　　3点以下

图 8-12　亚共晶白口铁的平衡结晶过程示意图

合金在 1 点到 2 点之间，结晶出初晶奥氏体（先共晶奥氏体），此时液相成分沿 BC 线变化，而奥氏体成分沿 JE 线变化。温度降到 2 点（1148℃）时，剩余液相的成分达到共晶成分，发生共晶转变，变为莱氏体。在 2 点以下冷却时，初晶奥氏体和共晶奥氏体均析出二次渗碳体。随着二次渗碳体的析出，奥氏体的含碳量沿 ES 线降低。当温度达到 3 点（727℃）时，所有奥氏体的含碳量均达到共析成分，发生共析转变，初晶奥氏体和共晶奥氏体都转变为珠光体。所以室温时亚共晶白口铁的组织由珠光体、二次渗碳体和低温莱氏体组成。初晶奥氏体中析出的二次渗碳体，也依附在共晶渗碳体上成长而难于分辨，只能见到大块树枝状珠光体和低温莱氏体，如图 8-13 所示。

根据杠杆定律，该铸铁组织组成物中低温莱氏体、初晶奥氏体转变得到的珠光体以及从初晶奥氏体中析出的二次渗碳体的相对含量分别为：

图 8-13　亚共晶白口铁的室温组织

$$W_{L_d} = \frac{3.0 - 2.11}{4.3 - 2.11} \approx 40.64\%$$

$$W_{(P+Fe_3C_{II})} = 1 - 40.64\% = 59.36\%$$

$$W_{Fe_3C_{II}} = 22.64\% \times 59.36\% \approx 13.44\%$$

$$W_P = 59.36\% - 13.44\% = 45.92\%$$

即含碳3.0%的亚共晶白口铁在室温下,其平衡组织中低温莱氏体约有40.64%,初晶奥氏体中析出的二次渗碳体和其转变得到的珠光体分别为13.44%、45.92%。

8.2.7 过共晶白口铁

以含碳5.0%的合金为例(图8-1中合金⑦),其结晶过程如图8-14所示。

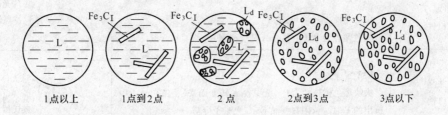

图8-14 过共晶白口铁的结晶过程示意图

合金溶液冷却到1点到2点之间,从液体中结晶出粗大的条片状先共晶渗碳体(称为一次渗碳体,Fe_3C_I),并且液相的成分沿DC线变化。在2点(1148℃),剩余液相已达到共晶成分,发生共晶转变,变为由共晶奥氏体和共晶渗碳体组成的莱氏体。在2点到3点之间,共晶奥氏体中析出二次渗碳体,到3点(727℃)时,奥氏体为共析成分,转变为珠光体。3点以下直到室温,组织再无什么变化。因此,过共晶白口铁的室温组织为一次渗碳体和低温莱氏体,如图8-15所示。图8-15中自亮色的长条状(板状)为初生渗碳体,基体为莱氏体,其中黑点为珠光体,白色部分为渗碳体。

图8-15 过共晶白口铁的显微组织

根据上述分析结果,各类铁碳合金的室温平衡组织见表8-1。将各类铁碳合金结晶过程中的组织变化填入铁碳合金相图中,得到按组织分区的铁碳合金相图,如图8-16所示。

表8-1 铁碳合金的室温平衡组织

合金种类	显微组织及形态	示意图
工业纯铁	F+Fe₃C_Ⅲ(少量) F为白色基体 Fe₃C_Ⅲ为片状,沿F晶界分布	铁素体 渗碳体
共析钢	P(F+Fe₃C)呈片层状 共析F为白色基底 共析Fe₃C为黑色线条	P

合金种类	显微组织及形态	示意图
亚共析钢	F+P 白色为 F，黑色为 P	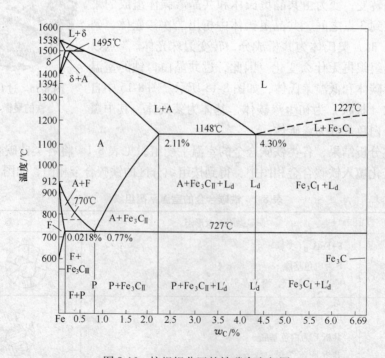
过共析钢	P+Fe₃C$_{\text{II}}$ 硝酸酒精浸蚀时：白色网状为 Fe₃C$_{\text{II}}$ 　　　　　暗黑色为 P 苦味酸钠浸蚀时：黑色为 Fe₃C$_{\text{II}}$ 　　　　　浅白色为 P	
共晶 白口铁	L$_\text{d}'$（P+Fe₃C） 白色基体为共晶 Fe₃C 黑色颗粒为 P（由共晶 A 转变而来）	
亚共晶 白口铁	P+Fe₃C$_{\text{II}}$+L$_\text{d}'$ 大块黑色树枝状为 P（先共晶 A 转变而来），由初晶 A 中 析出的 Fe₃C$_{\text{II}}$ 依附在共晶 Fe₃C 上难于分辨	
过共晶 白口铁	L$_\text{d}'$+Fe₃C$_{\text{I}}$ 白色条片状为 Fe₃C$_{\text{I}}$ 其余为 L$_\text{d}'$	

图 8-16　按组织分区的铁碳合金相图

　　值得注意的是，以上介绍的是铁碳合金的平衡组织。而在实际生产中所使用的组织，大多数情况下都不是平衡组织，需要根据实际情况改变其组织而获得相应的性能。

模块 9　金属的塑性变形与再结晶

主题 9.1　概念及其说明

　　金属的塑性变形是指金属材料在外力作用下产生了变形，当外力去除后不能恢复原状的变形称为塑性变形。

　　金属材料的铸态组织往往具有晶粒粗大且不均匀、组织疏松和成分偏析等缺陷，而且某些复杂断面的产品不能用铸造方法直接生产出来，所以金属材料经冶炼浇注后大多数要进行各种压力加工（如轧制、锻造、挤压、拉丝和冲压等），才能制成满足用户所需要的性能、形状及尺寸的型材和工件。

　　金属材料在外力作用下，总会引起变形，变形可以是弹性变形，也可以是塑性变形。弹性变形是在载荷卸除后能够完全恢复的变形，是一种暂时变形；塑性变形是在载荷卸除后仍残留在金属上的变形，是一种永久变形。金属材料经压力加工产生塑性变形后，不仅改变了其外形尺寸，而且也使内部组织和性能发生变化。例如经冷轧、冷拉等冷塑性变形后，金属的强度显著提高而塑性下降；经热轧、锻造等热塑性变形后，强度的提高虽不明显，但塑性和韧性比铸态时有明显改善。若压力加工工艺不当，使其变形量超过金属的塑性值后，则将产生裂纹或断裂。

　　由此可见，探讨金属及合金的塑性变形规律具有十分重要的理论和实际意义，它一方面可以揭示金属材料强度和塑性的实质，并由此探索强化金属材料的方法和途径；另一方面对处理生产上各种有关塑性变形的问题提供重要的线索和参考，或作为改进加工工艺和提高加工质量的依据。

　　经受变形后的金属材料，在组织、结构和性能等方面均发生了相当复杂的变化。从热力学角度看这种变化，表现为能量升高，即处于不稳定的高自由能状态，它具有自发向低自由能状态变化的倾向。当温度升高，原子具有相当的扩散能力时，变形后的金属材料就会自发地向着自由能降低的方向转变，即要发生回复和再结晶。回复和再结晶是一个与金属材料的高温强度有密切关系的重要问题，同时又是许多固态相变经常易于伴生的过程，因而它又直接或间接地影响着组织。所以，了解这些过程的发生和发展规律，对于控制和改善变形材料的组织和性能，具有重大意义。

主题 9.2　单晶体的塑性变形

　　当应力超过弹性极限后，金属将产生塑性变形。尽管工业上应用的金属及合金大多为多晶体，但为方便起见，首先讨论单晶体的塑性变形。因为多晶体的塑性变形与其各个晶粒的变形行为相关联，掌握了单晶体的变形规律，将有助于了解多晶体的塑性变形本质。

单晶体塑性变形最基本的方式有滑移和孪生。

9.2.1　滑移

9.2.1.1　滑移变形

晶体的一部分相对于另一部分沿一定的晶面和晶向发生滑动的现象叫做滑移。

取金属单晶体试样，表面经磨制抛光，然后进行拉伸。当试样经适量塑性变形后，在金相显微镜下观察，则可在表面见到许多相互平行的线条，称之为滑移带，如图 9-1 所示。如进一步用高倍电子显微镜观察，发现每条滑移带均是由许多密集在一起的相互平行的滑移线所组成，这些滑移线实际上是在塑性变形后在晶体表面产生的一个个小台阶，如图 9-2 所示，其高度约为 1000 个原子间距，滑移线间的距离约为 100 个原子间距。相互靠近的一组小台阶在宏观上的反映是一个大台阶，这就是滑移带。用 X 射线对变形前后的晶体进行结构分析，发现晶体结构未发生变化。以上事实说明，晶体的塑性变形是晶体的一部分相对于另一部分沿某些晶面和晶向发生滑动的结果，这种变形方式叫做滑移。当滑移的晶面逸出晶体表面时，在滑移晶面与晶体表面的相交处就形成了滑移台阶，一个滑移台阶就是一条滑移线，每一条滑移线所对应的台阶高度，标志着某一滑移面的滑移量，这些台阶的累积就造成了宏观的塑性变形效果。

图 9-1　铜的滑移带（500×）

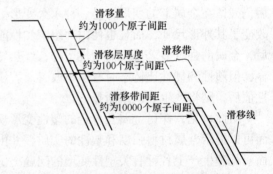

图 9-2　滑移线和滑移带示意图

对滑移带的观察还表明了塑性变形的不均匀性。在滑移带内，每条滑移线间的距离约为 100 个原子间距，而滑移带间的彼此距离则为 10000 个原子间距，这说明，滑移集中发生在一些晶面上，而滑移带或滑移线间的晶体层片则未产生变形。滑移带的发展过程首先是出现滑移线，到后来才发展成带，并且滑移线的数目总是随着变形程度的增大而增多，它们之间的距离则在不断地缩短。

9.2.1.2　滑移面和滑移方向

如前所述，滑移是晶体的一部分沿着一定的晶面和晶向相对于另一部分作相对的滑动，这种滑移所在的晶面称为滑移面，晶体在滑移面上的滑动方向称为滑移方向。一个滑移面和该面上的一个滑移方向结合起来，组成一个滑移系。滑移系表示金属晶体在发生滑移时滑移动作可能采取的空间位向。当其他条件相同时，金属晶体中的滑移系越多，则滑移时可供采用的空间位向也越多，故该金属的塑性也越好。

　　一般说来，滑移面总是原子排列最密的晶面，而滑移方向也总是原子排列最密的晶向。因为在晶体的原子密度最大的晶面上，原子间的结合力最强，而面与面之间的距离却最大，即密排晶面之间的原子间结合力最弱，滑移的阻力最小，因而最易于滑移。沿原子密度最大的晶向滑动时，阻力也最小。所谓晶面原子密度是指晶面单位面积上的原子数，晶向原子密度则是指晶向单位长度上的原子数。金属的晶体结构不同，各晶面族和晶向族上原子排列密度不同，其滑移面和滑移方向也不同，几种常见金属结构的滑移面及滑移方向见表 9-1。

表 9-1　三种典型金属结构的滑移系

晶 体 结 构	滑 移 面		滑 移 方 向		滑移系个数
	晶面族指数	晶面个数	晶向族指数	晶向个数	
体心立方	$\{110\}$	6	$\langle 111 \rangle$	2	$6 \times 2 = 12$
面心立方	$\{111\}$	4	$\langle 110 \rangle$	3	$4 \times 3 = 12$
密排六方	$\{0001\}$	1	$\langle 11\bar{2}0 \rangle$	3	$1 \times 3 = 3$

　　面心立方金属的密排面是 $\{111\}$，故滑移面共有 4 个，即 (111)、($\bar{1}$11)、(1$\bar{1}$1)、(11$\bar{1}$) 晶面；密排晶向即滑移方向为<110>，每个滑移面上有 3 个滑移方向，如 (111) 晶面上的 3 个滑移方向是 [$\bar{1}$10]、[$\bar{1}$01]、[01$\bar{1}$]，因此共有 12 个滑移系。体心立方金属的密排面即滑移面为 $\{110\}$ 共有 6 个，滑移方向为<111>，每个滑移面上有 2 个滑移方向，因此共有 12 个滑移系。密排六方金属的滑移面在室温时只有其底面 (0001) 1 个，3 个对角线方向即是其滑移方向，所以它的滑移系只有 3 个。从以上分析可以看出，面心立方和体心立方金属的塑性较好，而密排六方金属的塑性较差。

　　然而，金属塑性的好坏，不只是取决于滑移系的多少，还与滑移面上原子的密排程度和滑移方向的数目等因素有关。对于体心立方和面心立方晶格来说，在一般情况下，他们虽然都具有 12 个滑移系，但塑性并不一样，通常是面心立方晶格的金属具有较好的塑性。因为滑移方向对金属塑性变形能力的作用要比滑移面的作用更大些。滑移方向越多，塑性变形的能力也越大。例如体心立方的 α-Fe，它的滑移方向不及面心立方金属多，同时其滑移面上的原子密排程度也比面心立方金属低，因此，它的滑移面间距离较小，原子间结合力较大，必须在较大的应力作用下才能开始滑移，所以它的塑性要比铜、铝、银、金等面心立方金属差一些。

9.2.1.3　滑移的临界分切应力

　　滑移是在切应力的作用下发生的。当晶体受力时，并不是所有的滑移系都同时开动，而是由受力状态决定。晶体中的某个滑移系是否发生滑移，取决于滑移面内沿滑移方向上的分切应力的大小，当分切应力达到某一临界值时，滑移才能开始，该应力即为临界分切应力，它是使滑移系开动的最小分切应力。

　　临界分切应力的计算方法如图 9-3 所示。设有一圆柱形单晶体受到轴向拉力 P 的作用，晶体的横截面积为 F，P 与滑移方向的夹角为 λ，与滑移面法线的夹角为 φ，那么，滑移面的面积应为 $F/\cos\varphi$，P 在滑移方向上的分力为 $P\cos\lambda$。这样，外力 P 在滑移方向上的分切应力为：

$$\tau = \frac{P\cos\lambda}{F/\cos\varphi} = \frac{P}{F}\cos\varphi\cos\lambda$$

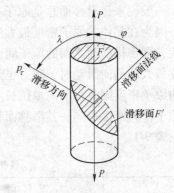

当应力 $\sigma = P/F = \sigma_s$ 时，晶体开始产生塑性变形，即滑移开始在该滑移系上进行。通常将在给定滑移系上开始滑移所需的分切应力称为"临界分切应力"，以 τ_K 表示。则：$\tau_K = \sigma_S\cos\varphi\cos\lambda$，$\cos\varphi\cos\lambda$ 称为取向因子。显然，当滑移面的法线、滑移方向和外力轴三者处于同一平面，且滑移面的倾斜角为 45°时，取向因子具有最大值 0.5，此时的分切应力也最大，所以它是最有利于滑移的取向，称为软取向。无论 φ 大于

图 9-3 单晶体滑移时的应力分析

或小于 45°都属于不利于滑移的取向。当外力与滑移面平行（$\varphi = 90°$）或垂直（$\lambda = 90°$）时，则 $\tau_K = 0$，根本无法滑移，这种取向称为硬取向。

临界分切应力 τ_K 数值的大小主要取决于金属的本性，与外力无关。当条件一定时，各种晶体的临界分切应力各有其定值，与试样的取向无关。但它是一个对组织结构敏感的性能指标，金属的纯度、变形速度和变形温度、金属的加工和处理状态都对其有很大的影响。

9.2.1.4　多滑移

上面的讨论仅限于一个滑移系开动时的滑移情况（即单系滑移），这种情况多出现在滑移系较少的密排六方结构的金属中，对于滑移系较多的立方晶系单晶体来说，可能在某一时刻有几个滑移系相对于外力轴有相同大小的取向因子，因此，当应力达到 σ_s 时，作用在这几个滑移系上的分切应力几乎同时达到临界值，这几个滑移系即可以同时进行滑移，这种在两个或更多的滑移系上同时进行的滑移称为多滑移。

9.2.1.5　滑移的位错机制

实际金属中存在位错。晶体的滑移不是晶体的一部分相对于另一部分作整体的刚性移动，而是通过位错在切应力作用下沿着滑移面逐步移动的结果，如图 9-4 所示。当一条位错线移到晶体表面时，便会在晶体表面留下一个原子间距的滑移台阶。如果有大量位错重复按此方式滑过晶体，就会在晶体表面形成显微镜下能观察到的滑移痕迹（滑移线）。

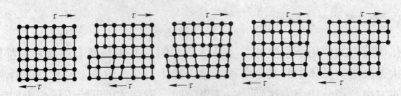

图 9-4　刃型位错运动造成滑移示意图

9.2.2　孪生

塑性变形的另一种重要方式是孪生。当晶体在切应力的作用下发生孪生变形时，晶体

的一部分沿一定的结晶面（孪晶面或孪生面）和一定的晶向（孪生方向）相对于另一部分晶体作均匀地切变，在切变区域内，与孪晶面平行的每层原子的切变量与它距孪晶面的距离成正比，并且不是原子间距的整数倍。这种切变不会改变晶体的点阵类型，但可使变形部分的位向发生变化，并与未变形部分的晶体以孪晶面为分界面构成了镜面对称的位向关系。通常把对称的两部分晶体称为孪晶，或称双晶，而将形成孪晶的过程称为孪生，如图9-5所示。

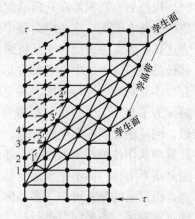

图 9-5　孪生变形示意图
1～4—孪生前原子的位置；
1′～4′—孪生后原子的位置

　　与滑移相似，只有当外力在孪生方向的分切应力达到临界分切应力值时，才开始孪生变形，一般说来，孪生的临界分切应力要比滑移的临界分切应力大得多，只有在滑移很难进行的条件下，晶体才进行孪生变形。但是，由于孪生后变形部分的晶体位向发生改变，可使原来处于不利取向的滑移系转变为新的有利取向，这样就可以激发起晶体的进一步滑移。这样，滑移和孪生两者交替进行，即可获得较大的变形量。

主题 9.3　多晶体的塑性变形

　　实际使用的金属材料大部分是多晶体。多晶体的塑性变形与单晶体的相同处，在于它也是以滑移和孪生为其塑性变形的基本方式，但是多晶体是由许多形状、大小、取向各不相同的晶粒所组成，这就使多晶体的变形过程增加了若干复杂因素，具有区别于单晶体变形的一些特点。首先，多晶体的塑性变形受到晶界的阻碍和位向不同的晶粒的影响；其次，任何一个晶粒的塑性变形都不是处于独立的自由变形状态，需要其周围的晶粒同时发生相适应的变形来配合，以保持晶粒之间的结合和整个物体的连续性，因此，多晶体的塑性变形要比单晶体的情况复杂得多。

9.3.1　多晶体的塑性变形过程

　　多晶体是由位向不同的许许多多的小晶粒所组成的，由于各晶粒的位向不同，则各滑移系的取向也不同，因此在外加拉伸力的作用下，各滑移系上的分切应力值相差很大。由此可见，多晶体中的各个晶粒不是同时发生塑性变形，只有那些位向有利的晶粒及取向因子最大的滑移系，随着外力的不断增加，其滑移方向上的分切应力首先达到临界切应力值，才开始塑性变形。而此时周围位向不利的晶粒，由于滑移系上的分切应力尚未达到临界值，所以尚未发生塑性变形，仍然处于弹性变形状态。此时虽然金属的塑性变形已经开始，但并未造成明显的宏观的塑性变形效果。

　　由于位向最有利的晶粒已经开始发生塑性变形，这就意味着它的滑移面上的位错源已经开动，源源不断的位错沿着滑移面进行运动，但是由于周围晶粒的位向不同，滑移系也不同，因此运动着的位错不能越过晶界，滑移不能发展到另一个晶粒中，于是位错在晶界处受阻，形成位错的平面塞积群。

位错平面塞积群在其前沿附近区域造成很大的应力集中，随着外加载荷的增加，应力集中也随之增大。这一应力集中值与外加应力相叠加，使相邻晶粒某些滑移系上的分切应力达到临界切应力值，于是位错源开动，开始塑性变形。但是多晶体中的每个晶粒都处于其他晶粒的包围之中，它的变形不能是孤立的和任意的，必然要与邻近晶粒相互协调配合，不然就难以进行变形，甚至不能保持晶粒之间的连续性，会造成孔隙而导致材料的破裂。为了与先变形的晶粒相协调，就要求相邻晶粒不只在取向最有利的滑移系中进行滑移，同时还必须在几个滑移系，其中包括取向并非有利的滑移系上进行滑移，这样才能保证其形状作各种相应地改变，即为了协调已发生塑性变形的晶粒形状的改变，相邻晶粒必须是多系滑移，而不是单系滑移。

由以上的分析可知，多晶体变形的特点：一是各晶粒变形的不同时性，即各晶粒的变形有先有后，不是同时进行；二是各晶粒变形的相互协调性。面心立方和体心立方金属的滑移系多，各个晶粒的变形协调得好，因此多晶体金属表现出良好的塑性；而密排六方金属的滑移系少，很难使晶粒的变形彼此协调，所以它的塑性差，冷加工较困难。

此外，多晶体的塑性变形也具有不均匀性，由于晶界及晶粒位向不同的影响，各个晶粒的变形是不均匀的，有的晶粒变形量较大，而有的晶粒变形量则较小。对每一个晶粒来说，变形也是不均匀的，一般说来，晶粒中心区域的变形量较大，晶界及其附近区域的变形量较小。图 9-6 为晶粒变形后的形状，由此可见，在拉伸变形后，在晶界处呈竹节状，这说明晶界附近滑移受阻，变形量较小，而晶粒内部变形量较大，整个晶粒变形是不均匀的。

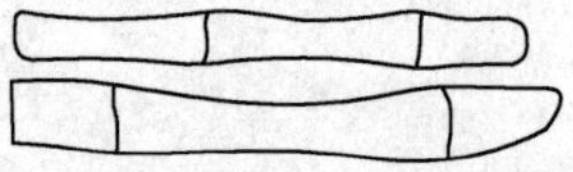

图 9-6　多晶体拉伸后的竹节状变形

9.3.2　多晶体的塑性变形机构

基于上述多晶体的变形特点，金属的塑性变形机构，可归结为两大类，即晶内变形机构和晶间变形机构。

9.3.2.1　晶内变形机构

这种变形机构主要有滑移、孪生和亚晶。多晶体的滑移完全与单晶体的滑移相同；发生的孪生也和单晶体一样，因此不多重复。但由于多晶体中每个晶粒的变形要受到周围晶粒的制约，因此其变形没有能像单晶体那样容易发挥。正是由于这种相互制约，当变形程度增加时，容易使晶粒破碎而分裂成许多小块，这些小块，就是晶内变形机构之一的亚晶。但这种分裂，并不破坏该晶粒的整体性及各个小块的晶格。继续变形时，该晶粒仍然像单个晶粒一样的变形，而每个小块因其所受应力状态情况的不同及位向的差异，产生与周围晶粒变形相适应的转动，各小块局部的变形，就构成了原晶粒的总变形。

9.3.2.2　晶间变形机构

晶间变形机构的形式有以下几种。

（1）晶粒的转动与移动。多晶体变形时，由于各晶粒原来的位向不同，使变形的发生与发展也不同。但金属的变形应该是连续而不破坏的，这样将会在相邻晶粒之间产生相互制约和相互促进，导致力偶的出现，造成晶粒之间的相对转动，如图 9-7 所示。晶粒相对转动的结果，促使原来位向不适于变形的晶粒开始变形，或者促使原来已变形的晶粒能继续变形。另外，在外力作用下，当晶界所承受的切应力达到或超过阻止晶粒彼此间产生相对移动的阻力时，则晶粒会产生相对移动。晶粒的这种转动和移动，常常会造成晶间联系的破坏而出现裂纹。这种裂纹可能随变形的继续进行而扩展，最后导致断裂；也有可能通过其他变形机构（扩散变形机构及再结晶）来修复。

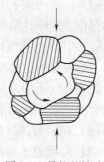

图 9-7 晶粒的转动

在低温条件下，发生晶粒转动和移动的可能性较小，这是因为晶界强度比晶内大，使晶内变形容易。而在高温时，使晶格歪扭的原子获得了能量，这种能量既使畸变的晶格得到了恢复，又有利于扩散机构的形成。因此，对于在高温下因变形所产生的破坏能够很快得到恢复，这就是金属能借助于晶粒的转动与移动获得很大变形而不断裂的原因。

（2）非晶机构。这种机构是随温度的升高，使原子活动能量加大，导致原子彼此之间产生大量的定向转移（或定向扩散）。这种定向扩散的结果，使金属产生了塑性变形。由于这种变形方式是因温度的作用而在应力状态下产生的塑性变形机构，因此，又称为热塑性机构。

研究指出：在一定的温度—速度条件下，非晶机构可以出现在晶粒界面附近。显然当变形温度与晶体的熔点接近时，它将是金属塑性变形的主要机构之一。对于黏性物质及低分子非晶物质，则非晶机构是发生塑性变形的唯一方式。

主题 9.4　合金的塑性变形

工业上使用的金属材料绝大多数是合金，根据合金的组织可将其分为两大类：一是具有以基体金属为基的单相固溶体组织，称为单相固溶体合金；二是加入的合金元素量超过了它在基体金属中的饱和溶解度，在显微组织中除了以基体金属为基的固溶体外，还将出现第二相（各组元形成的化合物或以合金元素为基形成的另一固溶体），构成了多相合金。多晶体合金的塑性变形方式，总的来说与多晶体的情况基本相同，但由于合金元素的存在，组织也不相同，故塑性变形也各有特点。

9.4.1　单相固溶体的塑性变形

由于单相固溶体的显微组织与多晶体纯金属相似，因而其塑性变形过程也基本相同。但是由于固溶体中存在着溶质原子，便使其塑性变形抗力增加，强度、硬度提高，而塑性、韧性有所下降，这种现象称为固溶强化。固溶强化是提高金属材料机械性能的一个重要途径，如在碳钢中加入能溶于铁素体的 Mn、Si 等合金元素，即可使其机械性能明显提高。

固溶强化的主要原因，一是溶质原子的溶入使固溶体的晶格发生畸变，对在滑移面上运动着的位错有阻碍作用；二是在位错线上偏聚的溶质原子对位错的钉扎作用。由于刃型位错线的上半部分多一个半排原子面，晶格受挤压而处于压应力状态；而位错线的下半部分少一个半排原子面，晶格被拉开而处于拉应力状态。比溶剂大的置换原子及间隙原子往往扩散至位错线的下方受拉应力的部位，比溶剂小的置换原子扩散至位错线的上方受压应力的部位。这样，偏聚于位错周围的溶质原子好像形成了一个溶质原子的"气团"，称为"柯氏气团"。柯氏气团的形成，减小了晶格畸变、降低了畸变能，使位错处于较稳定的状态，给位错的运动造成困难。这就是柯氏气团对位错的束缚或钉扎作用。若使位错线运动，脱离开气团的钉扎，就需要更大的外力，从而增加了固溶体合金的塑性变形抗力。

合金元素形成固溶体时其固溶强化的规律如下：

（1）在固溶体的溶解度范围内，合金元素的含量越大，则强化作用越大。

（2）溶质原子与溶剂原子的尺寸相差越大，则造成的晶格畸变越大，因而强化效果越大。

（3）形成间隙固溶体的溶质元素的强化作用大于形成置换固溶体的元素。当两者的含量相同时，前者的强化效果比后者大 10~100 倍。

（4）溶质原子与溶剂原子的价电子数相差越大，则强化作用越大。

9.4.2　多相合金的塑性变形

多相合金也是多晶体，但其中有些晶粒是另一相，有些界面是相界面。多相合金的组织大体分为两类：一类是两相晶粒尺寸相近，两相的变形性能也相近；另一类是由变形性能较好的固溶体基体以及在其上面分布的硬脆的第二相所组成。这类合金除了具有固溶强化效果外还有因第二相的存在而引起的强化（这种强化方法称为第二相强化），它们的强度往往比单相固溶体还高。多相合金的塑性变形除与固溶体基体密切相关外，还与第二相的性质、形状、大小、数量及分布状况等有关，后者在塑性变形时，有时甚至起着决定性的作用。现分述如下。

9.4.2.1　合金中两相的性能相近

合金中两相的含量相差不大，且两相的变形性能相近，则合金的变形性能为两相的平均值。合金的强度极限随较强的一相的含量增加而呈线性增加。

9.4.2.2　合金中两相的性能相差很大

合金中两相的变形性能相差很大，若其中的一相硬而脆，难以变形，而另一相的塑性较好，且为基体相，则合金的塑性变形除与相的相对含量有关外，在很大程度上取决于脆性相的分布情况。脆性相的分布有三种情况：

（1）硬而脆的第二相呈连续网状分布在塑性相的晶界上。这种分布情况是最恶劣的，因为脆性相从空间上把塑性相分割开，从而使其变形能力无从发挥，经少量的变形后，即沿着连续的脆性相开裂，使合金的塑性和韧性急剧下降。这时，脆性相越多，网状分布越连续，合金的塑性越差，甚至强度也随之下降。例如过共析钢中的二次渗碳体在晶界上呈网状分布时，使钢的脆性增加，而强度和塑性下降。生产上可通过热加工和热处理的相互配合来破坏或消除其网状分布。

（2）脆性的第二相呈片状或层状分布在塑性相的基体上。如钢中的珠光体组织，其中铁素体和渗碳体呈片状分布，铁素体的塑性好，而渗碳体硬而脆，所以塑性变形主要集中在铁素体中，位错的移动被限制在渗碳体片之间很短距离内，此时位错运动至障碍物渗碳体片之前时，即形成位错塞积群，当其造成的应力集中到足以激发相邻铁素体中的位错源开动时，相邻的铁素体才开始塑性变形。

由此看出，珠光体片间距越小，则强度越高，且其变形越均匀，变形能力越大。

（3）脆性相在塑性相中呈颗粒状分布。如共析钢或过共析钢经球化退火后得到的粒状珠光体组织，由于粒状的渗碳体对铁素体的变形阻碍作用大大减弱，故强度降低，塑性和韧性得到显著改善。

模块 10　钢铁材料的分类编号及应用

主题 10.1　概念及其说明

工业用钢材料是经济建设中使用最广、用量最大的金属材料，在现代工农业生产中占有极其重要的地位。

工业用钢按化学成分可分为碳素钢和合金钢两大类。碳素钢是含碳量为 0.0218% ~ 2.11% 的铁碳合金，由于其价格低廉，便于冶炼，容易加工，且通过含碳量的增减和不同的热处理方法可使其性能得到改善，因此能满足很多生产上的要求，至今仍是应用最广泛的钢铁材料。但是，由于碳素钢的机械性能偏低，即使采用各种强化途径，如热处理、塑性变形等，碳钢的性能在很多方面仍然不能满足要求；另一方面，现代科学技术的发展对钢材提出了许多特殊的性能要求，例如化工部门要求钢材具有耐酸不锈性能，仪表工业要求材料具有特殊的电磁性能，汽轮机制造部门则要求钢材具有良好的高温强度等，这些特殊的物理化学性能只有采用合金钢才能满足。

在碳钢的基础上有意地加入一种或几种合金元素，使其使用性能和工艺性能得以提高的以铁为基的合金即为合金钢。但是应当指出，合金钢确实在不少性能指标上优于碳钢，但也有些性能指标不如碳钢，且其价格比较昂贵，所以必须正确地认识并合理使用合金钢，才能使其发挥出最佳效用。

主题 10.2　钢的分类及编号

生产上使用的钢材品种很多，在性能上也千差万别，为了便于生产、使用和研究，就需要首先了解钢的种类及其牌号。

10.2.1　钢的分类

10.2.1.1　按 GB/T 13304—1991 分类

从 1991 年起，我国颁布实施了新的钢分类方法（GB/T 13304—1991），它是参照国际标准制定的，主要分为"按化学成分分类"、"按主要质量等级分类"和"按主要性能及使用特性分类"，现将其中常用部分总结列于表 10-1。

表 10-1　钢的主要分类（摘自 GB/T 13304—1991）

按化学成分分类	按质量等级分类	按 主 要 性 能 及 使 用 特 性 分 类
非合金钢	普通质量非合金钢	普通质量低碳结构钢板和钢带、碳素结构钢、碳素钢筋钢、铁道用一般碳素钢、普通碳素钢盘条、一般用途低碳钢丝、花纹钢板
	优质非合金钢	机械结构用优质碳素钢、工程结构用碳素钢、冲压薄板用低碳钢、镀层板带用碳素钢、锅炉和压力容器用钢、造船用钢、铁道用钢、桥梁用钢、汽车用钢、自行车用钢、输油及输气管用钢、焊条用钢、非合金调质钢、非合金弹簧钢、易切削结构钢、非合金电工钢板（带）、工程结构用铸造碳素钢
	特殊质量非合金钢	保证淬透性钢、保证厚度方向性能钢、铁道用钢、航空用钢、兵器用钢、核能用非合金钢、特殊焊条用非合金钢、碳素弹簧钢、特殊盘条钢丝、特殊易切削钢、碳素工具钢、电工纯铁、原料纯铁
低合金钢	普通质量低合金钢	一般用途低合金结构钢、一般低合金钢筋钢、低合金轻轨钢、矿用低合金结构钢
	优质低合金钢	通用低合金高强度结构钢、锅炉和压力容器用低合金钢、造船用低合金钢、汽车用低合金钢、桥梁用低合金钢、自行车用低合金钢、低合金高耐候钢、可焊接低合金耐候钢、低合金重轨钢、矿用低合金结构钢、输油管线用低合金钢
	特殊质量低合金钢	核能用低合金钢、压力容器用低合金钢、保证厚度方向性能低合金钢、铁道用低合金车轮钢、舰船及兵器用低合金钢、刮脸刀片用低合金钢
合金钢	优质合金钢	一般工程结构用合金钢、合金钢筋钢、电工用硅钢，铁道用合金钢，地质与石油钻探用合金钢、耐磨钢、硅锰弹簧钢等
	特殊质量合金钢	压力容器用合金钢、热处理合金钢筋钢、经热处理的地质石油钻探用合金钢管、高锰钢、合金结构钢（调质钢、渗碳钢、渗氮钢、冷塑性成形用）、合金弹簧钢、不锈钢、耐热钢、合金工具钢（量具及刃具用钢、耐冲击工具用钢、热作模具钢、冷作模具钢、塑料模具钢）、高速工具钢、轴承钢、高电阻电热钢、无磁钢、永磁钢、软磁钢等

根据 GB/T 13304—1991，按钢的化学成分可将其分为非合金钢、低合金钢和合金钢三大类。非合金钢中除碳素钢外，还包括电工纯铁、原料纯铁以及其他专用的具有特殊性能的非合金钢；低合金钢是指含有少量合金元素（多数情况下总量不超过 3%）的普通合金钢。按钢的质量等级又有普通质量、优质、特殊质量之分。普通质量是指在生产中不需特别控制质量；优质是指在生产中需要特别控制质量，如 P、S 的含量等；特殊质量钢在生产时除要严格控制 P、S 含量外，还要控制淬透性、纯净度等。

10.2.1.2　钢的通常分类

虽然 GB/T 13304—1991 规定了钢的新分类方法，但人们往往还是习惯于沿用过去的分类方法，为了便于对照使用，现将钢的通常分类法列出，如图 10-1 所示。

在钢分类时，为了能充分反映钢的本质属性，往往把用途、成分、质量三种分类方法结合起来，例如优质碳素结构钢、碳素工具钢等。

10.2.2　钢的编号

根据国家标准（GB/T 221—2000）规定，我国钢铁产品牌号表示方法的基本原则是：

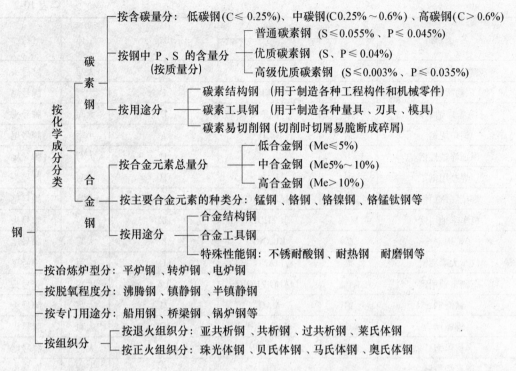

图 10-1 钢的通常分类示意图

（1）凡列入国家标准和行业标准的钢铁产品，均应按本标准规定的牌号表示方法编写牌号。

（2）钢铁产品牌号的命名，采用汉语拼音字母、化学元素符号及阿拉伯数字相结合的方法表示。

（3）采用汉语拼音字母来表示产品名称、用途、特性和工艺方法时，一般从代表该产品名称的汉字的汉语拼音中选取第一个字母。当和另一产品所取字母重复时，改取第二个字母或第三个字母，或同时选取两个汉字的汉语拼音的第一个字母。所采用的汉语拼音字母，原则上只取一个，一般不超过两个。

钢产品的名称、用途、特性和工艺方法的命名符号，见表 10-2。表 10-2 中没有汉字及汉语拼音的，采用符号为英文字母。

表 10-2 钢产品名称、用途、特性和工艺方法表示符号表

名　称	常用汉字及汉语拼音		采用符号	字体	位置
	汉字	汉语拼音			
半镇静钢	半	BAN	b	小写	牌号尾
船用钢			采用国际符号 C		
电工用热轧硅钢	电热	DIAN RE	DR	大写	牌号头
（电讯用）取向高磁感硅钢	电高	DIAN GAO	DG	大写	牌号头
电磁纯铁	电铁	DIAN TIE	DT	大写	牌号头
地质钻探钢管用钢	地质	DIZHI	DZ	大写	牌号头

名　称	常用汉字及汉语拼音		采用符号	字体	位置
	汉字	汉语拼音			
热锻用非调质钢	非	FEI	F	大写	牌号头
沸腾钢	沸	FEI	F	大写	牌号尾
（滚珠）轴承钢	滚	GUN	G	大写	牌号头
锅炉用钢	锅	GUO	g	小写	牌号尾
保证淬透性钢			H	大写	牌号尾
焊接用钢	焊	HAN	H	大写	牌号头
焊接气瓶用钢	焊瓶	HAN PING	HP	大写	牌号尾
机车车轴用钢	机轴	JI ZHOU	JZ	大写	牌号头
矿用钢	矿	KUANG	K	大写	牌号尾
汽车大梁用钢	梁	LIANG	L	大写	牌号尾
车辆车轴用钢	辆轴	LIANG ZHOU	LZ	大写	牌号头
锚链钢	锚	MAO	M	大写	牌号头
铆螺钢	铆螺	MAO LUO	ML	大写	牌号头
耐候钢	耐候	NAI HOU	NH	大写	牌号尾
碳素结构钢	屈	QU	Q	大写	牌号头
低合金高强度钢	屈	QU	Q	大写	牌号头
电工用冷轧取向硅钢	取	QU	Q	大写	牌号中
电工用冷轧取向高磁感硅钢	取高	QU GAO	QG	大写	牌号中
桥梁用钢	桥	QIAO	q	小写	牌号尾
压力容器用钢	容	RONG	R	大写	牌号尾
管线用钢			S	大写	牌号头
塑料模具钢	塑模	SU MO	SM	大写	牌号头
碳素工具钢	碳	TAN	T	大写	牌号头
特殊镇静钢	特镇	TE ZHEN	TZ	大写	牌号尾
钢轨钢	轨	GU	U	大写	牌号头
电工用冷轧无取向硅钢	无	WU	W	大写	牌号中
易切削钢	易	YI	Y	大写	牌号头
易切削非调质钢	易非	YI FEI	YF	大写	牌号头
镇静钢	镇	ZHEN	Z	大写	牌号尾
质量等级			A	大写	牌号尾
			B	大写	牌号尾
			C	大写	牌号尾
			D	大写	牌号尾
			E	大写	牌号尾

模块 11　钢的热处理

主题 11.1　概　　述

11.1.1　热处理及作用

热处理是将钢在固态下加热到预定的温度，保温一段时间，然后在一定的介质中冷却，以改变其整体或表面组织，从而获得所需性能的一种热加工工艺。

热处理的目的是为了改变钢的内部组织结构，以改善其性能。通过适当的热处理可以显著提高钢的机械性能，延长机器零件的使用寿命；热处理还可以消除铸、锻、焊等热加工工艺造成的各种缺陷，细化晶粒、消除偏析、降低内应力，使钢的组织和性能更加均匀；热处理还可使工件表面具有抗磨损、耐腐蚀等特殊物理化学性能。所以多数机器零件都要经过热处理，以提高产品质量和性能。

11.1.2　热处理与铁碳合金状态图的关系

热处理能有效改善组织和性能，但并不是所有的金属和合金都能进行热处理。原则上只有在加热或冷却时发生溶解度显著变化或者发生类似纯铁的同素异构转变，即有固态相交发生的合金才能进行热处理。纯金属、某些单相合金等由于没有固态相变，故不能通过热处理来强化，只能采用加工硬化的方法。

现以 Fe-Fe$_3$C 相图为例进一步说明钢的固态转变。共析钢加热到 Fe-Fe$_3$C 相图 *PSK* 线（A_1 线）以上全部转变为奥氏体；亚、过共析钢则必须加热到 *GS*（A_3）线和 *ES*（A_{cm}）线以上才能获得单相奥氏体。钢从奥氏体状态缓慢冷却至 A_1 线以下，将发生共析转变，形成珠光体；而在通过 A_3 线或 A_{cm} 线时，则分别从奥氏体中析出铁素体和渗碳体。由于钢具有共析转变这一重要特性，就像纯铁具有同素异构转变一样，碳钢在加热或冷却过程中越过上述临界点就要发生固态相变，所以能进行热处理。但是铁碳相图反映的是热力学上近于平衡时铁碳合金的组织状态与温度及合金成分之间的关系。A_1 线、A_3 线、A_{cm} 线是钢在缓慢加热和冷却过程中组织转变的临界点。实际上，钢进行热处理时其组织转变并不按铁碳相图上所示的平衡温度进行，通常都有不同程度的滞后现象，即实际转变温度要偏离平衡的临界温度。加热或冷却速度越快，则滞后现象越严重。图 11-1 表示钢加热和冷却速度对碳钢临界温度的影响，通常把加热时的实际临界温度标以字母 "c"，如 A_{c1}、A_{c3}、A_{ccm}；而把冷却时的实际临界温度标以字母 "r"，如 A_{r1}、A_{r3}、A_{rcm} 等。图中各临界点的含义如下：

A_{c1}——实际加热时，珠光体向奥氏体转变的终了温度；

A_{r1}——实际冷却时，奥氏体向珠光体转变的开始温度；

A_{c3}——实际加热时，铁素体全部转变为奥氏体的终了温度；

A_{r3}——实际冷却时，奥氏体析出铁素体的开始温度；

A_{ccm}——实际加热时，二次渗碳体全部溶入奥氏体的终了温度；

A_{rcm}——实际冷却时，奥氏体析出二次渗碳体的开始温度。

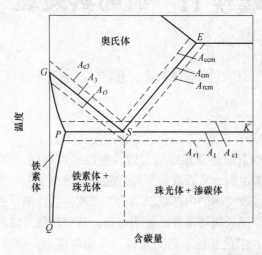

图 11-1　加热和冷却时碳钢临界点在相图中的位置

11.1.3　热处理固态相变的类型

金属固态相变也是通过形核和长大两个基本过程进行的。根据固态相变过程中生核和长大的特点，可将固态相变分为三类。

11.1.3.1　扩散型相变

在这类相变过程中，新相的生核和长大主要依靠原子进行长距离的扩散，或者说，相变是依靠相界面的扩散移动而进行的。相界面是非共格的（共格是指界面上的原子同时位于两相晶格的结点上，即两相的晶格是彼此衔接的，界面上的原子为两者共有）。珠光体转变和奥氏体转变等都属于这一类相变。

11.1.3.2　非扩散型相变或切变型相变

在这类相变过程中，新相的成长不是通过扩散，而是通过类似塑性变形过程中的滑移和孪生那样，产生切变和转动而进行的。在相变过程中，旧相中的原子有规则地、集体地循序转移到新相中，相界面是共格的，转变前后各原子间的相邻关系不发生变化，化学成分也不发生变化。马氏体转变就属于这种类型的相变。

11.1.3.3　介于扩散型与非扩散型转变之间的一种过渡型相变

这类相变接近于马氏体转变，铁素体晶格改组是按照切变机构进行的，同时在相变过程中还伴有碳原子的扩散，又称半扩散型相变。钢中贝氏体转变就属于这种类型的相变。

11.1.4　热处理的分类

根据加热、冷却方式及获得的组织和性能的不同，钢的热处理工艺可分为普通热处理（退火、正火、淬火和回火）、表面热处理（表面淬火和化学热处理）及形变热处理等。

按照热处理在零件整个生产工艺过程中位置和作用的不同，热处理工艺又分为预备热处理和最终热处理。

主题 11.2　钢在加热时的转变

热处理通常是由加热、保温和冷却三个阶段组成的。大多数热处理过程，首先必须把钢加热到奥氏体状态，然后以适当的方式冷却以获得所期望的组织和性能。加热时形成奥氏体的化学成分、均匀化程度及晶粒大小直接影响钢在冷却后的组织和性能。

将钢加热获得奥氏体的转变过程称为奥氏体化；加热时获得单相奥氏体组织的过程称为完全奥氏体化；亚共析钢和过共析钢加热时获得奥氏体和先共析相的过程称为不完全奥氏体化。

11.2.1　共析碳钢的奥氏体化过程

共析碳钢的原始组织为片状珠光体，当加热至 A_{c1} 以上温度时，珠光体转变为奥氏体：

$$\underset{\text{体心立方}}{F_{0.0218}} + \underset{\text{复杂斜方}}{Fe_3C_{6.69}} \xrightarrow{A_{c1}\text{以上}} \underset{\text{面心立方}}{A_{0.77}}$$

它也服从金属结晶的一般规律，并且通过铁晶格的改组和铁、碳原子的扩散过程来进行。通常将这一过程以及奥氏体在冷却时的转变过程称作相变重结晶。

共析碳钢中奥氏体的形成由下列四个基本过程表现为：奥氏体的形核、奥氏体形核的长大、剩余渗碳体的溶解和奥氏体成分均匀化，如图 11-2 所示。

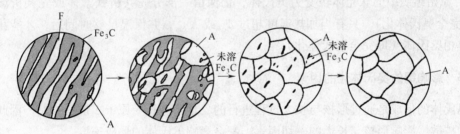

图 11-2　共析钢奥氏体形成过程示意图

11.2.1.1　奥氏体的形核

将钢加热到 A_{c1} 以上某一温度保温时，珠光体处于不稳定状态，通常首先在铁素体和渗碳体相界面上形成奥氏体晶核，这是由于铁素体和渗碳体相界面上碳浓度分布不均匀，原子排列不规则，易于产生浓度和结构起伏区，为奥氏体形核创造了有利条件。珠光体群边界也可成为奥氏体的形核部位。在快速加热时，由于过热度大，也可以在铁素体亚晶边界上成核。

11.2.1.2　奥氏体形核的长大

奥氏体晶核形成的同时即开始向两个方向长大。奥氏体晶粒长大是通过渗碳体的溶解、碳在奥氏体和铁素体中的扩散及铁素体继续向奥氏体转变而进行的，即奥氏体的两个相界面自然地向铁素体和渗碳体两个方向推移而长大。

11.2.1.3　剩余渗碳体的溶解

研究发现，奥氏体晶核长大时，向铁素体方面的长大总是快于向渗碳体方面的长大，而且，转变温度越高，长大速度相差越大。因为奥氏体的长大速度与界面浓度差有关，并受碳的扩散所控制。碳在 A/F 界面浓度差远小于 A/Fe_3C 界面浓度差，所以在平衡条件下，一份渗碳体溶解将促使几份铁素体转变。因此，珠光体中的铁素体总是首先消失，此时仍有部分渗碳体尚未溶解，即成为剩余渗碳体。

铁素体消失后，继续保温或继续加热时，随着碳在奥氏体中继续扩散，剩余渗碳体不断向奥氏体中溶解。

11.2.1.4　奥氏体成分的均匀化

当渗碳体刚刚全部溶入奥氏体后，奥氏体内碳浓度仍是不均匀的，原来是渗碳体的地方碳浓度较高，而原来是铁素体的地方碳浓度较低，只有经过长时间的保温或继续加热，让碳原子进行充分地扩散才能获得成分均一的奥氏体。

11.2.2　亚共析碳钢和过共析碳钢的奥氏体化过程

亚共析钢和过共析钢的奥氏体化过程同共析钢基本相同。所不同的是亚共析钢和过共析钢的奥氏体化分两步完成：珠光体的奥氏体化、先共析相的奥氏体化。加热温度仅超过 A_{c1} 时，原始组织中的珠光体转变为奥氏体，仍保留一部分先共析铁素体或先共析渗碳体（即不完全奥氏体化）。只有当加热温度超过 A_{c3} 或 A_{ccm}，并保温足够时间后，才能获得均一的单相奥氏体（即完全奥氏体化）。

11.2.3　影响钢的奥氏体化的因素

奥氏体的形成是通过形核与长大过程进行的，整个过程受原子扩散所控制。因此，凡是影响扩散、影响形核与长大的一切因素，都会影响奥氏体的形成速度。

11.2.3.1　加热温度和保温时间

珠光体向奥氏体转变要在 A_1 以上才能进行。但当加热到 A_1 以上某一温度时，珠光体并不是立即开始向奥氏体转变，而是要经过一段时间后才开始转变，这段时间称为孕育期。加热温度越高，转变的孕育期和完成转变的时间越短，即奥氏体的形成速度越快。在较低温度下长时间加热和较高温度下短时间加热都可以得到相同的奥氏体状态。

11.2.3.2　原始组织的影响

钢的原始组织为片状珠光体时，铁素体和渗碳体组织越细，它们的相界面越多，则形成奥氏体的晶核越多，晶核长大速度越快，因此可加速奥氏体的形成过程。若预先经球化处理，使原始组织中渗碳体变为球状，因铁素体和渗碳体的相界面减少，则将减慢奥氏体的形成速度。

11.2.3.3　化学成分的影响

A　碳

钢中的含碳量越高，奥氏体形成速度越快。这是因为钢中的含碳量越高，原始组织中渗碳体数量越多，从而增加了铁素体和渗碳体的相界面，使奥氏体的形核率增大。此外，含碳量增加又使碳在奥氏体中的扩散速度增大，从而增大了奥氏体长大速度。

B　合金元素

合金元素一般都使奥氏体形成速度减慢。原因如下：

（1）合金元素影响碳在奥氏体中的扩散速度。Co 和 Ni 能提高碳在奥氏体中的扩散速度，故加快了奥氏体的形成速度。Si、Al、Mn 等元素对碳在奥氏体中扩散能力影响不大。而 Cr、Mo、W、V 等碳化物形成元素显著降低碳在奥氏体中的扩散速度，从而大大减慢奥氏体的形成速度。

（2）合金元素改变了钢的临界点和碳在奥氏体中的溶解度，于是就改变了钢的过热度和碳在奥氏体中的扩散速度，从而影响奥氏体的形成过程。

（3）合金元素在铁素体和碳化物中的分布是不均匀的，在平衡组织中，碳化物形成元素集中在碳化物中，而非集中在铁素体中。因此，奥氏体形成后碳和合金元素在奥氏体中的分布都是极不均匀的。所以在合金钢中除了碳的均匀化之外，还有一个合金元素的均匀化过程。在相同条件下，合金元素在奥氏体中的扩散速度远比碳小得多，仅为碳的万分之一到千分之一。因此，合金钢的奥氏体均匀化时间要比碳钢长得多。

11.2.4　奥氏体晶粒大小及其影响因素

11.2.4.1　晶粒大小对性能的影响

钢在加热后形成的奥氏体晶粒大小对冷却转变后钢的组织和性能有重要的影响。一般说来，奥氏体晶粒越细小，钢热处理后的强度越高，塑性越好，冲击韧性越高。若奥氏体化温度过高或在高温下保持时间过长，将使钢的奥氏体晶粒粗大，冷却后仍得到粗晶粒组织，显著降低钢的力学性能特别是冲击韧性。因此，在热处理加热过程中，应注意防止奥氏体晶粒粗化。

11.2.4.2　奥氏体晶粒度

奥氏体晶粒大小称为奥氏体晶粒度，通常以单位面积内晶粒的数目或以每个晶粒的平均面积与平均直径来描述。但是要测定这样的数据是很麻烦的，所以通常采用与标准金相图片（标准晶粒度等级图）相比较的方法来评定。按 GB 6394—86 规定，标准晶粒度分为 10 级，1~4 级称为粗晶粒，5~8 级称为细晶粒，9 级以上称为超细晶粒，如图 11-3 所示。

评定晶粒度时，将被测金相试样放在金相显微镜下放大 100 倍，全面观察并选择晶粒具有代表性的视场与国家标准晶粒度等级图进行比较，确定其级别。确定了晶粒度等级 G 后，便可计算出每平方英寸（645mm^2）试样面积上的平均晶粒数 n：

$$n = 2^{G-1}$$

为了研究钢在热处理时奥氏体晶粒度的变化，还必须弄清以下三种不同晶粒度的概念。

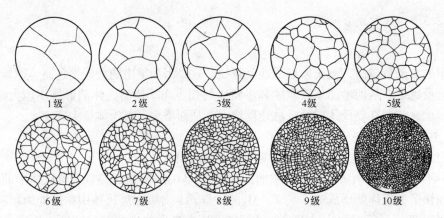

图 11-3　标准晶粒度等级示意图

（1）初始晶粒度。钢在临界温度以上奥氏体形成刚结束，其晶粒边界刚刚相互接触时的晶粒大小称为奥氏体的初始晶粒度。加热前的原始组织越弥散、加热速度越快，奥氏体的起始晶粒度越小。

（2）实际晶粒度。所谓实际晶粒度是指钢在某一具体加热条件下所获得的奥氏体晶粒大小。显然，奥氏体的实际晶粒尺寸要比起始晶粒大。

（3）本质晶粒度。实际生产中发现，有的钢在加热时奥氏体晶粒很容易长大，而有的又不易长大，这说明不同钢材加热时奥氏体晶粒长大倾向是不同的。本质晶粒度就是表征钢在一定条件下加热时奥氏体晶粒长大倾向的指标。凡是奥氏体晶粒容易长大的钢就称为本质粗晶粒钢；反之，奥氏体晶粒不容易长大的钢称为本质细晶粒钢，如图 11-4 所示。由图11-4可以看出，随加热温度的升高，本质粗晶粒钢的奥氏体晶粒一直长大，逐渐粗化。而本质细

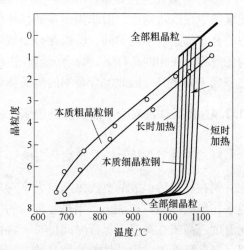

图 11-4　奥氏体晶粒长大示意图

晶粒钢在一定温度以下加热时，奥氏体晶粒长大很缓慢，一直保持细小晶粒；当超过一定温度后，晶粒急剧长大，突然粗化。这个本质细晶粒钢奥氏体晶粒开始强烈长大的温度称为晶粒粗化温度。

为了表征奥氏体晶粒长大倾向，通常采用标准试验方法，即将钢加热到（930±10）℃，保温 3~8h，冷却后在放大 100 倍的情况下测定其奥氏体晶粒大小，如晶粒度在 1~4 级，为本质粗晶粒钢；如晶粒度在 5~8 级，则为本质细晶粒钢。

11.2.4.3　影响奥氏体晶粒大小的因素

A　加热温度和保温时间的影响

加热温度越高，晶粒长大速度越快，则奥氏体晶粒越粗大；当加热温度一定时，保温

时间越长，奥氏体晶粒越粗大。但随着保温时间的延长，晶粒长大速度越来越慢，且不会无限制地长大。

B　加热速度的影响

加热速度越快，过热度越大，奥氏体的实际形成温度越高，形核率越大，则奥氏体的起始晶粒越细小。但是，奥氏体起始晶粒细小而加热温度较高反而使奥氏体晶粒易于长大。因此，快速加热时，保温时间不能过长，否则晶粒会更加粗大。生产上采用短时快速加热工艺是获得超细化晶粒（晶粒直径达 0.3μm，相当于 19 级晶粒度）的重要手段之一。

C　钢的化学成分的影响

在一定的含碳量范围内，随着奥氏体中碳的含量的增加，由于碳在奥氏体中扩散速度及铁的自扩散速度增大，晶粒长大倾向增加。但当含碳量超过一定量以后，碳能以未溶碳化物的形式存在，奥氏体晶粒长大受到第二相的阻碍作用，反而使奥氏体晶粒长大倾向减小。

用铝脱氧或在钢中加入适量的 Ti、V、Zr、Nb 等强碳化物形成元素时，可以得到本质细晶粒钢，减小奥氏体晶粒长大倾向。钢中的铝能形成难溶的 AlN 质点在晶界上弥散析出，阻碍加热时奥氏体晶界的迁移，从而可以细化晶粒。若进一步升高温度（高于900℃），AlN 质点溶入奥氏体中，将使奥氏体晶粒急剧长大。从细化晶粒角度，脱氧后钢中铝的含量以 0.02%~0.04%最佳。Ti、V、Zr、Nb 等元素在钢中能形成高熔点的弥散碳化物和氮化物，也起到阻止晶粒长大的作用，其中 Ti、Zr、Nb 的作用显著，Al 的作用最弱。Mn、P、C、N 等元素溶入奥氏体后削弱铁原子结合力，加速铁原子的扩散，因而促进奥氏体晶粒的长大。

D　钢的原始组织的影响

一般来说，钢的原始组织越细，碳化物弥散度越大，则奥氏体的起始晶粒越细小。细珠光体和粗珠光体相比，总是易于获得细小而均匀的奥氏体起始晶粒度。在相同的加热条件下，和球状珠光体相比，片状珠光体在加热时奥氏体晶粒易于粗化，因为片状碳化物表面积大，溶解快，奥氏体形成速度也快，奥氏体形成后较早地进入晶粒长大阶段。

11.2.5　钢的加热及加热缺陷

11.2.5.1　加热的目的和要求

热处理的第一道工序一般都是把钢加热到临界点以上，目的是为了得到奥氏体组织。这是因为所有的热处理后钢的组织都是由奥氏体转变成的。加热质量的好坏，对于热处理后的组织和性能有很大影响。评定加热质量的指标有以下几方面：

（1）奥氏体的碳浓度与合金浓度；

（2）奥氏体的成分均匀性；

（3）奥氏体的晶粒度；

（4）第二相的数量、大小及分布；

（5）表面氧化、脱碳或增碳的程度；

（6）变形开裂的程度。

不同的钢种、不同的工件、不同的热处理工艺，对于上述指标的要求是不同的。例如，淬火加热时，要求奥氏体的碳浓度要适当，合金浓度尽可能高些，成分越均匀越好，晶粒越细小越好；亚共析钢中通常不允许有未溶铁素体存在，而共析、过共析钢中未溶碳化物数量要适当，越细小均匀分布越好，不允许表面氧化、脱碳或增碳。同时要严防变形，不允许开裂。球化退火时，则要求奥氏体的碳浓度与合金浓度要低，成分不能均匀化，要保留大量未溶的碳化物质点，并弥散分布在奥氏体中，晶粒不粗大即可。可见，这两种热处理对加热的要求很不相同，因此，加热工艺参数也必然大不一样。

11.2.5.2　加热工艺参数的确定

制订加热工艺，主要是确定加热温度和加热时间。

各种钢的加热温度，都是根据临界点 A_{c1}、A_{c3} 来确定的。在生产实践中已经总结出一套加热温度的经验公式，这些公式主要用于碳素钢及低合金钢，见表 11-1。

表 11-1　加热温度的经验公式

热 处 理 工 艺	亚 共 析 钢	共析、过共析钢
退火加热温度	A_{c3} + （20~50）℃	A_{c1} + （20~50）℃
正火加热温度	A_{c3} + （50~150）℃	A_{cm} + （30~50）℃
淬火加热温度	A_{c3} + （30~70）℃	A_{c1} + （30~70）℃

确定加热时间主要靠经验数据。这些数据已被生产实践证实是可靠的，但又不是绝对的，依许多具体情况而变化，具体数据可参照有关经验资料。

制订出的加热工艺参数，必须经过工艺试验或者试生产的检验，证明是成功的，才能确定下来。一般要经过反复试验和修正后才能最后确定。但是，热处理的原理在不断发展，新的热处理工艺也在不断出现，原有热处理工艺的提高也是无止境的。所以，现已确定的工艺不能一成不变，而应该在生产实践中不断总结提高，确定更为合理的工艺参数。

11.2.5.3　加热缺陷及防止措施

常见的加热缺陷有氧化、脱碳、欠热、过热、过烧等。对这些缺陷的检验和评级，目前已制定出相关标准。造成这些缺陷可能是由于设备的原因，也可能是由于工艺不合理或者操作不当，因此要从多方面采取措施去防止。

　　A　氧化

氧化是钢件在加热时与炉气中的 O_2、CO_2、H_2O 等氧化性介质发生化学作用现象。钢的氧化分为两种：一种是表面氧化，在钢的表面生成氧化膜；另一种是内氧化，在一定深度的表面层中发生晶界氧化。表面氧化影响工件的尺寸，内氧化则影响工件的性能。

研究表明，钢在 560℃ 以下加热时，表面氧化膜由两层氧化物组成：内层是 Fe_3O_4，表层是 Fe_2O_3。由于这种氧化膜结构致密，与基体结合牢固，包在钢的表面，阻止氧的继续渗入，所以氧化速度很慢，这时可以不必考虑防氧化问题。钢在 560℃ 以上加热时，表面氧化膜由三层氧化物组成：Fe_2O_3、Fe_3O_4 和 FeO。其中 FeO 结构松散、与基体结合不牢，易剥落，所以这种氧化膜不起防护作用，氧很容易穿过氧化膜继续向内层氧化。所以，氧化膜中一旦出现 FeO，将使氧化速度大大加快，而且温度越高，氧化越强烈。

钢的内氧化在 800~950℃ 下较长时间的加热时发生，介质中的 O_2 和 CO_2 除了进行表面氧化之外，还沿奥氏体晶界向里扩散。当钢中含有铬、硅、钛、铝等合金元素时，这些元素与氧的亲和力远比铁大，因此优先被氧化，沿晶界生成氧化物，使晶界附近合金浓度降低，奥氏体稳定性变小，淬火时便会沿晶界形成屈氏体网。在抛光而未浸蚀的试样中便可看到沿晶界内氧化的黑色产物，浸蚀之后显示出黑色屈氏体网，掩盖了内氧化物。

防止氧化主要有以下措施：

（1）采用脱氧良好的盐浴加热；

（2）采用保护气氛加热；

（3）采用高温短时快速加热；

（4）采取防护措施，如表面涂料防护、装箱填料防护等；

（5）清除工件表面的水渍和锈斑；

（6）降低原料气和滴注液中的水分和杂质含量；

（7）防止炉子漏气；

（8）预留足够的加工余量。

B　脱碳

钢在脱碳性气氛中加热时，气氛中的 O_2、CO_2、H_2O 和 H_2 等便与钢表层中的固溶碳发生化学反应，生成气体逸出钢外，使钢的表层碳浓度降低，即发生脱碳。脱碳最严重时，可以使表层变成铁素体。

表面脱碳后，内层的碳便向表面扩散，这样就使脱碳层逐渐加深。加热时间越长，脱碳层越深。

防止脱碳的根本办法是采用可控气氛加热，使气氛的碳势与钢中碳浓度相等。此外，在氮或惰性气体的中性气氛中加热也可防止脱碳。前面谈到的防氧化措施，也都可以用于防止脱碳。已经脱碳的工件，可以在可控气氛中加热以恢复原来的碳浓度，称为复碳处理。

C　欠热

由于加热温度过低或者加热时间过短，造成奥氏体化不完全的缺陷，称为欠热，也叫加热不足。亚共析钢淬火时，由于欠热，组织中残存一些铁素体，对性能影响很坏。过共析钢欠热淬火后，由于碳浓度不够而硬度不足，并且由于奥氏体中合金浓度不够而淬透层不够深。钢在正火时，由于欠热而不能完全消除网状组织或带状组织。球化退火时，由于欠热，组织中会残存粗片状珠光体。

造成欠热的原因主要是工艺不合理，或者操作不当。由于测温仪表指示偏高，也会造成实际加热温度偏低，因而加热不足。

D　过热

由于加热温度过高或者加热时间过长，造成奥氏体晶粒过分粗大的缺陷，称为过热。在淬火组织中，过热表现为马氏体针粗大；在正火组织中，过热会造成魏氏组织。过热使钢的韧性降低，容易脆断。

造成过热的原因主要是操作不当，或者工艺不合理，在快速加热时尤其要注意防止过热。测温不准或者控温失灵也会造成"跑温"而过热。过热或欠热的工件，都必须返修。

E　过烧

由于加热温度达到固相线温度，使奥氏体晶界局部熔化，或者晶界发生氧化，这种现象称为过烧。钢一旦过烧，就只能报废。

造成过烧的原因主要是设备失灵，或者操作不当，在高速钢淬火时最易发生。火焰炉加热时，局部温度过高也会造成过烧。所以必须加强设备的维修管理，定期校验，才能防止过烧事故发生。

主题 11.3　钢在冷却时的转变

11.3.1　概述

钢的加热转变是为了获得均匀、细小的奥氏体晶粒，但这不是最终目的。因为大多数零构件都是在室温下工作的，所以高温奥氏体状态最终总是要冷却下来。钢在铸造、锻造、焊接以后，也要经历由高温到室温的冷却过程，虽然不作为一个热处理工序，但实质上也是一个冷却转变过程，正确控制这些过程，有助于减小或防止热加工缺陷。

在热处理生产中，钢在奥氏体化后通常有两种冷却方式：一种是连续冷却方式，如图 11-5 中曲线 2 所示，钢从高温奥氏体状态一直连续冷却到室温；另一种是等温冷却方式，如图 11-5 中曲线 1 所示，将奥氏体状态的钢迅速冷却到临界点以下某一温度保温，让其发生恒温转变过程，然后再冷却下来。

奥氏体在临界转变温度以上是稳定的，不会发生转变。奥氏体冷却至临界温度以下，在热力学上处于不稳定状态，冷却时要发生分解转变。这种在临界点以下存在且不稳定的、将要发生转变的奥氏体，叫做过冷奥氏体。由于

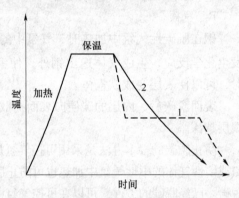

图 11-5　不同冷却方式示意图
1—等温冷却；2—连续冷却

Fe-Fe$_3$C 相图是在极其缓慢加热或冷却条件下测绘的，它没有考虑冷却条件不同对相变的影响，已不再适用，因此在热处理过程中，通常都是利用通过实验测得的过冷奥氏体在上述两种冷却方式下的转变曲线来分析过冷奥氏体的组织转变规律的。

11.3.2　过冷奥氏体的等温冷却转变

11.3.2.1　共析碳钢过冷奥氏体的等温冷却转变

A　共析碳钢过冷奥氏体的等温冷却转变曲线
它是表示将奥氏体迅速冷却到临界点以下各不同温度的保温过程中，过冷奥氏体的转变量与转变时间的关系曲线。

a　测定方法及步骤
以金相—硬度法为例，介绍共析碳钢的奥氏体等温冷却转变曲线的测定步骤。
首先将共析碳钢制成许多小的圆形薄片试样加热到奥氏体状态，经过一定时间的保温，得到均一的奥氏体；然后迅速将其投入到 A_{r1} 以下（如 660℃、600℃、550℃ 等）各不同温度的盐浴中，各试样就被过冷到某一恒定的温度发生等温转变。如果从淬入盐浴时

开始计时，相应在一定的时间间隔等温后从各盐浴中取出一块试样急速放入水中，该转变产物水淬后不再发生变化，而尚未发生转变的奥氏体水淬后变为马氏体。利用金相观察和硬度测定，即可得到在不同等温温度下，不同时间过冷奥氏体的转变量。这样就可找到转变量为 2% 以内（作为开始转变点）和 98% 以上（作为终了转变点），也就是说测出了在各不同等温温度下组织转变的开始时间和终了时间。将它们顺次平滑地连接起来，就得到了过冷奥氏体的等温冷却转变曲线，如图 11-6 所示。

　　b　对 C 曲线的完善和认识

　　因其形似马鞍或英文字母"C"的形状，故称为 C 曲线或 S 曲线，根据其英文名称字头又称 TTT 曲线。

　　由于不同等温温度下奥氏体的转变时间相差很大，所以用横坐标的对数坐标标出转变时间，再舍去图中的加热和冷却曲线部分，就得到了完整的 C 曲线。

　　C 曲线上部的水平线 A_1 是奥氏体和珠光体的平衡温度，左边曲线为等温转变开始线，右边曲线为等温转变终了线，M_s 线表示马氏体开始转变线（约为 230℃），M_f 线表示马氏体转变终了线（约为 -50℃）。

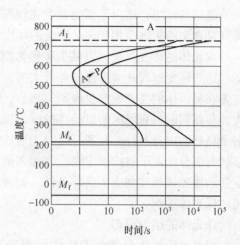

图 11-6　共析碳钢过冷奥氏体等温转变曲线

　　A_1 线以上钢处于奥氏体状态，A_1 线、M_s 线、转变开始曲线和纵坐标之间的区域为过冷奥氏体区；转变开始曲线和转变终了曲线之间为过冷奥氏体正在转变区；转变终了曲线以右为转变产物区。

　　研究表明，根据转变温度和转变产物不同，共析钢 C 曲线由上至下可分为三个区：$A_1 \sim 550℃$ 之间为珠光体转变区（高温转变）；$550℃ \sim M_s$ 之间为贝氏体转变区（中温转变）；$M_s \sim M_f$ 之间为马氏体转变区（低温转变）。由此可以看出，珠光体转变是在过冷度不大的高温阶段发生的，属于扩散型相变；马氏体转变是在很大过冷度的低温阶段发生的，属于非扩散型相变；贝氏体转变是中温区间的转变，属于半扩散型相变。

　　从纵坐标至转变开始线之间的线条长度表示不同过冷度下奥氏体稳定存在的时间，即过冷奥氏体等温转变开始所经历的时间——孕育期。孕育期的长短表示过冷奥氏体稳定性的高低，反映过冷奥氏体的转变速度。由 C 曲线可知，共析钢约在 550℃ 左右孕育期最短，表示过冷奥氏体最不稳定，转变速度最快，称为 C 曲线的"鼻子"温度。鼻温至 A_1 线之间，随着过冷度增大，孕育期缩短，过冷奥氏体稳定性降低；鼻温至 M_s 线之间，随着过冷度增大，孕育期增大，过冷奥氏体稳定性提高。在靠近 A_1 点和 M_s 点附近温度，过冷奥氏体比较稳定，孕育期较长，转变速度很慢。过冷奥氏体的稳定性出现这种马鞍形变化的原因是因为随着过冷度的增大，转变温度降低，奥氏体与珠光体的自由能差增大，转变速度加快，孕育期变短；但随着过冷度的进一步增大，原子扩散速度显著减小，形核率和生长速度减小，转变速度减小，孕育期增长。

　　B　共析碳钢过冷奥氏体的等温转变的组织和性能

　　根据等温转变的特征和转变组织产物，可将其分为两大类型，即珠光体转变和贝氏体转变。

a　珠光体转变

共析成分的奥氏体在 $A_{r1}\sim550℃$ 温度范围内等温时，将发生珠光体转变，形成铁素体和渗碳体两相组成的机械混合物——珠光体。因转变的温度较高，也称高温转变。由于转变过程首先形成渗碳体相，发生珠光体转变时形成的两个新相之间以及它们和母相之间的化学成分差异很大，且晶体结构截然不同，因此，在转变的过程中必然发生碳的重新分布和铁晶格的改组；还由于相变发生在较高的温度区间，铁、碳原子均能扩散，所以珠光体转变是典型的扩散型相变。从转变的程度看，属于完全转变。

珠光体的转变过程（以共析碳钢为例）

这一转变过程是通过形核和长大的方式来进行。当奥氏体过冷到 A_{r1} 以下某一温度时，首先在奥氏体的晶界处产生渗碳体核心，渗碳体依靠周围的奥氏体不断地供应碳原子而长大，与此同时，它周围的奥氏体的碳含量不断降低，形成贫碳区。这就为铁素体的形成创造了良好的成分条件，在某一瞬时，形成铁素体。而由于铁素体的碳含量很低，它的长大必然有部分碳原子被排挤出来，使相邻奥氏体区域的碳含量升高，形成富碳区。这又为产生新的渗碳体晶核创造了良好条件。如此周而复始，奥氏体转变为渗碳体和铁素体层片相间的珠光体组织。

珠光体的组织形态

根据奥氏体化温度和奥氏体化程度不同，过冷奥氏体可以形成片状珠光体和粒状（或球状）珠光两种组织形态，前者渗碳体呈片状，后者呈粒状，它们的形成条件、组织和性能均不同。

在奥氏体化过程中剩余渗碳体溶解和碳浓度均匀化比较完全的条件下，过冷奥氏体分解得到的珠光体通常呈片状，金相形态是铁素体和渗碳体交替排列成层片状，如图11-7所示。片状珠光体只能由过冷奥氏体直接分解而成，不可能由任何其他组织转变得到。粒状珠光体既可由过冷奥氏体直接分解而成，也可由片状珠光体球化而成，还可由淬火组织回火而成，其关键在于奥氏体化的状态。当奥氏体化温度较低，成分不太均匀，尤其是组织中有未溶渗碳体粒子存在时，随后缓慢冷却通常得到粒状珠光体，在这种组织中渗碳体呈颗粒状分布在铁素体基体中，如图11-8所示。

　　　　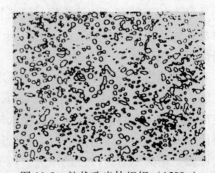

图 11-7　片状珠光体组织（500×）　　　　图 11-8　粒状珠光体组织（1500×）

片状珠光体的金相形态是铁素体和渗碳体交替排列成层片状组织。这种组织的粗细取决于珠光体的形成温度，过冷度越大，转变温度越低，珠光体越细。片状珠光体组织的粗细可由片间距来度量。珠光体团中相邻两片渗碳体（或铁素体）之间的平均距离称为珠光体的片间距，显然，片间距的大小主要也取决于珠光体的形成温度。随着过冷度增大，奥氏体转变为珠光体的温度越低，则片间距越小。

根据片间距的大小，可将珠光体分为三类：

珠光体。$A_1 \sim 650℃$ 范围内形成的珠光体，比较粗，其片间距为 $0.6 \sim 1.0 \mu m$，在光学显微镜下（放大 400 倍以上）便能看清（见图 11-9），用符号"P"表示。

索氏体。$600 \sim 650℃$ 温度范围内形成的细珠光体，其片间距较细，为 $0.25 \sim 0.3 \mu m$，只有在高倍光学显微镜下（放大 1000 倍以上）才能分辨（见图 11-10），用符号"S"表示。

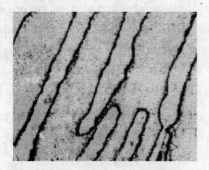

图 11-9 珠光体的组织形态
（700℃等温，2500×）

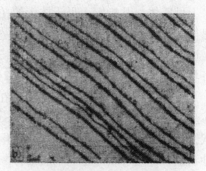

图 11-10 索氏体的组织形态
（650℃等温，7500×）

屈氏体。$550 \sim 600℃$ 温度下形成的极细珠光体，其片间距极细，只有 $0.1 \sim 0.15 \mu m$。在光学显微镜下无法分辨，只有在电子显微镜下放大几千倍以上才能区分出来（见图 11-11），用符号"T"表示。

珠光体、索氏体和屈氏体三者同属铁素体和渗碳体组成的片层状珠光体型组织，其区别仅在于片层粗细不同。

珠光体的力学性能

片状珠光体的机械性能主要取决于珠光体的片间距。片间距越小，铁素体和渗碳体的相界面越多，对位错运动的阻碍越大，即塑性变形抗力越大，因而硬

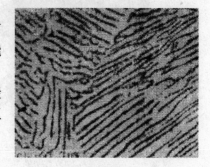

图 11-11 屈氏体的组织形态
（650℃等温，7500×）

度和强度都增高，如粗片状珠光体的硬度 $5 \sim 25HRC$（170HB 左右），索氏体的硬度 $25 \sim 35HRC$，而屈氏体的硬度 $36 \sim 42HRC$。

片状珠光体的塑性也随片间距的减小而增大。这是由于片间距越小，铁索体和渗碳体片越薄，从而使塑性变形能力增大。此外，片间距较小时，珠光体中层片渗碳体是不连续的，层片状铁素体并未完全为渗碳体片所隔离。因此，相变温度较低的层片状珠光体具有更高的极限塑性，从而反映出有更大的断面收缩率。

粒状珠光体的性能与渗碳体颗粒粗细有关。渗碳体颗粒越细，相界面越多，则钢的硬度与强度越高。渗碳体呈颗粒状时，硬度和强度一般比片状珠光体低，但塑性比片状珠光

体好。

　　b　贝氏体转变

　　贝氏体转变是过冷奥氏体在"鼻子"温度至 M_s 点范围内进行的转变，转变产物为贝氏体，用符号 B 表示。因转变的温度介于珠光体与马氏体转变温度之间，故又称贝氏体转变为中温转变。贝氏体是碳化物（渗碳体）分布在碳过饱和的铁素体基体上的两相混合物。发生贝氏体转变时优先形成铁素体相，且碳原子扩散而铁原子不扩散，因此贝氏体转变属半扩散型转变。

贝氏体的组织形态

　　根据转变温度不同，可将贝氏体分为上、下两种贝氏体。

　　上贝氏体。共析钢上贝氏体大约在550℃（"鼻子"温度）至350℃之间形成。用光学显微镜观察，典型上贝氏体组织形态呈羽毛状（见图11-12（a））；电子显微镜研究表明，上贝氏体是由许多平行排列的板条状铁素体以及在相邻铁素体条间存在的不连续的、短杆状的渗碳体所组成的（见图11-12（b））。

　　下贝氏体。共析钢下贝氏体大约在350℃至 M_s 之间形成。用光学显微镜观察，下贝氏体呈黑色针状或竹叶状（见图11-13（a））；在电子显微镜下可以看到，在下贝氏体的针片状铁素体内成行地分布着微细的碳化物（见图11-13（b））。值得指出的是，下贝氏体中的针状铁素体是含碳过饱和的固溶体。

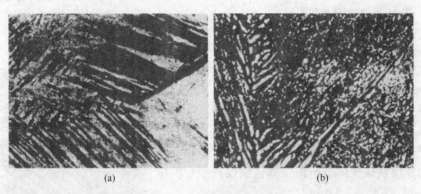

(a)　　　　　　　　　　　　　　(b)

图 11-12　上贝氏体的组织形态
（a）光学显微照片（600×）；（b）电子显微照片（5000×）

(a)　　　　　　　　　　　　　　(b)

图 11-13　下贝氏体的组织形态
（a）光学显微照片（500×）；（b）电子显微照片（10000×）

　　贝氏体组织与珠光体组织相比较，贝氏体的碳化物不是连续分布，而是许多细微颗粒或薄片呈断续分布；贝氏体中铁素体碳浓度高于珠光体中铁素体的碳浓度，呈过饱和固溶状态。

贝氏体的力学性能

　　贝氏体的力学性能主要取决于其组织形态。上贝氏体的形成温度较高，其铁素体条粗大，塑性变形抗力较低；同时，渗碳体分布在铁素体条之间，易于引起脆断，因此，上贝氏体的强度和韧性均差。下贝氏体形成温度较低，铁素体细小、分布均匀，铁素体内碳的过饱和度大，位错密度高，碳化物细小弥散，所以，下贝氏体不仅强度高，而且韧性也好，表现为具有较好的综合力学性能，是一种很有应用价值的组织。

11.3.2.2　亚共析碳钢和过共析碳钢过冷奥氏体的等温冷却转变

A　亚共析钢碳和过共析碳钢的 C 曲线

　　亚共析碳钢和过共析碳钢的奥氏体等温转变与共析碳钢不同，如图 11-14 所示，它们在 C 曲线的上温度区间分别有先共析铁素体和渗碳体析出。这种在奥氏体向珠光体共析转变之前，先从奥氏体中析出铁素体或渗碳体的过程称为先共析转变。

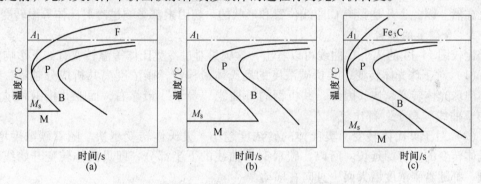

图 11-14　亚共析碳钢、共析碳钢、过共析碳钢的 C 曲线
(a) 亚共析碳钢 C 曲线；(b) 共析碳钢 C 曲线；(c) 过共析碳钢 C 曲线

　　由图 11-14（a）和（c）可看出，随着转变时过冷度增大，析出的先共析相的数量减少。当过冷度达到一定程度后，便不会再析出先共析相，对于接近共析成分的钢将得到全部珠光体组织。这种由偏离共析成分的过冷奥氏体所形成的珠光体称为伪珠光体（伪共析体）。

B　魏氏组织的形成

　　在实际生产中，含碳小于 0.6% 的亚共析钢和含碳大于 1.2% 的过共析钢由高温较快冷却时，先共析铁素体或先共析渗碳体便沿奥氏体的一定晶面呈针片状析出，并由晶界插入晶粒内部。这种组织称为魏氏组织（见图 11-15），前者称为铁素体魏氏组织（见图 11-15（a）），后者称为渗碳体魏氏组织（见图 11-15（b））。

　　魏氏组织是钢的一种过热缺陷组织。它使钢的机械性能，特别是冲击韧性和塑性有显著降低，并提高钢的脆性转折温度，因而使钢容易发生脆性断裂。

　　对易于出现魏氏组织的钢可以通过控制轧制、降低终锻（轧）温度、控制锻（轧）后冷却速度或改变热处理工艺（如调质、正火、退火、等温淬火等）来防止或消除魏氏组织。

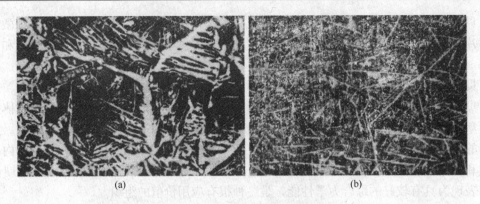

图 11-15　魏氏组织示意图（500×）

(a) 铁素体魏氏组织；(b) 渗碳体魏氏组织

11.3.2.3　影响过冷奥氏体等温转变的因素

过冷奥氏体等温转变的速度反映过冷奥氏体的稳定性，而过冷奥氏体的稳定性可在 C 曲线上反映出来。过冷奥氏体越稳定，孕育期越长，则转变速度越慢，C 曲线越往右移，反之亦然。因此，凡是影响 C 曲线位置和形状的一切因素都影响过冷奥氏体等温转变。

A　含碳量的影响

比较图 11-14 的 3 个 C 曲线可以看出，含碳量对过冷奥氏体等温转变有如下影响：

(1) 对于珠光体转变，共析碳浓度的奥氏体最稳定，碳浓度离共析成分越远，则奥氏体向珠光体转变越快。因此，共析钢的 C 曲线"鼻子"最靠右，而亚共析钢和过共析钢的 C 曲线"鼻子"都比较靠左。

(2) 对于贝氏体转变，奥氏体的碳浓度越小，贝氏体转变越快。随着碳浓度增大，贝氏体转变的孕育期延长。所以，碳素钢 C 曲线的下半部分，即贝氏体转变开始线和终了线，都随着碳浓度增大而一直向右移动。

(3) 随着碳浓度的增大，M_s 点逐渐降低，而 A_1 点始终不变。

B　合金元素的影响

合金元素在钢中可能处于三种状态，即：固溶状态、化合状态和游离状态。合金元素处于不同状态，对过冷奥氏体转变的影响是不同的。当合金元素处于化合物中而未溶入奥氏体时，会降低奥氏体的稳定性，加速转变。当合金元素单独游离存在时，对转变的影响不大，或略有加速作用。

合金元素只有溶入奥氏体中，即处于固溶状态时，才会对过冷奥氏体转变产生重要影响。一方面，合金元素会改变新旧相的自由能差，使临界点和 C 曲线发生上下移动；另一方面，合金元素会影响各种转变的形核与长大过程，使转变加速或减慢，因而 C 曲线发生左右移动。由于 C 曲线上下左右移动的结果，合金钢便会出现两个"鼻子"的 C 曲线，如图 11-16 所示，

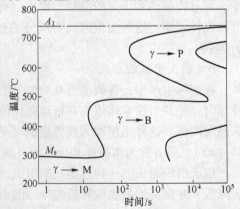

图 11-16　合金钢出现两个"鼻子"的 C 曲线

上面一个是珠光体转变的 C 曲线，下面一个是贝氏体转变的 C 曲线。

钢中常用合金元素（固溶状态）对于过冷奥氏体等温转变的影响，如图 11-17 所示。对于过冷奥氏体的三种分解转变，即：先共析转变、珠光体转变和贝氏体转变，只有钴加速转变，使 C 曲线左移，其他合金元素都阻碍转变，使 C 曲线右移。其中，钼、钒、钨强烈推迟珠光体转变，而对贝氏体转变的作用较弱；锰、铬、镍则强烈推迟贝氏体转变，而对珠光体转变作用较弱。硼强烈阻碍铁素体的析出，从而推迟随后的珠光体转变，但对贝氏体转变和二次渗碳体的析出都影响很小，所以，硼只用于亚共析钢的合金化。

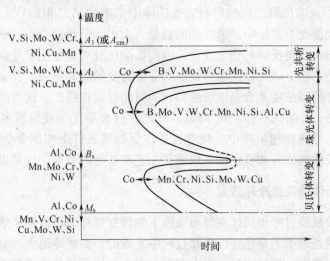

图 11-17　合金元素对过冷奥氏体等温转变的影响

对于临界点，铬、钼、钨、钒、硅等都使 A_1、A_3 和 A_{cm} 点升高，而镍、铜、锰等则使其降低。钴、铝使 B_s 点和 M_s 点升高，其他元素都使其降低。B_s 点是贝氏体区的上限温度。

由于铬、钼、钨、钒等元素使珠光体转变 C 曲线和贝氏体转变 C 曲线上下左右移动的程度不同，因而含有这些元素的合金钢中都具有双"鼻子"的 C 曲线。而锰、硅、镍、铜等元素对 C 曲线的形状改变不太大，所以含这些元素的合金钢中，C 曲线仍与碳素钢的 C 曲线相似。

以上都是每种元素单独作用的规律。如果同时含有几种元素时，其复合作用的强烈程度远大于单一元素的作用，而且影响的规律也会改变，因而要复杂得多。

C　奥氏体状态的影响

奥氏体状态主要是指奥氏体的晶粒度、均匀性、晶体缺陷密度以及第二相的数量、大小、形状及分布等。这些因素都会影响过冷奥氏体的等温转变。但是，这些因素又与钢的原始组织、奥氏体化条件以及塑性变形等有关，所以，奥氏体状态的影响往往是几种原因综合作用的结果。

（1）奥氏体晶粒度对于等温转变的影响。晶粒大小主要影响先共析转变、珠光体转变以及贝氏体转变。晶粒越细小，这些转变进行得越快，这些转变的 C 曲线左移幅度越大。这是因为，晶粒越细小则晶界面积越大，越有利于新相形核和原子扩散，所以这些受扩散控制的转变都越快。对于马氏体转变，晶粒度的影响不很大。晶粒越粗大则 M_s 点越高，马氏体转变也越快。这与晶粒粗大化的同时伴随着晶体缺陷密度减小有关。

（2）奥氏体均匀性的影响。奥氏体成分越不均匀，则先共析转变和珠光体转变越快，这部分 C 曲线左移幅度越大；贝氏体转变时间则延长，转变终了线右移。同时，M_s 点升高 M_f 点降低。这是因为，奥氏体的碳浓度及合金浓度越不均匀，越有利于先共析相的析出和珠光体的形核与长大，所以转变越快；再有，不均匀奥氏体中的高碳浓度区将使贝氏体转变减慢，因而转变终了时间延长；同时，低碳浓度区使 M_s 点升高，高碳浓度区使 M_f 点降低。

（3）奥氏体中未溶的第二相的影响。奥氏体中未溶的第二相如残余碳化物或残余铁素体，对等温转变都有重要影响。第二相的数量、大小、形状及分布，一方面会改变相界面积，另一方面会改变奥氏体的化学成分，因而影响比较大，也比较复杂。

尤其重要的是，合金碳化物的溶解情况对等温转变的影响更大。合金碳化物溶入奥氏体越多，则奥氏体的碳浓度及合金浓度越高，同时相界面积越少，这些都使奥氏体的稳定性提高，转变减慢，C 曲线右移，M_s 降低。反之，合金碳化物残留越多，则奥氏体越不稳定，转变越快。在热处理生产中，经常通过改变加热条件来控制合金碳化物的溶解情况，从而控制奥氏体的成分和稳定性，以满足工艺和性能的要求，这是很重要的一点。

11.3.3　过冷奥氏体的连续冷却转变

等温转变曲线反映过冷奥氏体在等温条件下的转变规律，可以用来指导等温热处理工艺。但是，许多热处理工艺是在连续冷却过程中完成的，如炉冷退火、空冷正火、水冷淬火等；钢在铸造、锻轧、焊接之后，也大多采用空冷、坑冷等连续冷却方式。所以，研究过冷奥氏体在连续冷却中的转变规律，是很有意义的。

所谓连续冷却转变是指在一定冷却速度下，过冷奥氏体在一个温度范围内所发生的转变。

在连续冷却过程中，过冷奥氏体同样能进行等温转变时所发生的四种转变，即：先共析转变、珠光体转变、贝氏体转变和马氏体转变，而且各个转变的温度区也与等温转变时大致相同。在连续冷却过程中，不会出现任何新的在等温转变时所没有的转变。

但是，奥氏体的连续冷却转变不同于等温转变。因为，连续冷却过程要先后通过各个转变温度区，因此可能先后发生几种转变；而且，冷却速度不同，可能发生的转变也不同，各种转变的相对量也不同，因而得到的组织和性能也不同。所以，连续冷却转变就显得复杂一些，转变规律性也不像等温转变那样明显，形成的组织也不容易区分。

前边讲过，奥氏体等温转变的规律可以用 C 曲线表示出来。同样，连续冷却转变的规律也可以用另一种 C 曲线表示出来，这就是连续冷却 C 曲线，也叫做热动力学曲线，根据英文名称字头，又称为 CCT 曲线。

11.3.3.1　连续冷却转变曲线分析

共析钢 CCT 曲线最为简单，只有珠光体转变区和马氏体转变区，说明共析钢连续冷却时没有贝氏体形成，如图 11-18 所示。图中珠光体转变区左边一条线叫过冷奥氏体转变开始线，右边一条线叫过冷奥氏体转变终了线，下面一条线叫过冷奥氏体转变中止线。M_s 和冷速 v_c 线以下为马氏体转变区。

由图 11-18 还可看出，过冷奥氏体连续冷却速度不同，发生的转变及室温组织也不同：当以很慢速度冷却时（如 v_1 和 v_2），发生转变的温度较高，转变开始和转变终了的时间很长。冷却速度增大，发生转变的温度降低，转变开始和终了的时间缩短，而转变经历的温度区间增大。但是，只要冷却速度小于冷却曲线 v'_c，冷却至室温将得到全部珠光体组织，只是组织弥散程度不同而已。如果冷却速度在 v_c 和 v'_c 之间（如 v_3），当冷却至珠光体转变开始线时，开始发生珠光体转变，但冷却至过冷奥氏体转变中止线，则中止珠光体转变，继续冷却至 M_s 点以下，未转变的奥氏体转变为马氏体。室温组织为珠光体+马氏体。如果冷却速度大于 v_c（如 v_4），奥氏体过冷至 M_s 点以下发生马氏体转变，冷却至 M_f

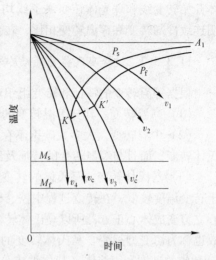

图 11-18　共析钢连续冷却转变 C 曲线

点，转变终止，最终得到马氏体+残余奥氏体组织。由此可见，冷却速度 v_c 和 v'_c 是获得不同转变产物的分界线。v_c 表示过冷奥氏体在连续冷却过程中不发生分解，而全部过冷至 M_s 点以下发生马氏体转变的最小冷却速度，称为上临界冷却速度，又称临界淬火速度；v'_c 表示过冷奥氏体在连续冷却过程中全部转变为珠光体的最大冷却速度，又称下临界冷却速度。

亚、过共析钢连续冷却转变曲线比较复杂一些。与共析钢不同，亚共析钢 CCT 曲线出现了先共析铁素体析出区域和贝氏体转变区域。此外，M_s 线右端下降，这是由于先共析铁素体的析出和贝氏体的转变使周围奥氏体富碳所致。过共析钢 CCT 曲线与共析钢较为相似，在连续冷却过程中也无贝氏体区，所不同的是有先共析渗碳体析出区域，此外 M_s 线右端升高，这是由先共析渗碳体的析出使周围奥氏体贫碳造成的。

11.3.3.2　CCT 曲线和 TTT 曲线比较

连续冷却转变过程可以看成是无数个温度相差很小的等温转变过程。由于连续冷却时过冷奥氏体的转变是在一个温度范围内发生的，故转变产物是不同温度下等温转变组织的混合。但是由于冷却速度对连续冷却转变的影响，使某一温度范围内的转变得不到充分的发展。因此，连续冷却转变又有不同于等温转变的特点。

如前所述，在共析钢和过共析钢中连续冷却时不出现贝氏体转变，这是由于奥氏体碳浓度高，使贝氏体孕育期大大延长，在连续冷却时贝氏体转变来不及进行便冷却至低温。同样，在某些合金钢中，连续冷却时不出现珠光体转变也是因为这个原因。

图 11-19 中虚线为共析钢的 TTT 曲线，实线为同种钢的 CCT 曲线。二者相比，CCT 曲线中珠光

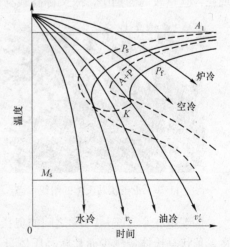

图 11-19　共析钢 CCT 曲线和 TTT 曲线比较

体开始转变线和珠光体转变终了线均在 TTT 曲线的右下方，在合金钢中也是如此。这说明连续冷却转变和等温转变相比，转变温度要更低，孕育期要更长。

11.3.3.3　过冷奥氏体的连续冷却转变的组织和性能

根据等温转变的特征和转变组织产物，可将其分为三大类型：

（1）高温转变。其与等温转变的特征及组织、性能相同。

（2）中温转变。大多数碳钢不存在这类转变，当碳含量小于 0.25% 时，存在部分贝氏体转变，而且与等温转变的特征及组织、性能相同。

（3）马氏体转变。马氏体的转变发生在比较低的温度区域内，故又称低温转变。由于转变温度较低，在转变过程中铁、碳原子都不能进行扩散，只发生铁的晶格改组，由面心立方变成体心正方，所以马氏体转变是典型的无扩散性相变，以共格切变的方式进行，故也称为切变型相变。马氏体转变的产物为马氏体，用符号"M"表示。马氏体是碳在 α-Fe 中的过饱和固溶体（其化学成分与奥氏体相同），具有非常高的强度和硬度。所以，马氏体转变是强化金属的重要途径之一。

A　马氏体的组织形态

马氏体的组织形态多种多样，但大量的研究结果表明，钢中马氏体有两种基本形态：板条状马氏体和片状马氏体。过冷奥氏体向马氏体转变时，是形成板条状还是片状马氏体，主要取决于奥氏体中的含碳量。

含碳量在 0.25% 以下时，基本上形成板条状马氏体，板条状马氏体的立体形态呈扁椭圆形截面的细长条状，其显微组织是由许多成群的、相互平行排列的板条组成，如图 11-20 所示。在电子显微镜下可以看到板条马氏体内有高密度的位错缠结的亚结构，故板条马氏体又称为位错马氏体。板条状马氏体主要出现在低碳钢中，故又称低碳马氏体。

当含碳量大于 1.0% 时，奥氏体几乎只形成片状马氏体（针状马氏体）。片状马氏体的立体形态呈双凸透镜状，在显微镜下呈针状或竹叶状，如图 11-21 所示，当金相磨面与马氏体片平行相切时，也可看到大的片状马氏体。在电子显微镜下可以看到，片状马氏体内部的亚结构主要是孪晶，因此，片状马氏体又称为孪晶马氏体。由于片状马氏体主要出现在含碳量较高的钢中，故又称高碳马氏体。

图 11-20　板条状马氏体的组织形态　　　　图 11-21　片状马氏体的组织形态

含碳量在 0.25%～1.0% 之间的奥氏体则形成上述两种马氏体的混合组织，含碳量越高，条状马氏体量越少而片状马氏体量越多。

B　马氏体转变的特点

马氏体转变是过冷奥氏体在低温范围内的转变，相对于珠光体转变和贝氏体转变具有如下一系列特点：

（1）无扩散性。马氏体转变是奥氏体在很大过冷度下进行的，此时无论是铁原子、碳原子还是合金元素原子，其活动能力很低。因而，马氏体转变是在无扩散的情况下进行的。点阵的重构是由原子集体的、有规律的、近程的迁动完成的。

（2）具有切变共格性。马氏体转变是以切变方式进行的，马氏体片和母相奥氏体保持共格（晶面上的原子既属于马氏体，又属于奥氏体）。

（3）在一个温度范围内进行的。马氏体转变是在 $M_s \sim M_f$ 的温度范围内进行的，其转变量随温度的下降而增加，一旦温度停止下降，转变立即中止。可见马氏体的转变量只是温度的函数，与在 $M_s \sim M_f$ 温度范围内的停留时间无关。

（4）转变具有可逆性。在某些铁合金以及镍与其他有色金属中，奥氏体冷却转变为马氏体，重新加热时已形成的马氏体又能无扩散地转变为奥氏体，这就是马氏体转变的可逆性。但是在一般碳钢中不发生按马氏体转变机构进行的逆转变，因为在加热时马氏体早已分解为铁素体和碳化物。

（5）转变不完全。多数钢的 M_f 点在室温以下，因此冷却到室温时仍会保留相当数量未转变的奥氏体，称之为残余（留）奥氏体，常用 A_r 表示。奥氏体的含碳量越高，M_s、M_f 就越低，所以残余奥氏体量就越高。

（6）体积显著膨胀。钢中各组织的比容是不同的，从奥氏体、珠光体、贝氏体到马氏体，比容逐渐增大，奥氏体的比容最小，马氏体比容最大。因此，马氏体转变时将造成显著的体积膨胀。

C　马氏体的力学性能

马氏体机械性能的显著特点是具有高硬度和高强度。马氏体的硬度随含碳量的增加而增高。马氏体高强度、高硬度的原因是多方面的，其中主要包括碳原子的固溶强化、相变强化以及时效强化。

间隙原子碳在 α-Fe 的晶格中造成晶格畸变，形成一个强烈的应力场。该应力场与位错发生强烈的交互作用，从而提高马氏体的强度，即产生固溶强化作用。

马氏体转变时在晶体内造成晶格缺陷密度很高的亚结构（板条状马氏体的高密度位错网，片状马氏体的微细孪晶）阻碍位错运动，从而使马氏体强化，这就是所谓相变强化。

时效强化也是一个重要的强化因素。马氏体形成以后，碳及合金元素的原子向位错或其他晶体缺陷处扩散偏聚或析出，钉扎位错，使位错难以运动，从而造成马氏体强化。

此外，原始奥氏体晶粒越细，马氏体板条束或马氏体片的尺寸越小，则马氏体强度越高。这是由于马氏体相界面阻碍位错运动而造成的。

马氏体的塑性和韧性主要取决于它的亚结构。大量试验结果证明，在相同屈服强度条件下，板条状（位错）马氏体比片状（孪晶）马氏体的韧性好得多。片状马氏体具有高的强度，但韧性很差，性能特点表现为硬而脆。其主要原因是片状马氏体中含碳量高，晶格畸变大，同时马氏体高速形成时互相撞击使得片状马氏体中存在许多微裂纹。

11.3.3.4　连续冷却转变曲线的应用

钢的热处理多数是在连续冷却条件下进行的，因此连续冷却转变曲线对热处理生产具有直接指导作用。

A　从 CCT 曲线图上可以获得真实的钢的临界淬火速度

钢的临界淬火速度 v_c 是过冷奥氏体不发生分解直接得到全部马氏体（含残余奥氏体）的最低冷却速度，它可直接从 CCT 曲线图上获得。钢的临界淬火速度与 CCT 曲线的形状和位置有关。若某钢 CCT 曲线中珠光体转变孕育期较短，而贝氏体转变孕育期较长，那么该钢的临界淬火速度可用与 CCT 曲线中珠光体开始转变线相切的冷却曲线对应的冷却速度表示。反之，对于珠光体转变孕育期比贝氏体长的钢件，其临界淬火速度可用与 CCT 曲线贝氏体开始转变线相切的冷却曲线表示。对于亚共析钢、低合金钢及过共析钢，临界淬火速度则取决于抑制先共析铁素体或抑制先共析碳化物的临界冷却速度。

临界淬火速度 v_c 既表示钢接受淬火的能力，也表示钢淬火获得马氏体的难易程度。它是研究钢的淬透性、合理选择钢材和制定正确的热处理工艺的重要依据之一。例如钢淬火时的冷却速度必须大于钢的临界淬火速度 v_c，而铸、锻、焊后的冷却希望得到珠光体型组织，则其冷却速度必须小于与 CCT 曲线珠光体转变终了线相切的冷却曲线所表示的冷却速度（如图 11-19 中的 v_c'）。

B　CCT 曲线是制定钢正确的冷却规范的依据

由于钢的 CCT 曲线给出了不同冷却速度下所得到的组织和性能以及钢的临界淬火速度。那么根据钢件的材质、尺寸、形状及组织性能要求，查出相应钢的 CCT 曲线，即可选择适当的冷却速度和淬火介质来满足组织性能的要求。通常选择以最小冷却速度淬火成马氏体为原则。

C　根据 CCT 曲线可以估计淬火以后钢件的组织和性能

由于 CCT 曲线反映了钢在不同冷却速度下所经历的各种转变、转变温度、时间以及转变产物的组织和性能。因此，根据 CCT 曲线可以预计钢件表面或内部某点在某一具体热处理条件下的组织和硬度。只要知道钢件截面上各点的冷却曲线和该钢的 CCT 曲线，就可以判断钢件沿截面的组织和硬度分布。

模块 12　合　金　钢

主题 12.1　概　　念

合金钢：在碳钢的基础上，为达到某些特殊性能要求而在冶炼时有目的地向钢中加入一些元素的钢。常加元素为：Mn、Si、Cr、Ni、Al、B、W、Mo、V、Ti、Nb、Zr 和稀土元素等。加入的元素为合金元素。

主题 12.2 合金化原理（合金元素的作用）

12.2.1 钢中的杂质元素及其作用

钢在冶炼过程中不可避免地要带入一些杂质，如硅、锰、磷、硫、非金属夹杂物以及氧、氢、氮等气体。这些杂质对钢的质量有较大的影响。

12.2.1.1 锰的影响

锰在钢中是有益的元素。在碳钢中含锰量通常在 0.25%～0.80% 范围内，最高可达 1.20%。

锰作为炼钢时的脱氧剂加入钢中，可以提高硅和铝的脱氧效果。特别是锰和硫结合形成 MnS，可减轻硫在钢中的有害作用。锰大部分溶于铁素体中，形成置换固溶体，并使铁素体强化，从而提高钢的强度。当锰含量不多，在碳钢中仅作为少量残存元素时，对钢的性能影响不显著。

12.2.1.2 硅的影响

硅在钢中也是一种有益的元素。在镇静钢中含硅量在 0.10%～0.40% 之间，沸腾钢中只含有 0.03%～0.07%。

硅是作为脱氧剂以硅铁合金形式加入钢中的，其脱氧能力比锰强。硅能与钢液中的氧化合，形成二氧化硅（SiO_2），再与其他氧化物（FeO、MnO、Al_2O_3）结合形成硅酸盐，由此降低钢中氧含量。

硅和锰一样，能溶于铁素体中，使铁素体强化，从而提高钢的强度、硬度、弹性极限，而降低塑性和韧性。当硅含量不多，在碳钢中仅作为少量残存元素存在时，对钢的性能影响不显著。

12.2.1.3 硫的影响

硫在钢中是有害元素，它是随同矿石、生铁、废钢及燃料进入钢中的。在固态下，硫在钢中的溶解度极小，以 FeS 的形态存在于钢中。FeS 与 Fe 可形成低熔点的共晶体（熔点只有 985℃），并分布于奥氏体晶界处。当钢加热到 1100～1200℃ 进行热加工时，晶界上的共晶体已熔化，晶粒间结合被破坏，使钢在加工过程中沿晶界开裂，使钢变得极脆，这种现象称为热脆。

在钢中增加含锰量，可消除硫的有害作用。因为锰与硫的亲和力比铁与硫的亲和力大，锰与硫优先形成高熔点的 MnS（1620℃），并呈粒状分布在晶粒内，而且 MnS 在高温下具有一定的塑性，从而可避免热脆现象。

鉴于硫对钢性能的不良影响，通常情况下，在炼钢时应尽量降低钢液中的含硫量。但含硫量较多的钢，可形成较多的 MnS，在切削加工中 MnS 对断屑有利，可改善钢的切削加工性能。

12.2.1.4　磷的影响

磷在钢中也是有害元素，它是由矿石、生铁和废钢带入的。一般情况下，钢中的磷能全部固溶于铁素体中（高温时溶于奥氏体中），它使铁素体的强度、硬度显著提高，但却使钢的塑性、韧性急剧降低。当钢的含磷量增加时，磷还能使钢脆性转变温度升高，致使钢在室温或低温时变脆，这种现象称为冷脆。冷脆对在寒冷地区或其他低温条件下工作的钢结构，如桥梁、车辆、油罐等具有严重的危害性。此外，磷的偏析还会使钢材在热轧后出现带状组织，故磷的含量也要严格控制。

钢中含有适量的磷，能提高钢在大气中的抗腐蚀性能，特别是钢中含有铜时，它的作用就更为显著。此外，含磷量较多时，由于脆性较大，对制造炮弹用钢以及改善钢的切削加工性方面则是有利的。

12.2.1.5　氮的影响

氮来自炉料，同时在冶炼时也从炉气中吸收一部分氮，钢中的含氮量在 0.001%~0.02% 范围内变化。氮以间隙原子形式溶解于铁中，在 α-Fe 中的溶解度在 591℃ 时约为 0.1%，在室温则降至 0.001% 以下。因此，钢中的氮能以固溶、化合物和气体形式存在于钢中。

固溶于铁素体中的氮能引起碳素钢时效作用。当含氮量较高的低碳钢自高温较快冷却时（如热轧后空冷），过剩的氮由于来不及析出而溶于铁素体中。随后在 200~250℃ 加热时，将会发生氮化物的析出，使钢的强度、硬度上升，韧性大大降低，这种现象称为蓝脆（或时效脆性）。钢中的含氮量越高，钢的时效倾向越大。

为了减轻和消除钢的时效作用，可向浇注前的钢液中加入少量的铝（0.05%~0.1%）。铝的作用除脱氧外，还能与钢液中的氮结合，形成 AlN，大大降低固溶于铁素体中的氮含量，从而减轻甚至消除氮的时效作用。

氮若以氮化物（AlN、NbN、TiN）质点出现在钢中，能阻碍奥氏体晶粒长大，细化钢的晶粒，从而改善钢的力学性能。

氮以气体形式存在于钢中时，使钢容易形成气泡和疏松。

12.2.1.6　氢的影响

钢中的氢一般是由锈蚀潮湿的炉料、含有水分的炉气和浇注系统带入的。氢在钢中的溶解度随温度的降低而降低。当钢液凝固后，氢是以间隙原子形式溶解于铁中。钢中含氢量甚微，一般在 0.0005%~0.0025% 范围内。

氢是钢中最有害的元素，溶入钢中的氢使钢的塑性、韧性降低，易于脆断，引起所谓氢脆，另外，当钢中因溶解度变化而析出的氢在钢的缺陷处（孔隙或非金属夹杂物附近）形成分子态氢时，容易造成内部显微裂纹，因这种裂纹的内壁呈银白色，所以这种缺陷称为白点。白点使钢的延伸率显著下降，尤其是断面收缩率和冲击韧性降低很多，有时可接近于零值，所以具有白点的钢是不能用的。

12.2.1.7　氧及其他非金属夹杂物的影响

氧在钢中的溶解度非常小，几乎全部以氧化物夹杂的形式存在于钢中，如 FeO、

Al_2O_3、SiO_2、MnO、CaO、MgO 等。除此之外，钢中往往还存在硫化铁（FeS）、硫化锰（MnS）、硅酸盐、氮化物及磷化物等。这些非金属夹杂物破坏了钢的基体的连续性，在静载荷和动载荷的作用下，往往成为裂纹的起点。它们的性质、大小、数量及分布状态不同程度地影响着钢的各种性能，尤其是对钢的塑性、韧性、疲劳强度和抗腐蚀性能等危害很大。因此，对非金属夹杂物应严加控制。在要求高质量的钢材时，炼钢生产中应用真空技术、渣洗技术、惰性气体净化、电渣重熔等炉外精炼手段，可以卓有成效地减少钢中气体和非金属夹杂物。

12.2.2 钢中的合金元素及其作用

碳钢虽然具有很广泛的应用，但其耐酸、耐热和耐磨性较差，而且制作大尺寸、高强度机件时，其力学性能已不能满足使用要求。因此为了获得所需要的组织结构、物理、化学性能和力学性能，以满足使用上的需要，必须在碳钢中有意识地加入一定量的某一种或几种其他元素，这些元素就称为合金元素。常用的合金元素有硅、锰、铬、镍、钼、钨、钒、钛、铌、锆、铝、钴、铜、硼、稀土等。磷、硫、氮等在某些情况下也可以起合金元素的作用。钢中合金元素的含量各不相同，有的高达百分之几十，如镍、铬、锰等；有的则低至万分之几，如硼。

合金元素加入到碳钢中必然会与其中的铁、碳发生作用，并影响到钢的相变，从而改善碳钢的各种工艺性能和力学性能。

12.2.2.1 合金元素在钢中的分布

合金元素在钢中的存在形式和分布有主要有以下 5 种情况：

（1）溶于固溶体（如铁素体、奥氏体和马氏体）内，以固溶体的溶质形式存在。

（2）形成各种碳化物，即溶入渗碳体内形成合金渗碳体及形成特殊碳化物。

（3）与钢中的氧、氮、硫等形成非金属夹杂物，如 Al_2O_3、$FeO \cdot Al_2O_3$、AlN、$SiO_2 \cdot M_xO_y$、$TiO_2 \cdot TiN$、MnS 等。

（4）形成金属间化合物，如 $FeSi$、$FeCr$、Ni_3Al、Ni_3Ti、Fe_2W 等。

（5）以游离状态存在，如 Cu、Pb 等。

合金元素存在于不同相时，它们所起的作用不同。如不锈钢中的 Cr 必须固溶于基体中才能提高其耐蚀性，若以 $Cr_{23}C_6$ 析出，则将不起作用；为细化晶粒而加入的强碳化物形成元素，若加热时进入到奥氏体中，也不起作用。可见，并不是一旦合金元素加入钢中就能发挥其预期作用，还应视合金元素在钢中的存在形式及分布状况来决定。

12.2.2.2 合金元素与铁和碳的相互作用

A 合金元素与铁的相互作用

钢中合金元素可以溶入 α-Fe 和 γ-Fe 中形成固溶体，同时也对铁的同素异晶转变温度产生很大影响，即：

（1）合金元素溶入铁中形成固溶体。所有合金元素都能不同程度地溶入铁中形成固溶体，产生固溶强化。其中除 C、N、H、B 与 Fe 形成间隙固溶体外，其他合金元素都与铁形成置换固溶体。

（2）合金元素改变铁的同素异晶转变温度。钢中加入合金元素后，将使 α-Fe $\rightleftharpoons$ γ-Fe 的临界温度 A_3 和 γ-Fe $\rightleftharpoons$ δ-Fe 转变的临界温度 A_4 上升或下降，使 A 区发生变化。按照合金元素与铁相互作用的不同，可将合金元素可分为扩大 A 区的元素和缩小 A 区的元素两类。

扩大 A 区的元素有 Ni、Mn、Co、C、N、Cu 等，它们的共同点是使 A_4 点上升、A_3 点下降，使 A 区扩大，促进奥氏体形成。其中 Ni、Mn、Co 可与 γ-Fe 无限互溶，当其含量较高时，可在室温下得到单相奥氏体，如图 12-1 所示，称为无限扩大 A 区元素；而 C、N、Cu 等，只能部分溶于 γ-Fe 中，虽扩大 A 区，但不能将其扩大到室温，如图 12-2 所示，称为有限扩大 A 区元素。

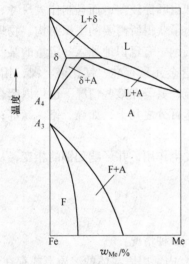

图 12-1　扩大 A 区并与 γ-Fe
无限互溶的 Fe-Me 状态图

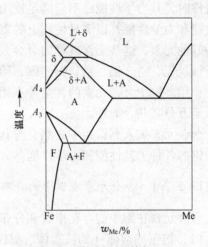

图 12-2　扩大 A 区并与 γ-Fe
有限互溶的 Fe-Me 状态图

缩小奥氏体相区的元素有 Cr、V、Mo、W、Ti、Si、Al、P、B、Nb、Ta、Zr 等，它们使 A_4 点下降、A_3 点上升，缩小了 A 区的范围，促进铁素体形成。其中 Si、Cr、W、Mo、P、V、Ti、Al 等元素达到一定含量时，A_3 点与 A_4 点重合，使 A 区封闭，无限扩大 F 区（见图 12-3），称为完全封闭 A 区的元素。但应指出，当 Cr<7% 时，A_3 点下降，只有当 Cr>7% 时，A_3 点才上升。B、Nb、Ta、Zr 等虽然也使 A 区温度范围缩小，但不能使其封闭（见图 12-4），称为部分缩小 A 区的元素。

B　合金元素与碳的相互作用

按照与碳的相互作用的不同，合金元素可分为两大类。

（1）非碳化物形成元素。非碳化物形成元素包括 Ni、Si、Co、Al、Cu、N、P、S 等，在钢中它们主要溶解于固溶体中或形成非金属夹杂物和金属间化合物。

（2）碳化物形成元素。这类元素包括 Ti、Nb、Zr、V、Mo、W、Cr、Mn 等。它们一部分与铁形成固溶体，一部分与碳形成碳化物。碳化物形成元素都是过渡族元素，它们都有一个未填满的 d 电子层，当形成碳化物时，碳首先将其电子填入金属的 d 电子层，形成碳化物。合金元素的 d 层越是不满，形成碳化物的能力越强，形成的碳化物也越稳定。

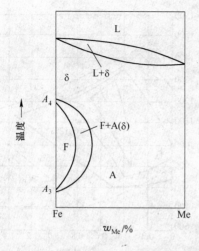 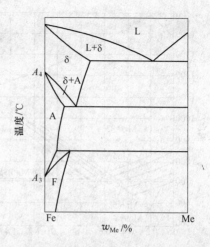

图 12-3　封闭 A 区并与 α-Fe 无限互溶的 Fe-Me 状态图　　　图 12-4　缩小 A 区的 Fe-Me 状态图

按形成碳化物稳定性程度，碳化物形成元素由强到弱排列顺序为：

$$Ti>Zr>V>Nb>W>Mo>Cr>Mn>Fe$$

其中，Ti、Zr、V、Nb 为强碳化物形成元素，它们与碳有极强的亲和力，在适当的条件下，只要有足够的碳，就能形成碳化物，仅在缺少碳的情况下才溶入固溶体中；Mn 为弱碳化物形成元素，除少量可溶于渗碳体形成合金渗碳体外，几乎都溶于铁素体和奥氏体中；W、Mo、Cr 为中碳化物形成元素，当其含量较少时，多溶于渗碳体中形成合金渗碳体，当其含量较高时，则可能形成特殊碳化物。

形成的碳化物按照晶格类型又可分为两类：

（1）当 $r_C/r_{Me}>0.59$（r_C 为碳原子半径，r_{Me} 为碳化物形成元素原子半径），形成具有复杂晶体结构的碳化物，如 $Cr_{23}C_6$、Cr_7C_3、Fe_3C 等。

（2）当 $r_C/r_{Me}<0.59$ 时，形成具有简单晶体结构的间隙相碳化物或称之为特殊碳化物。如 MC 型的 WC、MoC、VC、TiC、NbC、ZrC、TaC 及 M_2C 型的 W_2C、Mo_2C、Ta_2C 等。

第一类碳化物的特点是硬度低，熔点低，稳定性差，加热时易溶解进入奥氏体中，它们在钢中的作用通常是提高过冷奥氏体的稳定性，增加钢的淬透性，提高回火稳定性等。第二类碳化物的特点是硬度高，熔点高，稳定性高，加热时不易溶解进入奥氏体中，因而可阻止加热过程中奥氏体晶粒的长大，细化晶粒。另外，由于其具有很高的稳定性，不易聚集长大，因而在回火过程中析出，起二次硬化的作用，并可用于提高耐热钢的热强性。

12.2.2.3　合金元素对铁碳相图的影响

所有合金元素都将使 A 区扩大或缩小，A 区扩大和缩小必然使相图中各特性点的位置发生移动，钢的显微组织也发生变化。

所有的合金元素均使 S 点、E 点左移，S 点、E 点的左移必然使 A_{cm} 线左移。扩大 A 相区的元素使 S 点、E 点向左下方移动，A_1、A_3 线下降；缩小 A 相区的元素使 S 点、E 点向左上方移动，A_1、A_3 线上升（$w_{Cr}<7\%$ 时，A_3 点下降），如图 12-5 和图 12-6 所示。

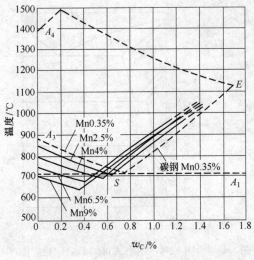
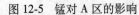

图 12-5　锰对 A 区的影响

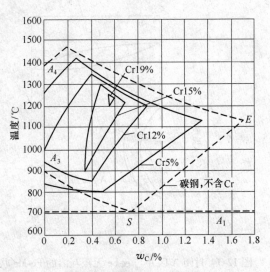

图 12-6　铬对 A 区的影响

　　S 点的左移使合金钢中共析成分的含碳量下降，因此，相同含碳量的亚共析合金钢的退火组织中珠光体的相对量高于碳钢，过共析钢中则有更多的二次渗碳体；含碳量较低的合金钢可能因其合金化程度的不同而变为过共析钢。如含 Cr13% 的 4Cr13，虽然其含碳量只有 0.4%，但其组织已是过共析组织了，为过共析钢。

　　E 点左移意味着钢中含碳量不足 2.11% 时就会出现共晶莱氏体组织。如含钨 18% 的 W18Cr4V 高速钢，尽管其含碳量只有 0.7% ~ 0.8%，但在铸态组织中已出现了莱氏体。这种含碳量低于 2.11% 钢中加入某些合金元素后，E 点左移，组织中出现共晶莱氏体的钢称为莱氏体钢。

　　当扩大 A 区的元素（如 Ni、Mn）含量足够高时，可使 A_1、A_3 线下降，A 区扩展到室温以下，室温下得到单相奥氏体组织，如 1Cr18Ni9。这种加入 Mn、Ni、N 等元素后，A 区扩大到室温以下，室温平衡组织为单相奥氏体的钢称为奥氏体钢。

　　Cr、Si 等元素的含量高时，A_1、A_3 线上升将缩小 A 区，甚至使 A 区完全消失，室温下得到单相铁素体组织，如 1Cr28。这种加入 Cr、Si、Al 等元素后，A 区完全消失，室温平衡组织为单相铁素体的钢称为铁素体钢。

12.2.2.4　合金元素对热处理过程的影响

　　A　对奥氏体形成速度的影响

　　合金钢加热时组织转变过程与碳钢基本相同，即包括奥氏体的形核与长大、碳化物的溶解以及奥化体成分的均匀化 4 个阶段。大多数合金元素会减缓奥氏体化过程。详见影响 A 化因素部分（基础知识部分模块 11 的 11.2.3）。

　　B　对 A 的晶粒大小的影响

　　强碳化物形成元素 Mo、W、V、Ti 等，抑制奥氏体晶粒长大；Mn、P、C 具有促进奥氏体晶粒长大的倾向；非碳化物形成元素 Si、Co、Ni 等阻止奥氏体晶粒长大的作用较弱。详见影响 A 晶粒大小的因素（基础知识部分模块 11 的 11.2.4）。

C 对淬透性的影响

如前所述，除 Co 外，合金元素能溶入 A，增加过冷 A 的稳定性，使 C 曲线右移，减小了临界冷却速度，提高了钢的淬透性。常用来提高钢的淬透性的元素（由强到弱排列）有：Mo、Mn、W、Cr、Ni、Cu、Si、V、Al。含有大量增高淬透性合金元素的钢，过冷 A 变得非常稳定，即使空冷也会形成 M，这类钢称为马氏体钢。

D 对 M 转变温度的影响

除 Co、Al 外，合金元素溶入 A，使 M_s、M_f 点下降。对 M_s、M_f 点的影响从强到弱的顺序是：

$$C>Mn>Cr>Ni>Mo>W>Si$$

E 对回火转变的影响

合金元素能使淬火钢在回火过程中的组织分解和转变速度减慢，会有如下影响：

（1）增大回火抗力（回火稳定性）。淬火钢在回火时抵抗软化的能力称为回火抗力。这是由于合金元素溶于马氏体后，使原子扩散速度减慢，因而在回火过程中马氏体不易分解，碳化物不易析出，析出后也难聚集长大。这就使合金钢比碳钢在相同的回火温度下强度和硬度下降得少，即比碳钢具有较高的回火抗力。也就是说，回火温度升高时，合金钢的硬度、强度下降得比碳钢缓慢。如在保持相同硬度的条件下，则合金钢的回火温度比碳钢高一些。回火温度高，内应力就消除得充分一些，韧性也就更高一些。因此合金钢回火后，与碳钢相比具有更高的综合性能。

（2）产生"二次硬化"现象。一般是回火温度升高，硬度下降。但强碳化物形成元素（如钒、钼、钨等）加入后，在 500~600℃ 回火时从马氏体中析出特殊碳化物（Mo_2C、W_2C、VC 等）。析出的碳化物高度弥散分布在马氏体基体上，并与马氏体保持共格关系，阻碍位错运动，使硬度反而上升，这种现象称为"二次硬化"。此外，某些高合金钢淬火组织中，残余奥氏体较多，且十分稳定，当加热到 500~600℃ 时仍不分解，仅析出一些特殊碳化物，使其中的碳和金属元素含量降低，提高了 M_s 点的温度。因此在随后冷却时部分残余奥氏体转变为马氏体，产生"二次淬火"，也可产生二次硬化。二次硬化现象对工具钢具有十分重要的意义。

（3）对回火脆性的影响。合金钢比碳钢的回火脆性更显著。第一类回火脆性主要由相变引起，无法消除，但通过加入 Si 可使其发生的温度区移向较高温度。第二类回火脆性主要由某些杂质元素以及合金元素本身在原奥氏体晶界上的严重偏聚引起，如 Mn、Ni、Cr 都会促进杂质元素的偏聚，出现回火脆性。采用回火后快冷可抑制杂质元素向晶界偏聚；另外，通过加入 Mo、W 可强烈阻碍杂质元素向晶界迁移，以此来消除回火脆性。

12.2.2.5 合金元素对钢强度的影响

钢中加入合金元素的主要目的是为了使钢具有更优异的性能，对于结构材料来说，首先是提高其机械性能，即既要有高的强度，又要保证材料具有足够的韧性。下面仅就合金元素对强度的影响作简单阐述。

使金属强度增大的过程称为强化。加入合金元素提高材料强度的途径主要有以下几个方面。

A　固溶强化

形成固溶体时，由于溶剂晶格发生畸变，导致塑性变形抗力增加，固溶体的强度、硬度提高的现象称为固溶强化。

所有合金元素都能不同程度地溶入铁中形成固溶体，产生固溶强化。Si 和 Mn 是强化作用较大的元素，在合金钢中得到广泛应用。应当指出，固溶强化的一个显著特点是随着溶质原子的增多，强度、硬度上升，而塑性、韧性下降，强化效果越大，则塑性韧性下降得越多，使材料的可靠性受到较大的损害，因此为了使钢既具有较高的强度，又有适当的塑性，对溶质浓度应当加以控制。

B　细晶强化

通过细化晶粒来提高材料强度的方法称为细晶强化。

细化晶粒不但可以提高钢的强度，而且可以提高钢的塑性和韧性，这一点是其他强化方式所不具备的。为此，可向钢中加入 Al、Ti、V、Zr、Nb 等元素，形成难溶的第二相粒子，这些粒子越弥散细小，数量越多，则对奥氏体化时晶界迁移的阻力越大，从而细化奥氏体晶粒。奥氏体晶粒越细小，则冷却转变后得到的铁素体、马氏体等的尺寸越小。

C　第二相强化

当硬脆的第二相均匀弥散地分布在多相合金的基体相中时，合金强度升高的现象称为第二相强化。如果第二相微粒是通过对过饱和固溶体的时效处理而沉淀析出（脱溶）并产生强化，称为沉淀强化或时效强化；如果第二相微粒是借粉末冶金方法加入而引起强化，则称为弥散强化。

第二相粒子可以有效地阻碍位错运动。运动着的位错遇到滑移面上的第二相粒子时，或切过，或绕过，这样滑移变形才能继续进行。这一过程要消耗额外的能量，需要提高外加应力，所以造成强化。但是第二相粒子必须十分细小，粒子越弥散，其间距越小，则强化效果越好。合金元素的作用主要是为造成均匀弥散分布的第二相粒子提供必要的成分条件。例如，在高温回火条件下，要使碳化物呈细小均匀弥散分布，并防止其聚集长大，需要往钢中加入碳化物形成元素 Ti、V、Zr、Nb、Mo、W 等元素。

D　位错强化

金属中的位错密度越高，则位错运动时越容易造成位错缠结使位错运动受到障碍，给继续塑性变形造成困难，从而提高金属的强度。这种用增加位错密度提高金属强度的方法称为位错强化。

合金元素的作用是在塑性变形时使位错易于增殖。加入合金元素细化晶粒，造成弥散分布的第二相和形成固溶体等，都是增加位错密度十分有效的方法。应当指出，不仅塑性变形可以增加位错密度，而且钢中的相变，尤其是马氏体转变，不论是在母相还是在新相中，均能形成大量的位错。此时合金元素的作用在于提高钢的淬透性，这也是马氏体能够提高钢的强度的一个重要原因。

第二部分

实践拓展知识模块

模块 13　拉伸试验和拉伸曲线

主题 13.1　拉 伸 试 验

13.1.1　拉伸试样及拉伸试验机

强度和塑性的多项指标均能通过拉伸试验获得。

预先将金属材料制成一定形状和尺寸的拉伸试样，常用的试样断面为圆形，称为圆形试样，如图 13-1 所示。图中 d_0 称为试样的直径，l_0 称为标距长度。所谓标距长度是指试样计算时的有效长度。根据国家标准的规定，拉伸试样有长试样和短试样两种。对标准圆试样而言，长试样 $l_0 = 10d_0$，短试样 $l_0 = 5d_0$。按上述两种比例关系制作的拉伸试样称为比例试样，否则称为非比例试样。拉伸试验在拉伸试验机（如图 13-2 所示）或万能材料试验机上进行。

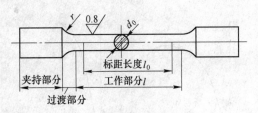

图 13-1　圆形拉伸试样

图 13-2　材料拉伸试验机

13.1.2　试验步骤

试验步骤为：

（1）标志试样的原始标距长度，并用试样划线器将原始标距等细划分为 10 个分格。

（2）测定试样原始横截面面积。在标距的两端及中间处的两个相互垂直的方向上各

测一次横截面直径 d，取其算术平均值，选用三处中平均直径的最小值，并以该值计算横截面面积 S_0，其 $S_0 = \pi d^2/4$。该计算值取四位有效数字（π 取五位有效数字）。

（3）打开试验机，装夹试样，将试样先夹持在上夹头中，再升起下夹头，将试样夹牢。注意避免偏斜和夹持过短。

（4）关闭进油阀，启动试验机。

（5）缓慢、均匀、连续地进行加载。试样拉断后立即停机并先取下试样，然后打开回油阀，使工作平台复位。

（6）将断后试样拼接并用游标卡尺测断后标距 L_k 和拉断处最小断面的直径 d_k。

在实验中，注意观察拉伸过程 4 个特征阶段中的各种现象。

主题 13.2　拉　伸　曲　线

图 13-3 为低碳钢的拉伸曲线。由图可见，当载荷不大于 P_p 时，拉伸曲线 OP 为一直线，即试样的伸长量与载荷成正比关系，试样处于符合胡克定律的弹性变形阶段，当载荷大于 P_p 而小于 P_e 时，拉伸曲线偏离了直线阶段，试样的伸长量与载荷已不再成正比关系，但试样仍处于弹性变形阶段，即这时如果去除载荷，试样便恢复原状。

载荷超过 P_e 后，P_s 以前，除弹性变形外，试样开始产生塑性变形，在拉伸曲线上出现水平或锯齿形的线段，这是金属材料的一种重要的力学行为——屈服，即在载荷不增加甚至减少的情况下，试样仍继续变形。

屈服现象过后，变形量又随载荷的增加而逐渐增大，整个试样发生均匀而显著的塑性变形。这是金属材料的另一种重要的力学行为——加工硬化，即金属材料因变形而强化。

当载荷增加到某一最大值 P_b 后，试样的局部截面开始急剧缩小，出现了"颈缩"现象。以后的变形主要集中在颈缩部分。由于颈部附近试样截面积急剧减小，载荷也逐渐降低。当达到 P_k 时，试样在颈缩处断裂。

工业上使用的金属材料，多数是没有屈服现象的，其拉伸曲线如图 13-4 所示。图 13-4（a）是塑性材料的拉伸曲线，如退火铝合金、调质处理的合金钢等；图 13-4（b）是低塑性材料的拉伸曲线图，它没有屈服现象，也不产生缩颈，断裂前载荷并不减小，如高碳钢、某些合金钢、球墨铸铁等。

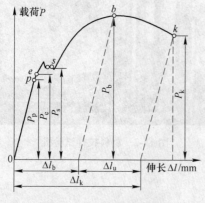

图 13-3　低碳钢的拉伸曲线

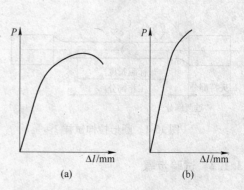

图 13-4　塑性材料及低塑性材料的拉伸图
（a）塑性材料；（b）低塑性材料

主题 13.3　力学性能指标的测算

13.3.1　强度指标

根据拉伸曲线上各特殊点的载荷与试样原横截面积的关系，可以测得材料的强度指标。金属材料的强度，常用应力来表示。

试样在受载荷 P 作用时，材料内部产生同等大小的抵抗力（称为内力）。材料单位横截面积上的内力称为应力，即：

$$\sigma = \frac{P_0}{F_0}$$

式中　σ——应力，MPa；

　　　P_0——材料内部产生的内力，一般与外力大小相等，可用外力代替，N；

　　　F_0——试样原始横截面积，mm^2。

通过拉伸试验测得的强度指标有比例极限、弹性极限、屈服极限、强度极限、断裂强度。常用强度指标有屈服极限和抗拉强度，屈服极限是表示金属抵抗变形的能力，强度极限则表示金属抵抗断裂的能力。各种机械零件和结构件在使用时其所受应力都不允许超过屈服极限。

13.3.1.1　比例极限 σ_p

比例极限是在弹性变形阶段，金属材料所承受的和变形保持正比的最大应力，即：

$$\sigma_p = \frac{P_p}{F_0}$$

式中　P_p——载荷与伸长量成正比阶段的最大载荷。

实际在拉伸曲线上，不是测定开始偏离直线那一点的应力，而是测定偏离一定值时的应力。具体测定方法可参考国家标准中的有关规定。

13.3.1.2　弹性极限 σ_e

弹性极限是金属能保持弹性变形的最大应力。当应力超过弹性极限后，便开始发生塑性变形。

$$\sigma_e = \frac{P_e}{F_0}$$

式中　P_e——弹性变形阶段的最大载荷。

弹性极限与比例极限一样受测量精度的影响，国家标准中对其测量方法同样有所规定，可参照执行。

13.3.1.3　屈服极限 σ_s

屈服极限是材料开始产生明显塑性变形时的最低应力，也称为屈服点，即：

$$\sigma_{s} = \frac{P_{s}}{F_{0}}$$

式中　P_{s}——试样发生屈服时的最小载荷。

有些金属材料，如高碳钢及某些合金钢，在拉伸试验中没有明显的屈服现象发生，故无法确定 σ_{s}。此时可将试样发生 0.2% 的塑性变形时的应力值定为屈服点，称为屈服强度或条件屈服极限，即：

$$\sigma_{0.2} = \frac{P_{0.2}}{F_{0}}$$

式中　$P_{0.2}$——试样标距部分产生 0.2% 残余伸长时的载荷。

由金属材料制成的零件和结构件，在使用时经常因过量的塑性变形而失效，一般不允许发生塑性变形。因此，材料的屈服极限是零件和结构件选材和设计的主要依据，被公认为是评定金属材料强度的重要指标。

13.3.1.4　强度极限 σ_{b}

强度极限是试样在拉断前所承受的最大应力，即：

$$\sigma_{b} = \frac{P_{b}}{F_{0}}$$

式中　P_{b}——试样在拉断前所承受的最大载荷。

强度极限是材料对最大均匀变形的抵抗能力，是材料在拉伸条件下所能承受的最大应力值，工程上通常称为抗拉强度，它是设计和选材的主要依据之一，也是材料的重要机械性能指标。

金属材料的屈服极限与抗拉强度之比（σ_{s}/σ_{b}）称为屈强比。屈强比越小，安全可靠性越高，但材料强度的有效利用率越低；屈强比过大，说明材料的屈服极限接近抗拉强度，使用时容易发生突然断裂，安全可靠性越低。

13.3.2　塑性指标

塑性是指金属材料在断裂前发生永久变形的能力，通常用金属断裂时的最大相对塑性变形来表示。金属的塑性指标也是通过拉伸试验测得的，标志金属塑性好坏的两项指标是延伸率和断面收缩率。

13.3.2.1　伸长率 δ

试样在拉断后，其标距部分内所增加的长度与原始标距长度的比值称为伸长率，即：

$$\delta = \frac{l_{k} - l_{0}}{l_{0}} \times 100\%$$

式中　l_{0}——试样原始标距长度；
　　　l_{k}——拉断后试样标距部分的长度。

由于对同一材料用不同长度的标准试样所测得的延伸率 δ 数值不同，因此应注明试样尺寸比例。例如用长试样测得的伸长率，用符号 δ_{10} 表示，通常写成 δ；短试样测得的伸长率，用符号 δ_{5} 表示。对于同一材料，$\delta_{5} > \delta_{10}$，一般 $\delta_{5} = (1.2 \sim 1.5)\delta_{10}$。由于短试样可以节约原材料且加工较方便，故可优先选用短试样。

13.3.2.2　断面收缩率ψ

试样在拉断后，其断裂处横截面积的缩减量与原始横截面积的比值称为断面收缩率，即：

$$\psi = \frac{F_0 - F_k}{F_0} \times 100\%$$

式中　F_k——试样断裂处的最小截面积。

金属的伸长率与断面收缩率越大，其塑性越好。

模块 14　硬　度　试　验

主题 14.1　布氏硬度试验

14.1.1　原理和布氏硬度计

布氏硬度试验仪器、标准试块分别如图 14-1 和图 14-2 所示，试验原理如图 14-3 所示，采用压入原理，即在规定载荷 P 的作用下，将一个直径为 D 的淬硬钢球或硬质合金球压入被测试件表面，并停留一定时间，使塑性变形稳定后，再卸除载荷，测量被测试金属表面上所形成的压痕直径 d，以压痕的单位面积所承受的平均载荷作为被测试金属的布氏硬度值。当所加载荷 P 和钢球直径 D 选定后，硬度值只与压痕直径 d 有关。d 越大，说明金属材料对压痕的抵抗力越低，即布氏硬度值越小，材料越软；反之，d 越小，布氏硬度值越大，材料越硬。其硬度值可由布氏硬度计直接读出或测量压痕直径后计算得出，或由压痕直径查表获得。

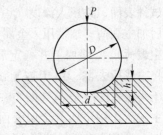

图 14-1　布氏硬度计　　　　图 14-2　布氏硬度标准试块　　　图 14-3　布氏硬度试验原理图

14.1.2　布氏硬度的符号及表示方法

布氏硬度的符号用 HBW 表示。

HBW 表示压头为硬质合金，用于测定布氏硬度值在 650 以下的材料。

　　布氏硬度的表示方法：HBW 之前的数字为硬度值，后面按顺序用数字表示试验条件，依次为压头的球体直径，试验载荷，试验载荷保持的时间（10~15s 不标注）。

　　例如 530HBW5/750 表示用直径 5 mm 的硬质合金球，在 7355N（750kgf）的试验载荷作用下，保持 10~15s 时测得的布氏硬度值为 530。

14.1.3　试验条件的选择

　　布氏硬度试验时，压头球体的直径 D、试验载荷 F 及载荷保持的时间 t，应根据被试金属材料的种类、硬度值的范围及厚度进行选择。常用的压头直径为 1mm、2mm、2.5mm、5mm 和 10mm 5 种。试验载荷可在 9.807N（1kgf）到 29.42kN（3000kgf）范围内。载荷保持的时间，一般黑色金属为 10~15s；有色金属为 30s；布氏硬度值小于 35 时为 60s。

14.1.4　布氏硬度的优缺点

　　其优点为：钢球直径较大，在金属材料表面上留下的压痕也较大，故测得的硬度值比较准确。布氏硬度值和抗拉强度之间有一定的关系，可按布氏硬度值近似确定金属材料的抗拉强度。

　　其缺点为：如被试金属硬度过高，将影响硬度值的准确性，所以布氏硬度试验一般适于测定布氏硬度值小于 650 的金属材料。测试硬度的范围有一定的限制。布氏硬度压痕较大，不宜测定成品及薄片材料。

主题 14.2　洛氏硬度试验

14.2.1　原理和洛氏硬度计

　　洛氏硬度试验方法如图 14-4 所示，也采用压入原理。将压头在规定的载荷作用下压入被测金属表面。

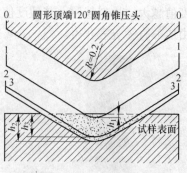

　　载荷分两次加上，先加初载荷，使压头紧密接触试件表面，并压入深度 h_1（图 14-4 中 1—1 位置），然后加主载荷，继续压入金属表面；待总载荷（初载荷 + 主载荷）全部加上并稳定后（图 14-4 中 2—2 位置），将主载荷去除；由于被测试件金属弹性变形的恢复，压头压入深度是 h_3（图 14-4 中 3—3 位置），则压头在主载荷作用下压入金属表面的塑性变形深度为 $h = h_3 - h_1$，并以此来衡量被测金属的硬度。显然，h 越大，金属的硬度越低，反之，硬度越高。

图 14-4　洛氏硬度试验原理图

　　为了适应人们的数值越大硬度越高的习惯，采用一个常数 k 减去 h 来表示硬度的高低，并用每 0.002mm 的压痕深度为一个硬度单位，由此获得的硬度值称为洛氏硬度值，硬度值只表示硬度高低而没有单位，用 HR 表示。洛氏硬度试验时，其硬度值可由硬度计（见图 14-5）的指示器上直接读出，即：

$$HR = \frac{k-h}{0.002}$$

洛氏硬度试验的压头有三种：顶角为 120° 的金刚石圆锥压头，直径 1.588mm 或 3.175mm 的钢球压头以及硬质合金球压头。总试验力有三种：60kg、100kg、150kg。这三种试验力，三种压头，共有 9 种组合，对应于洛氏硬度的 9 个标尺：HRA、HRB、HRC、HRD、HRE、HRF、HRG、HRH 和 HRK。这 9 个标尺的应用涵盖了几乎所有常用的金属材料。最常用标尺是 HRC、HRB 和 HRF，其中 HRC 标尺用于测试淬火钢、回火钢、调质钢和部分不锈钢，是金属加工行业应用最多的硬度试验方法。HRB 标尺用于测试各种退火钢、正火钢、软钢、部分不锈钢及较硬的铜合金。HRF 标尺用于测试纯铜、较软的铜合金和硬铝合金。HRA 标尺尽管也可用于大多数黑色金属，但是实际应用上一般只限于测试硬质合金和薄硬钢带材料。

图 14-5　洛氏硬度计

14.2.2　洛氏硬度的优缺点

其优点有：

（1）操作简便迅速；

（2）压痕小，对工件的损伤小，可对工件直接进行检验；

（3）采用不同标尺，测量的硬度范围大。

其缺点有：

（1）压痕较小，代表性差，尤其是材料中的偏析及组织不均匀等情况，使所测硬度值的重复性差、分散度大；

（2）用不同标尺测得的硬度值不能直接进行比较和彼此互换。

模块 15　冲　击　试　验

主题 15.1　摆锤式一次冲击试验

15.1.1　原理及试验机

试验在专门的摆锤式冲击试验机（见图 15-1）上进行，其试验方法和原理如图 15-2 所示。将试样 2 安放在试验机的支座 3 上，试样的缺口应背向摆锤冲击方向，如图 15-2（a）所示。把质量为 m 的摆锤 1 举到一定的高度 H，使其获得一定的位能 mgH，然后使其自由下落，将试样冲断，并向另一方向上升一定高度 h，即摆锤的剩余能量为 mgh。摆锤冲断试样所失去的位能（$mgH - mgh$）即是使试样断裂所消耗的功，称为冲击吸收功（冲击功）。根据试样缺口形状不同，分别以 A_{kU}（简写为 A_k）和 A_{kV} 表示，单位为焦耳

（J），其值可由试验机刻度盘 5 上的指针 4 直接读出。

图 15-1 冲击试验机

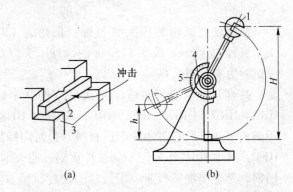

图 15-2 摆锤式一次冲击试验

1—摆锤；2—试样；3—支座；4—指针；5—刻度盘

冲击功与试样缺口处原始横截面积的比值称为冲击值（冲击韧性），用符号 a_k 表示，单位为 J/mm^2，即：

$$a_k = \frac{A_k}{F_0}$$

15.1.2 试样

按规定，需将金属材料制成一定形状和尺寸的缺口试样：U 形缺口试样（习惯上称为梅氏试样，如图 15-3 所示）或 V 形缺口试样（习惯上称夏氏试样，如图 15-4 所示）。缺口的作用是在缺口附近造成应力集中，使塑性变形局限在缺口附近不大的范围内，并保证在缺口处发生断裂，以便正确测定材料承受冲击载荷的能力。国家标准规定以梅氏 U 形缺口试样作为冲击试验的标准试样。

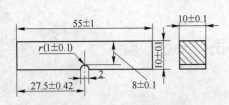

图 15-3 梅氏 U 形缺口试样

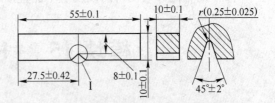

图 15-4 夏氏 V 形缺口试样

冲击功 A_k 或冲击韧性 a_k 越大，表示材料抗冲击载荷的能力越强，韧性越好。

一次冲击弯曲试验不仅能测定金属材料的冲击韧性值，还可判别材料的断裂性质、评定材料的低温脆性倾向、为控制产品质量提供依据等，故在检验冶炼、热加工、热处理工艺质量等方面被广泛采用。

主题 15.2 小能量多次冲击试验

生产上，不少承受冲击载荷的零件，如锤杆、凿岩机活塞、冲头等，不是一次或少数几次冲击就断裂的，一般总是在多次（大于 10^3 次）冲击之后才会断裂，所承受的冲击能量也远小于一次冲击断裂的能量。所以把这种冲击叫做小能量多次冲击，简称多次冲击。上述冲击韧性值并不能真实反映这类零件抵抗多次小能量冲击的能力。

小能量多次冲击试验机一般多为落锤式，其冲击试样也与之前的不同，如图 15-5 所示。带有双冲点的锤头以一定的冲击频率（400~600 次/min）冲击试样，直到冲断为止，冲击周次 N 用记数装置自动记录。冲击能量 A 靠冲程来调节。

试验时在每一个冲击能量 A 下，可以得到一个相应的冲击周次 N。如果采用一系列不同的冲击能量 A，就可以得到一系列相应的冲击周次 N，把它们整理绘制成 $A\text{-}N$ 曲线，叫做多次冲击曲线，如图 15-6 所示。多次冲击抗力指标一般可用某冲击能量 A 下的冲断周次 N 或用要求的冲击工作寿命 N 时的冲击能量 A 来表示。

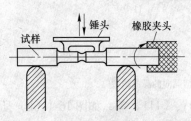

图 15-5　多次冲击弯曲试验示意图

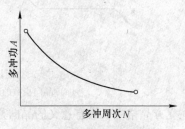

图 15-6　多次冲击曲线

实验表明，冲击能量较高时，塑性对多冲抗力的贡献更大；而冲击能量较低时，强度的贡献更大。因此，高或超高强度钢的塑性和冲击韧性对提高冲击疲劳抗力有较大作用，而中、低强度钢的塑性和冲击韧性对提高冲击疲劳抗力的作用不大。

模块 16　晶向指数和晶面指数

在晶体中，由一系列原子所组成的平面称为晶面，任意两个原子之间连线所指的方向称为晶向。为了便于研究和表述不同晶面和晶向的原子排列情况及其在空间的位向，需要有一种统一的表示方法，这就是晶面指数和晶向指数表示法。

主题 16.1　立方晶格的晶向指数

16.1.1　晶向指数的确定步骤及表示方法

晶向指数的确定步骤及表示方法为：

（1）设坐标。以所求晶向上的某一点为原点 O，以晶胞的三个棱边为坐标轴 OX、OY、OZ，以晶格常数 a 作为坐标轴的长度单位。

（2）求坐标值。从坐标原点引一有向直线平行于待定晶向，并在所引的有向直线上任取一点，求出该点的 3 个坐标值。

（3）化整数。将上述 3 个坐标值按比例化为最小整数 μ、ν、ω。

（4）列括号。将所得各整数依次列入方括弧"［　］"中，即用 ［$\mu\nu\omega$］ 形式来表示所求的晶向指数。

　　若晶向指向坐标负方向时，所得坐标值为负值，此时应在晶向指数的这一数字之上冠以负号。以图 16-1（a）中 AB 方向的晶向为例来说明：通过坐标原点引一平行于待定晶向 AB 的直线 OB'，B' 点的坐标值为（-1，1，0），故其晶向指数为 $[\bar{1}10]$。

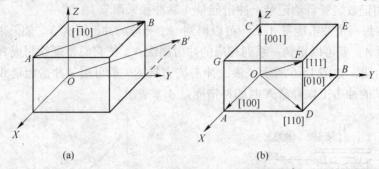

图 16-1　晶向指数示意图

（a）晶向指数的确定方法；（b）典型晶向的晶向指数

　　在立方晶格中，最有意义的晶向是 $[100]$、$[110]$、$[111]$ 等，如图 16-1（b）所示。

16.1.2　晶向指数的规律

　　晶向指数的规律为：

　　（1）晶向指数的数字相同但正、负号不同时，晶向的位向相反，如图 16-1（a）中 $OA[100]$ 和 $AO[\bar{1}00]$ 晶向。

　　（2）某一晶向指数实际上代表一组在空间相互平行、方向一致的晶向，如图 16-1（b）中 OB、AD、GF、CE 等晶向都是 $[010]$ 晶向。

16.1.3　晶向族指数

　　有些晶向虽然正负号和空间位向不同，但晶向指数数字相同、原子排列相同，这些晶向组成一个晶向族，以晶向族指数 $<\mu\nu\omega>$ 表示。

　　例如，在立方晶系中 $<100>$ 晶向族有 $[100]$、$[010]$、$[001]$、$[\bar{1}00]$、$[0\bar{1}0]$、$[00\bar{1}]$ 共 6 个晶向，这些晶向上的原子排列完全相同，只是空间位向不同。再如 $<110>$ 晶向族共有 $[110]$、$[101]$、$[011]$、$[\bar{1}10]$、$[\bar{1}01]$、$[0\bar{1}1]$ 以及方向与之相反的晶向 $[1\bar{1}0]$、$[\bar{1}0\bar{1}]$、$[0\bar{1}\bar{1}]$、$[\bar{1}\bar{1}0]$、$[10\bar{1}]$、$[01\bar{1}]$ 共 12 个晶向；$<111>$ 晶向族有 $[111]$、$[\bar{1}11]$、$[1\bar{1}1]$、$[11\bar{1}]$、$[\bar{1}\bar{1}1]$、$[\bar{1}1\bar{1}]$、$[1\bar{1}\bar{1}]$、$[\bar{1}\bar{1}\bar{1}]$ 共 8 个晶向。

　　应当指出，只有对于立方结构的晶体，改变晶向指数的顺序，所表示的晶向上的原子排列情况完全相同，这种方法对于其他结构的晶体则不一定适用。

主题 16.2　立方晶格的晶面指数

16.2.1　晶面指数的确定步骤及表示方法

　　晶面指数的确定步骤及表示方法为：

（1）设坐标。以晶格中的某一原子为坐标原点 O（为防止出现零截距，原点应位于待定晶面以外），以晶胞的三个棱边为坐标轴 OX、OY、OZ。

（2）求截距。以晶格常数 a 作为坐标轴的长度单位，求出该截面在 3 条坐标轴上的截距。

（3）取倒数。将各截距取倒数，以防止晶面指数出现无穷大。

（4）化整数。将 3 个倒数按比例化为最小的简单整数。

（5）列括号。将所得各整数依次列入圆括弧" （ ） "中，即用（hkl）形式来表示所求的晶面指数。

若所求晶面在坐标轴上的截距为负值，则在晶面指数的这一数字之上冠以负号。以图 16-2 中的 AMN 晶面为例，该晶面在 X、Y、Z 坐标轴上的截距分别为 1、1/2、1/2，取其倒数为 1、2、2，故其晶面指数为（122）。

在立方晶格中，最重要的晶面是（100）、 （110）、（111）。

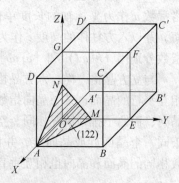

图 16-2　晶面指数表示方法

16.2.2　晶面指数的规律

晶面指数的规律为：

（1）某一晶面指数并不只代表某一具体晶面，而是代表一组相互平行的晶面，即所有相互平行的晶面都具有相同的晶面指数，如图 16-2 中 $ADGO$ 晶面和 $BCFE$ 晶面平行，其晶面指数都是（010）。

（2）晶面指数数字相同但符号相反的晶面，如图 16-2 中 $ABCD$（100）和 $A'B'C'D'$（$\bar{1}00$）晶面，由于其空间位向相互平行，原子排列相同，可以认为是同一晶面。

16.2.3　晶面族指数

晶面指数数字相同、原子排列相同，但正负号和空间位向不同的所有晶面称为晶面族，以 {hkl} 表示。

例如，在立方晶系中，{100} 晶面族所包括的晶面若按排列组合的方法有（100）、（010）、（001）、（$\bar{1}00$）、（$0\bar{1}0$）、（$00\bar{1}$）共 6 个晶面，但后 3 个晶面与前 3 个晶面原子排列相同、晶面指数数字相同、符号相反，实际上就是前 3 个晶面，故 {100} 晶面族所包括的晶面是（100）、（010）、（001）。同理，{110} 晶面族有（110）、（101）、（011）、（$\bar{1}10$）、（$\bar{1}01$）、（$0\bar{1}1$）共 6 个晶面；{111} 晶面族有（111）、（$\bar{1}11$）、（$1\bar{1}1$）、（$11\bar{1}$）共 4 个晶面。

在非立方晶格中，由于对称性的改变，晶面族所包含的晶面数目是不一样的。

16.2.4　晶向指数和晶面指数的关系

在立方晶格中，当某一晶向与某一晶面的指数数值相同，则两者相互垂直，即 [$\mu\nu\omega$] ⊥ （$\mu\nu\omega$）；当某一晶向位于某一晶面内或垂直于某一晶面时，则必须满足：$h\mu+k\nu+l\omega=0$。

主题 16.3　六方晶格的晶向指数和晶面指数

密排六方晶格的晶向指数和晶面指数也可以按上述方法进行确定，但一般采用 4 个参考坐标轴，如图 16-3 所示。其中 X_1、X_2、X_3 三个坐标轴位于同一底面上，并互成 120°，以晶格常数 a 作为坐标轴的长度单位；另一根坐标轴 Z 垂直于底面，并以六方柱体的高度 c 作为长度单位，其晶面指数和晶向指数分别用（$hkml$）和［$\mu\nu t\omega$］表示。

与立方晶格一样，六方晶格的某一晶面指数也是代表一组相互平行的晶面，某一晶向指数则代表一组在空间相互平行的晶向；而原子排列情况相同、空间位向不同的晶面或晶向也属于同一个晶面族或晶向族，并以｛$hkml$｝和<$\mu\nu t\omega$>表示；指数相同的晶面和晶向也相互垂直。

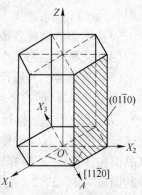

图 16-3　六方晶格的晶向及晶面指数确定方法

模块 17　金属结晶的条件

液态金属的结晶是在一定的条件下进行的。液态金属结晶的条件主要有热力学条件、动力学条件和液态金属的结构条件。

主题 17.1　金属结晶的热力学条件

由金属结晶的热力学实验知，金属只有在一定的过冷度下才结晶，不过冷就不会结晶，这是由热力学条件所决定的。

热力学第二定律指出，在等温等压条件下，系统总是自发地从自由能较高的状态向自由能较低的状态转变。这就是说，结晶过程能否发生，要看液相和固相的自由能孰高孰低。如果固相的自由能比液相的自由能低，那么液相将自发地转变为固相即发生结晶，使系统的自由能降低，处于更为稳定的状态；反之，固相将转变为液相，即发生熔化。

纯金属液相和固相的自由能与温度的关系如图 17-1 所示。由图可见，液态金属的自由能 F_L 和固态金属的自由能 F_S 都是随温度升高而降低的，但是由于两条曲线的斜率不同，必然在某一温度下相交，此时液、固两相的自由能相等，自由能差 $\Delta F = 0$。由热力学第二定律可知，此时液固两相能量相同，可以同时存在，既不熔化也不结晶，处于热力学平衡状态，该温度就称为理论结晶温度或理论熔点 T_0。当温度低于 T_0 即有一定过冷度时，固相的自由能 F_S 低于液相的自由能 F_L，液态金属可以自发地转变为固态金属；如

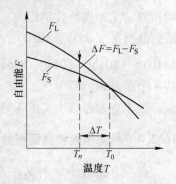

图 17-1　固液两相自由能随温度而变化的曲线

果温度高于 T_0，液态金属的自由能低于固态金属的自由能，此时固态金属将熔化成为液态金属。

从图 17-1 中还可看出，过冷度越大，自由能差越大，液态金属结晶成固态金属的推动力也就越大，结晶倾向也越大。

由以上分析可知，固态金属的自由能必须低于液态金属的自由能，结晶过程才能发生，这就是液态金属结晶的热力学条件，而这一条件只有在过冷条件下才能满足。但是，热力学条件只是纯金属结晶的必要条件，而不是充分条件。要实现结晶过程，还必须满足一定的结构条件和动力学条件。

主题 17.2　金属结晶的结构条件

金属的结晶是晶核的形成和长大的过程，那么晶核是怎样形成的？怎样才能形成晶核？这些都是由液态金属的结构条件所决定的。

金属在固态下是晶体，其原子在较大范围内呈规则排列。固态金属的这种结构特征称为远程有序或长程有序，如图 17-2（a）所示。

对液态金属进行 X 射线衍射分析表明，固态金属熔化之后，其远程有序结构虽然从整体上受到破坏，出现了原子排列不规则现象，但在小范围内（几十到几百个原子）仍存在着类似于固态金属原子那样有规则排列的原子集团。对应于固态金属的远程有序结构，把液态金属的这种结构特征叫做近程有序或短程有序，如图 17-2（b）所示。

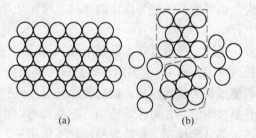

图 17-2　液态金属与固态金属结构示意图
(a) 固态金属的结构；(b) 液态金属的结构

由于液态金属中的原子动能较大，原子热振动剧烈，使近程有序结构很不稳定，处于时而形成、时而消失、此起彼伏、变化不定的状态中，仿佛在液态金属中不断涌现出一些极微小的固态结构一样。这种不断变化着的近程有序原子集团称为结构起伏或相起伏。

在液态金属中，每一瞬间都涌现出大量的尺寸不等的相起伏，温度越高，最大相起伏的尺寸越小；温度越低，最大相起伏的尺寸越大；在过冷的液相中，最大相起伏的尺寸可达几百个原子的范围。根据结晶的热力学条件得知，只有在过冷液相中出现的那些尺寸较大的相起伏才能在结晶时成为形核的基础，这些相起伏就是晶核的胚芽，称之为晶胚。

综上所述，液态金属结晶的结构条件是过冷液相中存在尺寸较大的相起伏——晶胚。但是，并不是所有的晶胚都能转变成晶核。能否转变成晶核，是由结晶的动力学条件决定的。

主题 17.3　金属结晶的动力学条件

在过冷的液体中并不是所有的晶胚都可以转变成为晶核，只有那些尺寸较大（大于或等于某一临界尺寸）的晶胚才能稳定地存在，并能自发地长大。这种大于或等于临界尺寸的晶胚即为晶核。为什么过冷液体形核要求晶核具有一定的临界尺寸，这需要从形核时的能量变化进行分析。

在一定的过冷度条件下，固相的自由能低于液相的自由能，当在此过冷液体中出现晶胚时，一方面原子从液态转变为固态将使系统的体积自由能降低，它是结晶的驱动力；另一方面，由于晶胚构成新的表面，形成表面能，从而使系统的自由能升高，它是结晶的阻力。总的自由能是体积自由能和表面能的代数和，它与晶胚半径的变化关系如图 17-3 所示。由图可知，当 $r<r_k$ 时，随着晶胚尺寸的增大，系统的自由能增加，根据热力学第二定律，这个过程不能自动进行，这种晶胚不能成为稳定的晶核，而是瞬时形成，又瞬时消失。但当 $r>r_k$ 时，则随着晶胚尺寸的增大，伴随着系统自由能的降低，这一过程可以自动进行，

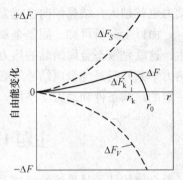

图 17-3　晶胚自由能随半径 r
的变化曲线示意图

晶胚可以自发地长大成稳定的晶核，因此它将不再消失。当 $r=r_k$ 时，这种晶胚既可能消失，也可能长大成为稳定的晶核，因此把半径为 r_k 的晶胚称为临界晶核，r_k 称为临界晶核半径。

由以上分析可知，晶胚半径 $r>r_k$ 时，它的长大可以引起自由能降低，这种晶核就能够长大。但在 $r_k \sim r_0$ 范围内，即晶核的表面能大于体积自由能，阻力大于驱动力，这些晶胚若要成长为临界晶核，就需要系统另外提供能量，这种形成临界晶核所需的能量称为临界晶核形成功，简称形核功。形核功可以由晶核周围的液体来提供，如果周围液体不能提供这部分形核功，则临界晶核就不能形成。

事实上，在一定温度下，系统有一定的自由能，它是系统中各微观区域自由能总和的平均值。而各微观区域内的自由能并不相同，有的微区高些，有的微区低些，即各微区的能量也是处于此起彼伏，变化不定的状态。这种微区内暂时偏离平衡能量的现象即为能量起伏。当液相中的某一微观区域的高能原子附着于晶核上时，将释放一部分能量，一个稳定的晶核便在这里形成，这就是形核时所需能量的来源。

由此可见，过冷液相中的相起伏和能量起伏是形核的基础，任何一个晶核都是这两种起伏的共同产物。就能量而言，当液体中某些微小区域的能量起伏，达到或超过临界晶核形成功时，临界晶核就在那里形成。

模块 18　实际生产中合金的非平衡结晶

主题 18.1　非平衡结晶及组织

实际生产中，由于冷却速度较大，使得扩散不能充分进行，使结晶偏离平衡结晶，从而获得非平衡结晶组织。

18.1.1　固溶体的非平衡结晶

由上述固溶体的结晶过程可知，固溶体的结晶过程是和液相及固相内的原子扩散过程密切相关的，只有在极缓慢的冷却条件下，即在平衡结晶条件下，才能使每个温度下的扩散过程充分进行，使液相或固相的整体处处均匀一致。然而在实际生产中，液态合金浇入铸型之后，冷却速度较大，在一定温度下扩散过程尚未充分进行温度就继续下降，这样就使固、液相尤其是固相内保持着一定的浓度梯度，造成各相内成分的不均匀。这种偏离平衡结晶条件的结晶，称为不平衡结晶，不平衡结晶的组织称为不平衡组织。

如图 18-1（a）所示，成分为 C_0 的合金过冷至 t_1 温度开始结晶，首先析出成分为 α_1 的固相，液相的成分为 L_1；当温度下降至 t_2 时，析出的固相成分应为 α_2，它是依附在 α_1 晶体的周围而生长的，液相的成分为 L_2。如果是平衡结晶的话，通过扩散，晶体内部由 α_1 成分可以变化至 α_2，但是由于冷却速度快，固、液相尤其是固相内来不及进行扩散而产生成分不均匀现象。此时整个已结晶的固相成分为 α_1 和 α_2 的平均成分 α_2'，而整个液相的成分是 L_1 和 L_2 的平均成分 L_2'。当温度继续下降至 t_3 时，结晶出的固相成分为 α_3，液相成分为 L_3，同样由于来不及进行扩散，使整个结晶固体的实际成分为 α_1、α_2、α_3 的平均成分 α_3'，液相的成分为 L_1、L_2、L_3 的平均成分 L_3'。依此类推，当温度降至 t_4 时，结晶出的固相成分为 α_4'，此时如果是平衡结晶的话，t_4 温度已相当于结晶完毕的固相线温度，全部液体应当在该温度下结晶完毕，已结晶的固相成分应为合金成分 C_0。但是由于是不平衡结晶，已结晶固相的平均成分不是 α_4，而是 α_4'，与合金的成分 C_0 不同，仍有一部分液体尚未结晶，一直要到 t_5 温度才能结晶完毕。此时固相的平均成分由 α_4' 变化到 α_5'，与合金原始成分 C_0 一致。

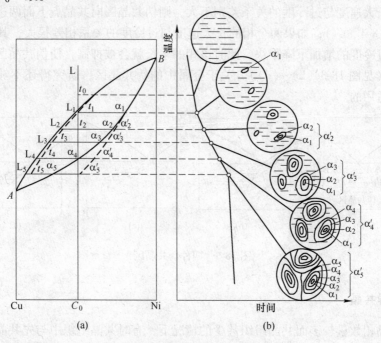

(a)　　　　　　　　(b)

图 18-1　固溶体不平衡结晶示意图

若把每一温度下的固相和液相的平均成分点联结起来，就得到如图 18-1（a）虚线所示的固相平均成分线和液相平均成分线。但是应当指出，固相平均成分线与固相线的意义不同，固相线的位置与冷却速度无关，位置固定，而固相平均成分线则与冷却速度有关，冷却速度越大，则偏离固相线的程度越大。当冷却速度极为缓慢时，则与固相线重合。

18.1.2　伪共晶

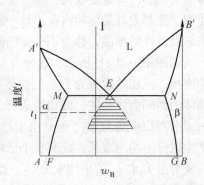

图 18-2　伪共晶组织形成示意图

在平衡结晶条件下，只有共晶成分的合金才能获得完全的共晶组织。但在非平衡结晶条件下，成分在共晶点附近的亚共晶或过共晶合金，也可能得到全部共晶组织，这种由非共晶成分的合金所得到的共晶组织称为伪共晶。

从热力学角度来考虑，在不平衡结晶条件下，由于冷却速度较大，将会产生过冷，当液态合金过冷到两条液相线的延长线所包围的影线区（见图 18-2）时，就可得到共晶组织。这是因为这时的合金液体对于 α相和 β 相都是过饱和的，所以既可以结晶出 α 相，又可以结晶出 β 相，它们同时结晶出来就形成了共晶组织。图 18-2 中的影线区称为伪共晶区。当亚共晶合金 I 过冷至 t_1 温度以下进行结晶时就可以得到全部共晶组织。从形式上看，越靠近共晶成分的合金越容易得到伪共晶组织。可是事实并不全是这样，因先共晶相 α 和 β 的结晶速度不一样，实际的伪共晶区与上述的伪共晶区有不同程度的偏离，伪共晶区的形状主要取决于共晶中两个相单独生长时的长大速度和过冷度的关系。如果两个相单独生长时的长大速度与过冷度的关系差别不大，则伪共晶区向共晶点下面两边呈对称性地扩大（见图 18-3（a））；如果两个相的长大速度与过冷度的关系相差很大，其中一个相的长大速度随过冷度的增加下降很快，此时该相的生长就会被抑制，使伪共晶区歪斜地偏向该相的一边（见图 18-3（b）~（d））。关于金属中的伪共晶区，研究得还不够，但上述规律大致上是适用的。

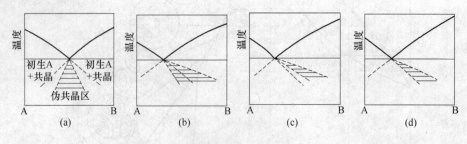

图 18-3　四种伪共晶区

18.1.3　离异共晶

在先共晶相数量较多而共晶组织甚少的情况下，有时共晶组织中与先共晶相相同的那一相，会依附于先共晶相上生长，剩下的另一相则单独存在于晶界处，从而使共晶组织的特征消失，这种两相分离的共晶称为离异共晶。例如，合金成分偏离共晶点很远的亚共晶

（或过共晶）合金（如图 18-4 中合金 II 所示）在不平衡结晶时，先结晶出来的 α 固溶体平均成分将偏离固相线，如图 18-4 中虚线所示。因此，当冷却到与其固相线相应的温度时，结晶并没完成，仍有部分液体存在，继续冷却到共晶温度时，剩余液体发生共晶转变形成共晶体。共晶中的 α 相如果依附在已有的先共晶 α 上长大，要比重新形核再长大要容易得多，这样，共晶 α 相易于与先共晶 α 相合为一体，而 β 相则存在于 α 相的晶界处。当合金成分越接近 M 点（或 N 点）时（如图 18-4 中合金 I 所示），越易发生离异共晶。在钢中因偏析

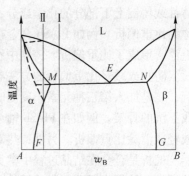

图 18-4　离异共晶示意图

而形成的 Fe-FeS 共晶，往往就是离异共晶，其中 FeS 分布在晶界上。

　　离异共晶可能会给合金的性能带来不良影响，对于非平衡结晶所出现的这种组织，经均匀化退火后，能转变为平衡态的固溶体组织。

主题 18.2　偏　析　现　象

　　偏析是指铸件或铸锭中化学成分不均匀的现象。

18.2.1　晶内偏析（枝晶偏析）

　　晶内偏析是一种常见的微观偏析，即小范围内化学成分不均匀的现象。

　　固溶体合金不平衡结晶的结果，使前后从液相中结晶出的固相成分不同，再加上冷却速度较快，不能使成分扩散均匀，结果就使每个晶粒内部的化学成分很不均匀。先结晶的含高熔点组元较多，后结晶的含低熔点的组元较多，在晶粒内部存在着浓度差别，这种在一个晶粒内部化学成分不均匀的现象，称为晶内偏析。由于固溶体晶体通常呈树枝状，使枝干和枝间的化学成分不同，所以又称为枝晶偏析，如图 18-5 所示，颜色的深浅反映了成分的变化。

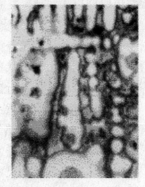

图 18-5　枝晶偏析

　　晶内偏析对合金的性能有很大的影响，严重的晶内偏析会使合金的机械性能下降，特别是使塑性和韧性显著降低，甚至使合金不易进行压力加工。晶内偏析也使合金的抗蚀性能降低。为了消除晶内偏析，工业生产上广泛应用扩散退火或均匀化退火的方法，即将铸件加热至低于固相线 100~200℃ 的温度，进行较长时间保温，使偏析元素充分进行扩散，以达到成分均匀化的目的。

18.2.2　比重偏析

　　比重偏析是一种宏观偏析，即大范围内化学成分不均匀的现象。

　　在结晶过程中，如果先结晶出的固相与熔融液相之间的密度相差较大，则在缓慢冷却条件下凝固时，先结晶出的固相便会有足够的时间在液体中上浮或下沉，从而导致结晶后

铸件或铸锭上下部分的化学成分不一致。这种由于密度不同而引起化学成分不均匀的现象称为比重偏析。例如 Pb-Sb 合金在凝固过程中，先共晶相锑的密度小于液相，因而锑晶体上浮，形成了比重偏析。铸铁中石墨漂浮也是一种比重偏析。

防止或减轻比重偏析的方法有两种：一是增大冷却速度，使先共晶相来不及上浮或下沉；二是加入第三种元素，凝固时先析出与液体密度相近的新相，构成阻挡先共晶相上浮或下沉的骨架。例如在 Pb-Sb 轴承合金中加入少量的铜，使其先形成 Cu_2Sb 化合物，即可减轻或消除比重偏析。另外，热对流、搅拌也可以克服显著的比重偏析。

偏析是合金在结晶过程中常见的现象，除上述两种外，还有晶间（界）偏析、中心偏析等。偏析会严重地影响铸件或铸锭的性能。

模块 19　金相试样的制备

主题 19.1　金相试样的制备概述

制备金相试样通常包括取样、研磨、抛光、浸蚀四个步骤。

19.1.1　取样

取样时应根据分析的需要和分析的对象，选择有代表性的部分，如有必要，还需对正常部位取样以做对比。

根据分析对象的性质、形状、尺寸等实际情况，可用手锯、车床、锤子、砂轮等截取试样。若对分析对象直接进行研磨、抛光有困难，如形状不规则的试件、线材、薄板、表面层等，则需对分析对象进行镶嵌，如图 19-1 所示。

在取样过程中应注意：预先考虑待观察面；防止试样发生组织变化（如受力、受热等）。

取得试样后，将试样表面制成平面，边缘做成圆角，分析表面组织除外。试样的尺寸以便于握持、易于研磨为准。一般做成 $\phi 12 \times 10$ 的圆柱体或 $12 \times 12 \times 10$ 的长方体。

图 19-1　经过镶嵌的试样

19.1.2　研磨

试样取得后，对试样进行研磨。研磨分为粗磨和细磨。粗磨采用砂轮或锉刀等，将待磨面磨平，冲洗干净，擦干后进行细磨。细磨在不同号数的金相砂纸上进行。一般砂纸的号数有 01、02、03、04 四种，号数越大越细，需从粗到细进行细磨。

动作要领及要求：磨制时砂纸应平铺于厚玻璃板上，左手按住砂纸，右手握住试样，使磨面朝下并与砂纸接触，在轻微压力作用下把试样向前推磨，用力要均匀，务求平稳，否则会使磨痕过深，且造成试样磨面的变形。试样退回时不能与砂纸接触，这样"单程单向"地反复进行，直至磨面上旧的磨痕被去掉，新的磨痕均匀一致为止。在调换下一号更细的砂纸时，应将试样上磨屑和砂粒清除干净，并转动90°角，使新、旧磨痕垂直。

磨制铸铁试样时，为了防止石墨脱落或产生曳尾现象，可在砂纸上涂一薄层石墨或肥皂作为润滑剂。磨制软软的有色金属试样时，为了防止磨粒嵌入软金属内，并减少磨面的划损，可在砂纸上涂一层机油、汽油、肥皂水溶液或甘油水溶液作为润滑剂。也可采用预磨机进行机械研磨以提高效率，若配有计算机控制的预先研磨机则效率更高。

19.1.3　抛光

抛光的目的是为去除金相磨面上因细磨而留下的磨痕，使之成为光滑、无痕的镜面。金相试样的抛光可分为机械抛光、电解抛光、化学抛光三类。机械抛光简便易行，应用较广。

机械抛光在抛光机上完成，抛光机由抛光电机和抛光盘组成，抛光盘上铺有紧固的织物，抛光织物可依据抛光对象进行选择。一般钢试样用细呢绒，铸铁用帆布或白色的确良，较软的有色金属用细丝绒。

在抛光过程中，应不断地将抛光液洒在抛光盘上。抛光液是由抛光粉和水配成的悬浮液，抛光钢和铸铁常用 Al_2O_3、Cr_2O_3 等细粉末，有色金属可用细粒度的 MgO。

抛光时压力不宜过大，抛光时间取决于表面研磨的质量，通常为 3~5min。

在研磨和抛光过程中，因需使用高速运动的设备，如砂轮机、抛光机等，需特别注意安全。

抛光完成后，表面光亮无痕，石墨或夹杂物无脱落或曳尾现象。先将试样用清水冲洗，后用酒精清洗磨面，然后用吹风机吹干。

19.1.4　浸蚀

经抛光后的试样若直接放到金相显微镜下观察，除夹杂物、石墨、孔洞、裂纹等，只能看到一片亮光。要观察金相组织，必须经过适当的浸蚀，才能使金相组织正确地显示出来。

浸蚀的方法一般有化学浸蚀法、电解浸蚀法和特殊的显示法等。最常用的是化学浸蚀法。化学浸蚀法是将抛光好的试样磨面在化学浸蚀剂中浸润或擦拭一定的时间。经过浸蚀而形成凹凸不平的表面，从而使表面通过金相显微镜观察而呈现明暗不同的变化。

进行适度浸蚀后，迅速将试样先用水冲洗，再用酒精冲洗，然后用吹风机吹干，其表面应严格保持清洁。

化学浸蚀剂的种类很多，根据试样材料的性质和浸蚀的目的选择。对碳钢和铸铁来说，最常用的是 4%硝酸酒精溶液和 4%苦味酸酒精溶液。浸蚀时间取决于试样材料的性质、浸蚀剂以及观察时的放大倍数等，一般试样磨面发暗即可。若浸蚀不足，可再继续进行浸蚀；但浸蚀过度，则必须重新抛光，其至进行最后一道细磨。

主题 19.2　金相试样的制备实验

19.2.1　实验准备

19.2.1.1　实验设备

准备：砂轮机、金相显微镜、抛光机、吹风机、玻璃板、镊子、盛样器皿。

要求：确认实验中使用的设备处于正常状态和正确位置。

19.2.1.2　实验材料

准备：待观察材料、金相砂纸、抛光液、浸蚀剂、药棉。
要求：确认材料正确无误。

19.2.2　实验步骤

实验步骤为：

（1）取样。用砂轮机从待观察材料上截取 10mm 试样，要求两个截面尽量平行，截取过程中喷水冷却。

（2）研磨。用砂轮机将试样两个截面磨平，边角倒圆，使两个截面目测平行，粗磨过程中喷水冷却。然后选择一个截面从粗砂纸到细砂纸逐次研磨，要求上一道磨削的划痕完全消除，获得均匀一致的磨痕，每换一次砂纸试样转动 90°。

（3）抛光。用抛光机将研磨好的试样抛光，在抛光过程中不断滴入抛光液，直到获得光亮镜面为止。

（4）浸蚀。用药棉蘸取浸蚀剂擦拭抛光面，观察抛光面的光亮度，至抛光面开始变暗后，立即用水清洗，再用酒精清洗后，用吹风机吹干。

（5）组织观察。将制作好的试样放在金相显微镜下观察，注意观察组织特征，并使用计算机软件将组织图输出。

19.2.3　实验报告

按要求完成实验报告，并思考在使用砂轮机时喷水的原因。
以上实验的内容、要求、设备、材料等可根据实际情况调整。

模块 20　铁碳合金平衡组织观察

主题 20.1　常用碳钢和白口铸铁平衡组织观察实验

20.1.1　实验目的

实验目的为：
（1）观察常用碳钢和白口铸铁在平衡状态下的显微组织，辨识其组织特征。
（2）体会含碳量对铁碳合金显微组织的影响，理解成分、组织与性能之间的相互关系。

20.1.2　实验原理

根据 Fe-C 相图可知：
（1）工业纯铁。显微组织为铁素体。
（2）共析钢。显微组织由单一地珠光体组成，如图 20-1 所示。

（3）亚共析钢。显微组织由先共析铁素体和珠光体所组成。随着含碳量的增加，铁素体的数量逐渐减少，而珠光体的数量则相应地增多，图20-2、图20-3为亚共析钢的显微组织，其中亮白色为铁素体，暗黑色为珠光体。

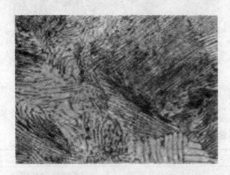　　　

图 20-1　共析钢室温显微组织　　　　　　图 20-2　20 钢室温显微组织

（4）过共析钢。显微组织由珠光体和先共析渗碳体（即二次渗碳体）组成。钢中含碳量越多，二次渗碳体数量就越多。图20-4为含碳量1.2%的过共析钢的显微组织，组织中存在片状珠光体和网络状二次渗碳体，经浸蚀后珠光体成暗黑色，而二次渗碳体则呈白色网络状。

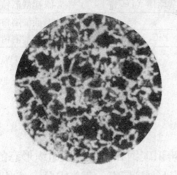　　　

图 20-3　60 钢室温显微组织　　　　　图 20-4　过共析钢（C 1.2%）室温显微组织

（5）亚共晶白口铸铁。显微组织为珠光体、二次渗碳体和莱氏体，如图20-5所示。在显微镜下呈现黑色枝晶状的珠光体和斑点状莱氏体，其中二次渗碳体与共晶渗碳体混在一起，不易分辨。

（6）共晶白口铸铁。显微组织由单一的共晶莱氏体组成。经浸蚀后，在显微镜下，珠光体呈暗黑色细条或斑点状，共晶渗碳体呈亮白色，如图20-6所示。

　　　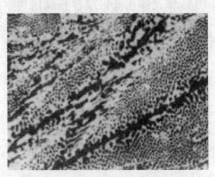

图 20-5　亚共晶白口铸铁室温显微组织　　　　图 20-6　共晶白口铸铁室温显微组织

（7）过共晶白口铸铁。显微组织由一次渗碳体和莱氏体组成。在显微镜下可观察到在暗色斑点状的莱氏体基体上分布着亮白色的粗大条片状的一次渗碳体，其显微组织如图 20-7 所示。

图 20-7　过共晶白口铸铁室温显微组织

20.1.3　实验设备和材料

金相显微镜观察所用各种铁碳合金的显微样品见表 20-1。

表 20-1　金相显微镜观察所用各种铁碳合金的显微样品

编号	材 料	显 微 组 织	浸 蚀 剂
1	工业纯铁	铁素体（F）	4%硝酸酒精溶液
2	20 钢	铁素体（F）+珠光体（P）	4%硝酸酒精溶液
3	45 钢	铁素体（F）+珠光体（P）	4%硝酸酒精溶液
4	T8 钢	珠光体（P）	4%硝酸酒精溶液
5	T12 钢	珠光体（P）+二次渗碳体（$FeC_{3\,\mathrm{II}}$）	4%硝酸酒精溶液
6	亚共晶白口铁	莱氏体（L_d'）+珠光体（P）+二次渗碳体（$FeC_{3\,\mathrm{II}}$）	4%硝酸酒精溶液
7	共晶白口铁	莱氏体（L_d'）	4%硝酸酒精溶液
8	过共晶白口铁	莱氏体（L_d'）+一次渗碳体（$FeC_{3\,\mathrm{I}}$）	4%硝酸酒精溶液

20.1.4　实验步骤

实验步骤为：

（1）复习 Fe-C 合金相图的相关内容。

（2）在显微镜下观察铁碳合金试样的平衡组织，辨识碳钢和白口铸铁组织形态的特征。

（3）根据 Fe-Fe_3C 相图分析各个试样的平衡组织形成过程。建立成分、组织之间相互关系的概念。

（4）绘出所观察的显微组织示意图。

主题 20.2　思　考　题

（1）珠光体在低倍观察和高倍观察时有何不同，为什么？

（2）渗碳体有哪几种，其形态有什么差别？

模块 21　金属的塑性变形与再结晶

主题 21.1　金属的断裂

当金属塑性变形达到一定程度后，继续变形时就有可能发生断裂。断裂是金属材料在外力的作用下丧失连续性的过程，它包括完全断裂和不完全断裂。完全断裂是指在应力作用下使金属分成两个或几个部分的现象；不完全断裂是指在应力作用下金属内部产生裂纹的现象。任何一种断裂都是由裂纹的萌生和裂纹的扩展两个基本过程组成。

断裂的分类方法很多，按不同的方法，可将断裂分为不同的类型。

21.1.1　按断裂前产生的塑性变形大小分类

根据材料断裂前所产生的宏观塑性变形量的大小，可将断裂分为韧性断裂与脆性断裂。

韧性断裂的特征是断裂前发生明显宏观塑性变形，用肉眼或低倍显微镜观察时，断口呈暗灰色，纤维状。由于韧性断裂前发生明显塑性变形，它将预先警告人们注意，因此一般不会造成严重事故。

脆性断裂是一种突然发生的断裂，断裂前基本上不发生塑性变形，没有明显征兆，因而危害性很大。历史上曾发生过大量脆断事故，如美国油船脆断沉没，澳大利亚大铁桥断毁，法国核电站压力容器和英国核电站大型锅炉爆炸，都是由脆性断裂而造成的严重事故。

脆性断裂一般具有如下特点：

（1）脆断时承受的工作应力很低，一般低于材料的屈服极限。

（2）脆断的裂纹源总是从内部的宏观缺陷处开始。

（3）温度降低，脆断倾向增加。

（4）脆性断口平齐而光亮，且与正应力垂直。

通常脆性断裂前也会发生微量塑性变形，一般规定光滑拉伸试样的断面收缩率小于5%者为脆性断裂，这种材料称为脆性材料，反之大于5%者为韧性断裂。

21.1.2　按裂纹扩展路径分类

多晶体金属断裂时，根据裂纹扩展的路径，可以分为穿晶断裂与沿晶断裂。穿晶断裂的特点是裂纹穿过晶内；沿晶断裂则是裂纹沿晶界扩展。

穿晶断裂可以是韧性断裂，也可以是脆性断裂，而沿晶断裂则多数是脆性断裂。

金属材料在室温下多数都是韧性穿晶断裂，如果有夹杂物或沉淀物聚集在晶界处，则室温下也会发生沿晶断裂。金属在高温下，多由穿晶断裂转化为沿晶韧性断裂。

21.1.3　按断裂机制分类

穿晶断裂依其断裂方式可分为解理断裂与剪切断裂两种类型。

（1）解理断裂。在正应力作用下所产生的穿晶断裂，通常断裂面是严格沿一定的晶面（即解理面）而分离，体心立方金属、密排六方金属与合金，在低温、冲击载荷作用下能促使解理断裂发生。通常解理断裂总是脆性断裂，但脆性断裂却不一定是解理断裂。

（2）剪切断裂。在切应力作用下，沿滑移面滑移而造成的滑移面分离断裂称剪切断裂。

它可以分为两类：一类为微孔聚集型断裂，钢铁等工程材料多为这种断裂类型，如低碳钢拉伸断裂时所形成的杯锥状断口即为这种断裂，它是一种典型的韧性断裂；另一类为

"滑断"（又称"切离"）或纯剪切断裂，纯金属尤其是单晶体金属常发生这种断裂，其断口呈锋利的楔形（单晶体金属）或刀尖形（多晶金属的完全韧断）。

主题 21.2　各种类型断裂及其特征汇总

各种类型的断裂及其特征见表 21-1。

表 21-1　断裂分类及其特征

分类方法	名称	断裂示意图	特征
根据断裂前塑性变形大小分类	脆性断裂		断裂时没有明显的塑性变形，断口形貌为光亮结晶状
	韧性断裂		断裂时有塑性变形，断口形貌为暗灰色纤维状
根据断裂面取向分类	正断		断口的宏观表面垂直于最大主应力方向
	切断		断口的宏观表面平行于最大切应力方向
根据裂纹扩展路径分类	穿晶断裂		裂纹穿过晶粒内部
	沿晶断裂		裂纹沿晶界发展
根据断裂机制分类	解理断裂		无明显塑性变形，沿解理面分离，穿晶断裂
	微孔聚集型断裂		微孔沿晶界聚合，沿晶断裂
			微孔沿晶内聚合，穿晶断裂
	纯剪切断裂		沿滑移面分离剪切断裂（单晶体）
			通过缩颈导致最终断裂（多晶体、高纯金属）

模块 22　钢铁材料的分类编号及应用

主题 22.1　我国材料相对应的国外材料牌号

如何进行中外金属材料牌号对照和选用代用材料、熟悉和掌握国外各类金属材料牌号的标准和表示方法，并在此基础上通过对比分析，找到与我国材料相对应的国外材料牌号是十分必要的。下面对材料牌号对照及其代料原则，简述如下。

22.1.1　根据化学成分对照

化学成分是表征材料最基本的数据，它是保证材料在后序制造和使用中满足所需的工艺性能、使用性能的内在条件。因此，按化学成分对照是一种基本的对照方法，这种方法对热处理钢、不锈钢和工具钢更为合适。因为这些钢在其化学成分确定之后，即可通过规定的热处理获得相应的各种力学性能。简而言之，成分确定，材料确定。同时也应该注意到由于各国的矿产资料不同，对同一钢种在某些元素的配置上可能有所差别，如英国的 18CrNiMo 与我国的 18CrNiWA 相对应，虽然 W、Mo 元素不同，但它们在钢中的作用则是相同的，也有一定的比例关系，所以仍然可以根据化学成分来进行牌号对照。

22.1.2　根据力学性能对照

几乎对于所有的产品来说，结构钢、锅炉和压力容器钢等的力学性能直接关系到产品的使用性能，而化学成分只是间接的。如上所述，一是保证产品达到使用性能要求；二是保证产品满足制造工艺要求，如可焊性、冲压和模锻等工艺性能。因而从某种程度上来说，按力学性能的对照应该是一种更直接、更偏重于实用的捷径，可以说力学性能能达到最终目的。但是，需要指出的是，当按力学性能对照时应注意各国试验方法和取样的不同。

22.1.3　根据使用条件选择代用材料

在某些特殊情况下，尤其是对照热处理钢号时，可以根据零件使用条件来进行对照、等同使用，而不管其化学成分及力学性能的差异。例如，BS970 标准中的 722M24 钢号和 NF A 35-551-552 中的 30CD12 钢号，它们的 C、Cr、Mo 含量及力学性能都有差别，但仍然可以对照，可以相互代替使用。

22.1.4　根据工艺要求选择适合的牌号

从使用的角度出发，往往满足使用性能的材料牌号远不止一个，但如何确切地找出合适的对应牌号，还应考虑到制造工艺上有无特殊要求。例如，有焊接性或者有渗碳、氮化等特殊要求的，就必须选择能满足焊接、渗碳或氮化等特殊工艺要求的钢种。

22.1.5　以优代劣

在生产中有时找不到相应的国产材料，但又没有仿制的价值时，可根据零件使用的具体条件，选用与之完全不同的材料来代替也是生产中常遇到的一种情况。当采用这种方法时，应与设计人员协商并按规定程序办理代料手续，以保证所使用的代用材料不影响到产品的使用性能。为保证使用可靠性，也可采取以优代劣的代料原则，此时，仍需考虑材料的综合性能及经济性，而不可单纯追求材料的力学性能指标。当然对一些不受力而又无关紧要的零件，如产品铭牌名、标志等，则完全可以按我国的习惯处理，而不需要化验、分析和仿制。

我国与世界工业先进国家间常用钢材牌号的对照见书后附表。

主题 22.2　练习说明下列各钢材牌号的含义

08、40、45、T8、T12A、20GrMnTi、38GrMoAlA、55Si2Mn、W18Gr4V、9SiGr。

模块 23　钢 的 热 处 理

主题 23.1　碳钢的热处理及组织性能分析

23.1.1　实验目的

（1）初步掌握热处理的基本操作（退火、正火、淬火及回火）。

（2）了解碳含量、加热温度、冷却速度、回火温度等对碳钢性能的影响。

（3）了解碳钢热处理后的基本组织。

23.1.2　实验内容

（1）按表 23-1 所列工艺进行热处理操作。

表 23-1　样品热处理工艺

钢 号	热处理工艺				硬度值 HRB、HRC				换算为 HB	预计组织
	加热温度/℃	编号	冷却方法	回火温度/℃	1	2	3	平均值		
45 钢	880	1	炉冷							
		2	空冷							
		3	油冷							
		4	水冷							
		5	水冷	200						
		6	水冷	400						
		7	水冷	600						
	780	8	水冷							

钢　号	热处理工艺				硬度值 HRB、HRC				换算为 HB	预计组织
	加热温度/℃	编号	冷却方法	回火温度/℃	1	2	3	平均值		
T12	780	1	炉冷							
		2	空冷							
		3	油冷							
		4	水冷							
		5	水冷	200						
		6	水冷	400						
		7	水冷	600						
	880	8	水冷							

（2）测定热处理后试样的硬度（炉冷、空冷试样测 HRB、水冷和回火试样测 HRC），并填入表 23-1 中。

23.1.3　实验步骤

（1）全班分成两组，每组一套试样（45 钢试样 8 块、T12 钢试样 8 块），炉冷试样由实验室事先处理好。

（2）将同一加热温度的 45 钢和 T12 钢试样放入 880℃和 780℃炉子内加热（炉温预先由实验室调好），保温 20~30min 后，分别进行水冷、油冷、空冷操作。

（3）每组将水冷试样中备取出三块 45 钢和 T12 钢试样分别放入 200℃、400℃、600℃的炉内进行回火，回火保温时间为 30min。

（4）淬火时，试样用钳子夹住，动作要快，并不断在水中搅拌，以免影响热处理质量，取放试样时要事先将炉子电源关闭。

23.1.4　实验注意事项

（1）淬火、正火保温时间为 15~20min，回火保温时间为 30min。

（2）淬火时，试样要用钳子夹紧并不断在淬火液中搅动，否则可能会因冷却不均匀而出现软点。

23.1.5　实验报告要求

（1）写出实验目的。

（2）每个同学将测定的硬度数据填入表中，以供分析。

（3）填写表 23-2~表 23-5，分析含碳量、淬火介质、淬火温度及回火温度同硬度的关系。

表 23-2　含碳量对硬度的影响

冷 却 方 法	C 0.45%	C 1.2%
炉冷		
空冷		
油冷		
水冷		

表 23-3　淬火介质对硬度的影响

成　分	淬火温度/℃	淬火介质	硬度（HB）
C 0.45%	880	水	
		油	
C 1.2%	780	水	
		油	

表 23-4　淬火温度对硬度的影响

含碳量	淬火温度	淬火介质	硬度（HB）

表 23-5　回火温度对硬度的影响

含碳量	淬火温度/℃	淬火介质	回火温度/℃	硬度（HB）
C 0.45%	880	水	200	
			400	
			600	
C 1.2%	780	水	200	
			400	
			600	

主题 23.2　碳钢普通热处理后显微组织观察

23.2.1　实验目的

（1）观察碳钢经不同热处理后的显微组织。

（2）了解普通热处理工艺对钢组织和性能的影响。

（3）熟悉碳钢几种典型热处理组织，如马氏体（M）、屈氏体（T）、索氏体（S）、回火马氏体（$M_{回}$）、回火索氏体（$S_{回}$）等的形态及特征。

23.2.2　实验内容

（1）观察表 23-6 所列样品的显微组织。

表 23-6　45 钢、T12 钢样品显微组织

序号	材　料	热处理工艺	浸 蚀 剂	组　织
1	45 钢	880℃空冷	4%硝酸酒精	F+S
2	45 钢	880℃油冷	4%硝酸酒精	M+T

续表 23-6

序号	材　料	热处理工艺	浸蚀剂	组　织
3	45 钢	880℃水冷	4%硝酸酒精	M
4	45 钢	880℃水冷，600℃回火	4%硝酸酒精	$S_回$
5	45 钢	780℃水冷	4%硝酸酒精	M＋F
6	T12 钢	780℃水冷，200℃回火	4%硝酸酒精	$M_回$＋A_r＋Fe_3C

（2）描绘所观察样品的显微组织示意图，并标明材料、热处理工艺、放大倍数、组织名称、浸蚀剂等。

23.2.3　实验设备及材料

（1）金相显微镜。
（2）金相图谱。
（3）经不同热处理的显微样品。

23.2.4　注意事项

（1）对各类不同热处理工艺的组织，观察时可采用对比的方式进行分析。
（2）对两种材料不同、回火温度不同的回火组织，可采用高倍放大进行观察，必要时参考有关金相图谱。

23.2.5　实验报告要求

（1）写出实验目的。
（2）画出所观察样品的显微组织示意图并标明其材料、组织名称等。

主题 23.3　常用金属材料的显微组织观察

23.3.1　实验目的

（1）观察各种常用合金钢、有色材料和碳钢的显微组织。
（2）分析常用金属材料的组织和性能的关系及应用。

23.3.2　实验内容

（1）观察表 23-7 所列样品的显微组织。

表 23-7　部分样品显微组织

序号	材　料	热处理工艺	浸蚀剂	组　织
1	45 钢	淬火+高温回火	4%硝酸酒精	$S_回$
2	T10 钢	球化退火	4%硝酸酒精	$P_球$
3	T12 钢	退火	4%硝酸酒精	P＋Fe_3C_{II}（网状）

序号	材料	热处理工艺	浸蚀剂	组织
4	T12 钢	淬火	4%硝酸酒精	$M_{针}+A_r$
5	$W_{18}Gr_4V$	铸态		$T+M+L_d$（鱼骨）
6	巴氏合金	铸态		
7	铸铝	铸态未变质		
8	铸铝	铸态已变质		

（2）描绘出各种合金的显微组织示意图，并标明各种材料的组织组成物名称。

（3）对比分析各种材料之间，各种有色金属之间，各种碳钢之间的显微组织特征。

23.3.3　实验设备及材料

（1）金相显微镜。

（2）金相图谱。

（3）金相显微试样。

23.3.4　注意事项

对各类成分的合金可采用对比的方法进行分析，着重区别各自的组织形态特征。

23.3.5　实验报告要求

（1）写出实验目的。

（2）绘出各类合金的显微组织示意图。

（3）根据观察，综合分析各类合金的显微组织特征及组织对性能的影响。

主题 23.4　各种金属材料（铸铁）的显微组织观察

23.4.1　实验目的

（1）观察分析各种铸铁的显微组织。

（2）分析这些金属材料的组织和性能的关系及应用。

23.4.2　实验内容

（1）观察表 23-8 所列样品的显微组织。

表 23-8　部分样品处理工艺

序号	材料	处理工艺	浸蚀
1	亚共晶生铁	铸态	4%硝酸酒精
2	共晶生铁	铸态	4%硝酸酒精
3	过共晶生铁	铸态	4%硝酸酒精

续表 23-8

序号	材　料	处理工艺	浸　蚀
4	灰口铸铁	铸态	4%硝酸酒精
5	球墨铸铁	铸态	4%硝酸酒精
6	可锻铸铁	可锻化退火	4%硝酸酒精

(2) 描绘出各种铸铁的显微组织示意图，并标注各种组织组成物名称。

23.4.3　实验设备及材料

(1) 金相显微镜。

(2) 金相图谱。

(3) 各种铸铁显微试样。

23.4.4　注意事项

(1) 对各种铸铁着重区别各自的组织形态特征。

(2) 结合 Fe-Fe$_3$C 相图分析各类铸铁应该具备的显微组织。

23.4.5　实验报告要求

(1) 写出实验目的。

(2) 分析讨论各类铸铁组织特点，并同钢的组织作对比，说明铸铁的性能、用途的特点。

23.4.6　思考题

要使球墨铸铁分别得到珠光体、索氏体及贝氏体等基体组织，应该进行何种热处理？

模块 24　合　金　钢

主题 24.1　实训及说明

说明下列钢种的类别、碳和合金元素的大致含量：Q235AF、Q345C、Q420q、08、50Mn、45E、20g、Y15Pb、20Mn2B、30CrMnSiA、ML30CrMnSi、YF35V、T10A、Cr12MoV、8MnSi、Cr06、2Cr13、0Cr18Ni9、03Cr19Ni10、01Cr19Ni11、GCr15、G20CrNiMoA、H08Mn2SiA、DR175G-30、27QG100、U11950、U20100、T00080、L02951。

主题 24.2　根据热处理工艺曲线，分析并观察各阶段的组织

根据热处理工艺曲线（见图 24-1），分析并观察各阶段的组织，并思考各热处理工艺

的目的及原因。

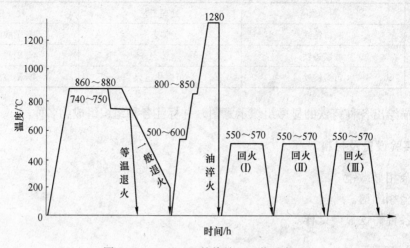

图 24-1　W18Cr4V 的热处理工艺示意图

第三部分

专业技术知识模块

模块 25　铸锭、铸坯及焊缝的结晶

主题 25.1　模铸——铸锭的结晶

金属（及其合金）一般都是在固态下使用的。在实际生产中，液态金属是在铸型或铸锭模中凝固的，前者叫做铸造，得到的是铸件（如机床床身、轴、齿轮等），后者叫做浇注，得到铸锭，铸锭可看做是一种形状简单的大铸件。它们的结晶过程均遵循结晶的一般规律，其结晶组织称为铸态组织，包括晶粒的大小、晶粒形状和取向、合金元素和杂质的分布等。对铸件来说，铸态组织基本上决定了它的使用性能和使用寿命；而对尚需进一步加工的铸锭来说，其铸态组织不但直接影响它的加工性能，而且还不同程度地影响其制品的使用性能。因此，应该了解铸锭（铸件）的组织及其形成规律，并设法改善其组织。

25.1.1　铸锭的组织

铸锭的结晶虽然也遵循结晶的基本规律，但由于冷却条件不同，因而在铸锭的不同区域内，结晶后可能出现不同形状和大小的晶粒。

金属铸锭的组织通常由三个晶区所组成，即外表层的细等轴晶区（简称细晶区）、中间的柱状晶区、心部的粗等轴晶区，如图25-1所示。根据浇铸条件的不同，铸锭中存在的晶区的数目和它们的相对厚度可以改变。

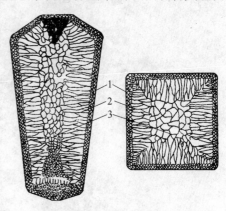

图 25-1　铸锭的三个晶区示意图
1—细晶区；2—柱状晶区；3—中心等轴区

25.1.1.1　细等轴晶区

当高温金属液体倒入铸锭模后，结晶首先从模壁处开始。这是由于温度较低的模壁有强烈的吸热和散热作用，使靠近模壁的一薄层液体产生极大的过冷度，加上模壁可以作为非自发形核的基础，因此在靠近模壁的那部分液态金属中形成大量的晶核，并迅速长大至相互接触，形成等轴晶区。

等轴细晶区的特点是晶粒细小，组织致密，成分较为均匀。

25.1.1.2　柱状晶区

柱状晶区由垂直于模壁的、彼此平行的粗大的柱状晶所构成。其特点是组织较为致密。

在表层细晶区形成的同时，模壁被液态金属加热而不断升温，使剩余液体的冷却变慢，并且由于结晶潜热的释放，使细晶区前沿液体的过冷度减小，形核变得困难，只有细晶区上的一些晶粒可以向液体金属中长大。但是相邻晶体间会因相互抵触而妨碍其生长，于是晶体便沿与散热最快的相反方向（垂直于模壁的方向）呈平面状长大形成柱状晶。

如果在柱状晶长大的过程中，前方液体中始终没有形成新的晶核，则柱状晶就可以一直生长到铸锭中心，直到和对面模壁上生长过来的柱状晶接触为止，这种柱状晶称为穿晶组织。

25.1.1.3　粗等轴晶区

粗等轴晶区由粗大的等轴晶所组成，其特点是组织较为疏松。

随着柱状晶的发展，经过散热，铸锭中心部分的液体金属的温度降至熔点以下，再加上液体金属中杂质等因素的作用，会在整个剩余液体中同时形成晶核而结晶。由于此时的散热已经失去了方向性，晶核在液体中可以自由生长，在各个方向上的长大速度差不多相等，因此形成了等轴晶。又由于铸锭中心部分冷却慢，过冷度小，形成的晶核较少，因而形成的等轴晶较为粗大。

图 25-2 为不同浇注条件下的铸锭组织。

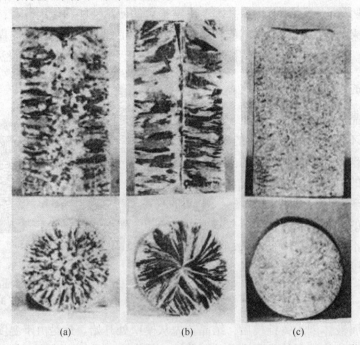

(a)　　　　　　　　(b)　　　　　　　　(c)

图 25-2　不同浇注条件的铸锭组织
（a）680℃浇注，3mm 厚铁模；（b）800℃浇注，10mm 厚铁模；（c）680℃浇注，10mm 厚铁模加硅铁粉

25.1.2　铸锭组织的性能

铸锭的组织直接影响其力学性能和工艺性能。由于铸锭横断面上不同位置存在着不同的组织，因此，在性能上就有所不同。

表层细晶区的组织致密，力学性能良好。但由于其太薄，对整个铸锭的性能影响不大。

柱状晶区是相互平行的柱状晶层，其相互平行的柱状晶接触面及穿晶交界面较为脆弱，不但强度和塑性较低，而且还经常聚集易熔杂质及非金属夹杂，使铸锭在热加工时，容易沿这些脆弱面开裂，铸件在使用时也易沿这些面断裂。因此，对塑性较差的黑色金属来说，一般不希望有较大的柱状晶区。但柱状晶比较致密，不易形成显微疏松，因此对于纯度较高、不含易熔杂质、塑性较好的有色金属来说，有时为了获得较为致密的铸锭，反而要求扩大柱状晶区。此外，在某些场合要求零件沿某一方向具有优良性能时，也可以利用柱状晶沿其长度方向上性能优越的特点，使铸件全部形成同一方向的柱状组织，这种工艺称为定向凝固。

心部等轴晶区在结晶时由于没有择优取向，没有脆弱的分界面，同时取向不同的晶粒彼此咬合，裂纹不易扩展，故获得细小的等轴晶可以提高铸件的性能。但由于存在很多微小的疏松和缩孔，也使力学性能有所降低。

25.1.3　铸锭组织的控制

由于不同的晶区具有不同的性能，因此必须设法控制结晶条件，使性能好的晶区所占比例尽可能大，而使不希望的晶区所占比例尽量减少甚至完全消失。

要控制铸锭的组织，关键是控制柱状晶区的相对厚度。影响柱状晶生长的因素主要有以下几点：

（1）铸锭模（铸型）的冷却能力。铸锭模的冷却能力越大，模中液态金属的温度梯度越大，越有利于柱状晶的生成。生产上常采用导热性好与热容量大的铸模材料，增大铸模的厚度、降低铸模温度等以增大柱状晶区。

（2）浇注温度与浇注速度。浇注温度或浇注速度提高，液体金属的温度梯度增大，铸锭中心部分液体金属的结晶时间滞后，有利于柱状晶区的发展。

（3）熔化温度。熔化温度越高，液态金属的过热度越大，非金属夹杂物熔化越多，非均匀形核数目越少，从而减少了柱状晶前沿液体中形核的可能性，有利于柱状晶区的发展。

25.1.4　铸锭缺陷

在铸锭或铸件中，经常存在一些难以避免的缺陷。这些缺陷可以分为三类：物理的不均匀性，如缩孔、气泡、裂纹等；结晶组织的不均匀性，即初生枝晶的大小、形状、取向和分布等的差异；化学的不均匀性，如偏析、夹杂等。

25.1.4.1　缩孔

大多数金属的液态密度小于固态密度，因此在结晶时要发生体积收缩。收缩的结果

是，原来填满铸型的液态金属在凝固后就不
能再填满，此时如果没有液体金属继续补充
的话，就会出现收缩孔洞，称为缩孔，如图
25-3 所示。

缩孔分为集中缩孔和分散缩孔（缩松）。

当液态金属浇入铸模后，与模壁接触的
部分先结晶，中心部分后结晶，先结晶部分
的体积收缩可以由尚未结晶的液态金属来补
充，而后结晶部分的体积收缩则得不到补
充。因此整个铸锭结晶时的体积收缩都集中
到最后结晶的部分，于是便形成了集中缩

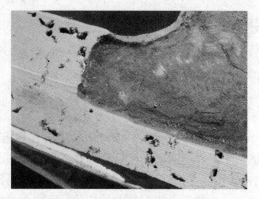

图 25-3　铸件缺陷实物图（缩孔）

孔。体积收缩除了在结晶时发生外，在结晶之后的冷却过程中仍会发生（称为固态收
缩），其大小与结晶收缩几乎相等。通常在室温下见到的缩孔是结晶收缩和固态收缩共同
造成的。集中缩孔破坏了铸锭的完整性，并且附近含有较多的杂质，在以后的压力加工过
程中随铸锭整体的延伸而伸长，并不能焊合，造成废品，故必须在铸锭后或加工后予以
切除。

在柱状晶尤其是中心粗大等轴晶的长大过程中，由于各晶粒间的相互穿插，可能形成
许多封闭的小区，而残留在这些小区的液体又和外界隔离，凝固收缩时得不到外界液体的
补充，于是在结晶结束之后，便在这些区域形成许多分散的显微缩孔，称为缩松。缩松使
铸锭的致密度降低。在一般情况下，缩松处没有杂质，表面也未被氧化，在压力加工时可
以焊合。

25.1.4.2　气孔（气泡）

一般在液态金属中总会或多或少地溶有一些气
体，而气体在固体中的溶解度比在液体中小很多。
所以，当液体凝固时，其中所溶解的气体将随温度
的降低而析出，并富集于结晶前沿的液体中，最后
在固相和液相界面上聚集而成气泡。气泡也可由液
体中的某些化学反应所产生的气体造成。若气泡长
大到一定程度后浮出液体表面，即逸散到周围环境
中；如果气泡来不及上浮或铸锭表面已经凝固，则
气泡将保留在铸锭内部，形成气孔，如图 25-4 所示。

铸锭（件）中的主要气体是氢，其次是氮和氧。

图 25-4　铸件缺陷实物图（气孔）

气孔的存在不仅减少了铸件的有效截面积，而且可于局部造成应力集中，成为零件断裂的
裂纹源，尤其是形状不规则的气孔，不仅增加了零件的缺口敏感性，而且还降低了零件的
疲劳强度。铸锭内部的气孔在压力加工时一般都可以压合。靠近表层的皮下气孔则可能由
于表皮破裂而被氧化，不能被压合而形成裂纹，因此在压力加工前必须清除这些皮下
气泡。

25.1.4.3　夹杂物

铸锭中的夹杂物有两类：一类是外来夹杂物，如在浇铸过程中混入的耐火材料等；另一类是内生夹杂物，它是在液态金属冷却过程中形成的，如金属与气体形成的金属化合物等。当除不尽时便残留在铸锭内，其形状、大小、分布随夹杂物不同而异，对铸锭（件）的性能产生一定的影响，如图 25-5 所示。

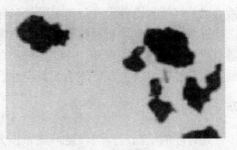

图 25-5　铸件缺陷实物图（夹杂物）

主题 25.2　连铸——铸坯的结晶

液态金属的浇注有两种方法：一种是将液态金属浇到铸锭模内铸成铸锭，即模铸；另一种是用连铸机直接将液态金属连续不断地铸成一定断面形状和尺寸的铸坯，即连铸。连铸的最大优点是生产率和金属收得率高，这也是连铸得到飞速发展的根本原因。连铸最早是用在有色金属的浇注上，在钢铁生产上大规模采用连铸生产是 20 世纪 70 年代开始的。

25.2.1　连铸设备和过程

连铸设备主要由钢包、中间包、结晶器（一次冷却）、结晶器振动装置、二次冷却和铸坯导向装置、拉坯矫直装置、切割装置、出坯装置等部分组成，如图 25-6 所示。

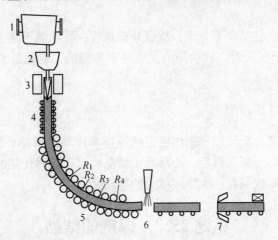

图 25-6　弧形连铸机

1—钢包；2—中间包；3—结晶器；4—二次冷却和铸坯导向装置；
5—拉坯矫直装置；6—切割装置；7—出坯装置

钢水通过连铸机浇注成钢坯的一般过程是：从炼钢炉出来的钢水注入钢包内，经二次精炼处理后被运到连铸机的上方，钢水通过钢包底部的水口再注入中间包内。中间包水口的位置被预先调好以对准下面的结晶器。打开中间包塞棒或滑动水口（或定径水口）后，钢水流入下口由引锭杆头封堵的水冷结晶器内。在结晶器内，钢水沿其周边逐渐冷凝成钢壳。当结晶器下端出口处坯壳有一定厚度时，同时启动拉坯机和结晶器振动装置，使带有液心的铸坯进入由若干夹辊组成的弧形导向段。在这里铸坯一边下行，一边经受二次冷却区中许多按一定规律布置的喷嘴喷出的雾化水的强制冷却，以继续凝固。当引锭杆出拉坯矫直机后将其与铸坯脱开。待铸坯被矫直且完全凝固后，由切割装置将其切成定尺铸坯，最后由出坯装置将定尺铸坯运到指定地点。

25.2.2　铸坯组织

连铸坯的结晶过程同样是形核和长大的过程。结晶后的组织通常也是由三个区域组成，从横断面边缘到中心依次是细小等轴晶带、柱状晶带、中心等轴晶带，如图 25-7 所示。

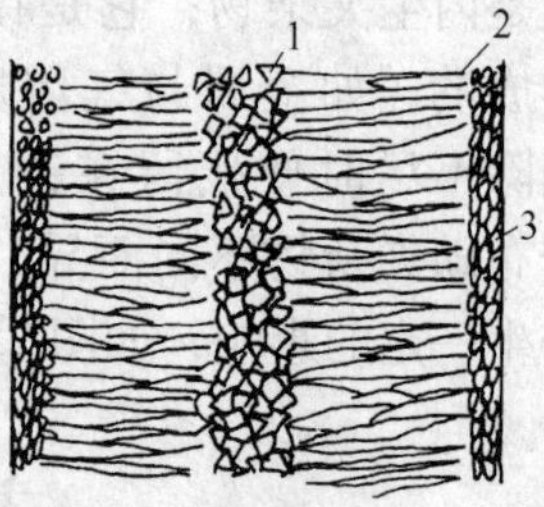

图 25-7　铸坯结构示意图
1—中心等轴晶带；2—柱状晶带；
3—细小等轴晶带

25.2.2.1　细小等轴晶带

液态金属和结晶器铜壁接触时，由于结晶器冷却强度很大，冷却速度快而形成细小等轴晶带，也称激冷层。细小等轴晶带的厚度主要取决于液态金属的过热度。过热度越小，细小等轴晶带就越厚。

25.2.2.2　柱状晶带

细小等轴晶带的形成过程伴随着收缩，使铸坯在结晶器液面以下 100~150mm 处脱离铜壁而在铸坯与铜壁间形成气隙，降低了传热速度。由于液态金属仍向外散热，激冷层温度回升，因而不再有新的晶核生成。在液态金属向铜壁定向传热条件下，开始形成柱状晶带。

柱状晶带细长致密且基本不分叉。从纵断面来看，柱状晶不完全垂直于表面而有向上约 10° 的倾角；从横断面来看，柱状晶的发展是不平衡的，有的甚至直达铸坯中心，形成穿晶结构。

25.2.2.3　中心等轴晶带

随凝固前沿的推移，凝固层和凝固前沿的温度梯度逐渐减小，两相区宽度逐渐增大，当铸坯心部液体温度降至凝固点后，心部开始结晶。由于此时传热的途径长，传热受到限制，晶粒长大缓慢，形成晶粒比激冷层粗大的等轴晶。

主题 25.3　焊缝的结晶

焊缝金属的结晶过程也是晶核形成和长大的过程。但与铸锭和铸坯的结晶相比，由于结晶条件不同，导致焊缝组织具有一定的特殊性。

由于焊缝熔池一般都比较小，而且熔池周围都被冷金属所包围，因而焊缝金属的冷却速度要比铸锭金属大得多，一般可达每秒几十到几百度。

在焊接过程中，熔池是随着焊接热源的移动而移动，因而焊接热源的移动速度对熔池的形状和结晶组织也产生影响。同时，焊接热源还对熔池金属产生搅拌作用，使熔池金属在运动状态下结晶，从而易于获得致密而性能较好的焊缝组织。图 25-8 为焊缝外观形貌。

焊接熔池的金属温度一般都比铸锭金属浇注温度高得多，而过高的温度会使更多的外来杂质熔化，大大减少了非自发晶核数目。焊缝金属在结晶时，由于熔池金属中非自发晶核很少，而熔池的母材又能提供非自发形核的现成基底，所以熔池金属的结晶，将直接在熔池周围母材金属的晶粒上长大。因此，焊缝金属中的晶粒和母材金属的晶粒是相连接的。

焊接熔池中液态金属的温度接近 2000℃，周围又被导热性好的母材金属所包围，所以结晶时，热量主要通过周围的母材而散失，加上散热速度又极快，因而焊缝金属大都成长为较长的柱状晶，并垂直于熔池和母材之间的熔合线而向焊缝的中心发展，如图 25-9 所示。在一般条件下，焊缝金属中不出现等轴晶，只有在特殊条件下，如大断面的焊缝中，在其上部才能形成少量的等轴晶。此外，由于焊接时的散热速度快，结晶速度大，焊接熔池金属在结晶时扩散又来不及充分进行，因而也将产生偏析等缺陷。

图 25-8　焊缝外观

图 25-9　焊缝的低倍组织

模块 26　相律和杠杆定律

主题 26.1　相律及其应用

26.1.1　相律及其应用

26.1.1.1　相律

相律是检验、分析和使用相图的重要工具，所测定的相图是否正确，要用相律来检验；研究和使用相图时，也要用到相律。

在平衡条件下，合金中存在的相是由合金的成分、温度和外界压力等条件所决定的。因此，在处于平衡状态下的合金中，可能存在的相的数目将受到一定限制。在平衡条件下，表示系统的自由度数（f）、组元数（c）和相数（p）之间关系的定律就称为相律，其一般表示式为：

$$f=c-p+2$$

所谓自由度是指在保持合金系的相的数目不变的条件下，合金系中可以独立改变的、影响合金状态的内部和外部因素的数目，如温度、成分、压力。对于合金的研究，一般都是在大气中进行的，而大气压是定值，所以在系统压力不变时，系统自由度（称为条件自由度）可表示为：

$$f=c-p+1$$

26.1.1.2　相律的应用

对纯金属而言，成分固定不变，只有温度可以独立改变，所以纯金属的自由度数最多为 1 个（最少为 0）；对二元合金，已知 1 个组元的含量，合金的成分即可确定，因此合金成分的独立变量只有 1 个，再加上温度因素，自由度数最多有 2 个。依此类推，三元合金的自由度数最多为 3 个；四元合金最多有 4 个。

相律可以用来确定平衡系统中最多可能同时存在的相数，判断其结晶条件。如纯金属（单元系），组元数 $c=1$，当自由度数 $f=0$ 时，$p=1-0+1=2$，即同时共存的平衡相数不超过 2 个（液相和固相）；反过来，纯金属在结晶过程中，液相和固相两相共存，即 $p=2$，则 $f=1-2+1=0$，不存在可变因素，为恒温转变。

对于二元合金，组元数 $c=2$，当条件自由度 $f=0$ 时，$p=2-0+1=3$，即最多可有 3 个相共存。在结晶过程中若为两相共存，则 $p=2$，$f=2-2+1=1$，有 1 个因素（即温度）可变，故二元合金将在一定温度范围内结晶。若为三相共存，则 $p=3$，$f=2-3+1=0$，说明此时的温度不但恒定不变，而且 3 个相的成分也恒定不变，结晶只能在各个因素完全恒定不变的条件下进行。

主题 26.2　杠杆定律及其应用

在合金的结晶过程中，随着结晶过程的进行，合金中各个相的成分及其相对含量都在不断地发生着变化。对于某一具体合金来说，不但要了解相的成分，还需要了解相的相对含量。利用"杠杆定律"就能确定任何成分的合金在任何温度下处于平衡状态的两个相的成分和相对含量。

26.2.1　两平衡相及其成分的确定

在如图 26-1（a）所示的 Cu-Ni 二元相图中，要确定合金 I 冷却到温度 t_1 时合金的组成相及其成分，可通过温度 t_1 作一水平线，分别与液相线和固相线交于 a、b 两点，表示合金 I 在温度为 t_1 时，是由液相（L）和固相（α）所组成，a、b 两点在成分坐标轴上的投影 C_L 和 C_α 即是液固两相的成分。

26.2.2　两平衡相相对质量的确定

设图 26-1（a）中合金 I 的总质量为 1，当温度为 t_1 时，液相的质量为 W_L，固相质量为 W_α。

总质量等于液相和固相的质量之和，即：

$$W_L+W_\alpha=1$$

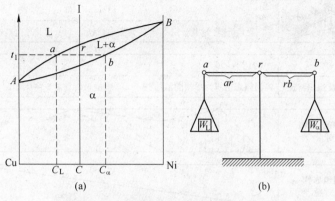

图 26-1 杠杆定律及其力学比喻示意图

总含镍量等于液固两相含镍量之和，即：

$$W_L \cdot C_L + W_\alpha \cdot C_\alpha = C$$

联解以上两式得：

$$W_L = \frac{C_\alpha - C}{C_\alpha - C} = \frac{rb}{ab} \times 100\%$$

$$W_\alpha = \frac{C - C_L}{C_\alpha - C} = \frac{ar}{ab} \times 100\%$$

上式与力学上的杠杆定律相似，其中以 r 为支点，杠杆两端质量与其臂长成反比，如图 26-1（b）所示，故称为杠杆定律。

例：如图 26-2 所示，求 Sb 40% 的合金在 400℃ 时，组成相的相对质量。

解：根据杠杆定律得：

$$W_L = \frac{DE}{CE} \times 100\% = \frac{72-40}{72-20} = 61.5\%$$

$$W_\alpha = 1 - W_L = 38.5\%$$

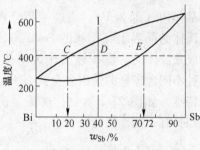

图 26-2 Bi-Sb 二元合金相图

模块 27 含碳量对组织和性能的影响 及铁碳相图的应用

主题 27.1 含碳量对组织和性能的影响

27.1.1 对平衡组织的影响

运用杠杆定律，可以把不同成分铁碳合金缓冷后，室温组织中的相组成物及组织组成物间的定量关系计算出来，如图 27-1 所示。

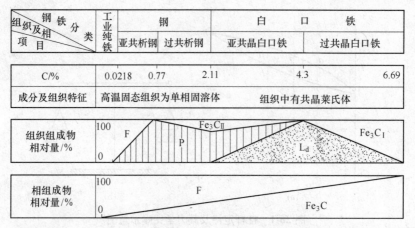

钢铁分类 组织及相项目	工业纯铁	钢		白　口　铁	
		亚共析钢	过共析钢	亚共晶白口铁	过共晶白口铁
C/%	0.0218　0.77		2.11	4.3	6.69
成分及组织特征	高温固态组织为单相固溶体			组织中有共晶莱氏体	

图 27-1　铁碳合金的成分与组织的关系

铁碳合金的室温平衡组织是由铁素体和渗碳体两相组成的，其中铁素体是软韧的相，而渗碳体是硬脆相。由相图可知，随着含碳量的不断提高，组织中渗碳体相的数量相应增加，同时渗碳体的存在形态也随之发生变化，即由分布在铁素体晶界上（Fe_3C_{III}），逐渐改变为分布在铁素体的基体内（即为 P），更进一步分布在原奥氏体的晶界上（网状的 Fe_3C_{II}），最后形成莱氏体时，渗碳体又作为基体出现。这种不同含碳量的铁碳合金具有不同组织的特点，如图 27-2 所示，这正是决定了它们具有不同性能的原因。

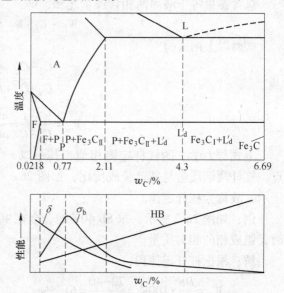

图 27-2　铁碳合金的成分和性能的关系

27.1.2　对力学性能的影响

硬而脆的渗碳体是铁碳合金的强化相，如果在合金的铁素体基体上分布的渗碳体量越多、越均匀，则材料的强度、硬度就越高。但是渗碳体相分布在晶界成网状，特别是作为基体时，材料的塑性和韧性将急剧下降，这正是高碳钢和白口铁脆性高的原因。

含碳量对碳钢力学性能的影响如图 27-2 所示。

含碳量很低的纯铁，是由单相铁素体构成的，铁素体在 200℃ 下的溶碳能力很低，故塑性好而强度、硬度很低。亚共析钢的组织是由不同数量的铁素体与珠光体组成的，随着含碳量的增加，组织中珠光体的数量相应地增加，钢的强度、硬度直线上升，而塑性指标相应地降低。共析钢是由片层状的珠光体构成的，因而其具有较高的强度与硬度，但塑性较低。过共析钢的组织由珠光体与二次渗碳体组成，含碳量的增加使脆性的二次渗碳体数量逐渐增加并形成网状分布，从而使钢的脆性增加。因此，当钢中含碳量大于 0.9% 时，钢的强度随含碳量的增加而下降。

为了保证工业上使用的铁碳合金具有适当的塑性、韧性及足够的强度，合金中渗碳体的数量不应过多，故含碳量一般都不超过 1.4%。

27.1.3　对工艺性能的影响

27.1.3.1　对切削加工性能的影响

低碳钢中铁素体较多，塑性好，切削时产生的切削热较大，容易粘刀，而且切屑不易折断，影响表面粗糙度，因而切削性较差。高碳钢中渗碳体较多，刀具磨损严重，切削性能也差。中碳钢中铁素体与渗碳体的比例适当，硬度和塑性比较适中，其切削性能较好。一般认为，钢的硬度大致为 250HBS 时，切削加工性最好。

在低、中碳钢中，当共析渗碳体呈片状时，特别是呈细片状存在时，可降低钢的塑性，有利于切削；而以球状存在时，反而对切削不利。高碳钢中共析渗碳体以片状存在、二次渗碳体以网状存在时，对切削不利；而渗碳体呈球状时，则可改善切削加工性能。

27.1.3.2　对压力加工性能的影响

当钢加热到高温后能得到塑性良好的单相奥氏体组织，压力加工性能良好，低碳钢也具有良好的压力加工性能。随着含碳量的提高，压力加工性能变坏。白口铸铁无论在低温或高温下，其组织都是以硬而脆的渗碳体为基体，所以不能对其采用压力加工。

27.1.3.3　对铸造性能的影响

金属的流动性、收缩性及偏析倾向等铸造性能也与含碳量有关。

（1）对流动性的影响。随着含碳量的增加，钢的结晶温度间隔增大，对钢液的流动性是不利的。但随着含碳量的增加，液相线温度降低，因此，当浇注温度相同时，含碳量高的钢，其液相线温度与钢液温度的差值增大，即过热度较大，这对钢液的流动性有利。所以总的来说，钢液的流动性随着含碳量的增高而提高。

铸铁因其液相线温度比钢低，其流动性总是比钢好，亚共晶铸铁随着含碳量的提高，结晶温度间隔缩小，流动性也随之提高。共晶铸铁的结晶温度最低，同时又是在恒温下结晶，流动性最好。过共晶铸铁随含碳量的增高，流动性变差。

（2）对收缩性的影响。随着含碳量的增加，碳钢的体积总收缩率不断增加，且结晶温度间隔增大，所以钢的分散缩孔体积增大，集中缩孔体积减小。

（3）对偏析倾向的影响。固相线与液相线水平距离与垂直距离越大，枝晶偏析越严重。所以铸铁成分越远离共晶点，其枝晶偏析越严重。

主题 27.2　铁碳相图的应用

27.2.1　选材方面的应用

铁碳合金相图总结了合金组织及性能随成分变化的规律，这样就便于我们能根据零件的服役条件和性能要求来选择材料。

建筑结构和各种型钢需用塑性、韧性好的材料，因此选用碳含量较低的钢材。各种机械零件需要强度、塑性及韧性都较好的材料，应选用碳含量适中的中碳钢。各种工具要用硬度高和耐磨性好的材料，则选碳含量高的钢种。纯铁的强度低，不宜用作结构材料，但由于其磁导率高，矫顽力低，可作为软磁材料使用，例如作为电磁铁的铁心等。白口铸铁硬度高、脆性大，不能切削加工，也不能锻造，但其耐磨性好，铸造性能优良，适用于要求耐磨、不受冲击、形状复杂的铸件，例如拔丝模、冷轧辊、货车轮、犁铧、球磨机的磨球等。

27.2.2　在铸造方面的应用

根据铁碳合金相图可以确定合金的浇注温度。浇注温度一般在液相线以上 50~100℃，如图 27-3 所示。另外，根据相图还可看出纯铁和共晶成分的铁碳合金凝固温度区间最小（为零），铸造性能好，分散缩孔少，而且共晶成分的合金结晶温度较低，操作比较方便。因此，在铸造生产中，接近共晶成分的铸铁得到了广泛的应用。

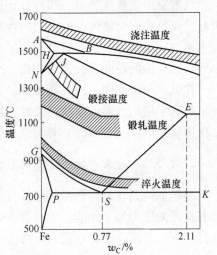

图 27-3　铁碳合金相图与热加工温度之间的关系

铸钢一般为含碳 0.15%~0.60% 的铁碳合金。由相图可知，铸钢的铸造性能并不很理想。因为铸钢的凝固温度区间大，且熔点高，所以流动性差，容易形成分散缩孔。在机器制造业中，铸钢一般只用来制造一些形状复杂、难以进行锻造和切削加工而又要求较高强度和韧性的零件。

27.2.3　在压力加工方面的应用

钢处于奥氏体状态时，强度低，塑性较好，便于塑性变形。因此在进行锻造、热轧加工时，要把坯料加热到奥氏体状态，如图 27-3 所示。一般情况下，始锻（轧）温度控制在固相线下 100~200℃ 范围内，温度高时，钢的变形抗力小，节约能源，设备要求的吨位低，但温度不能过高，以防钢材严重烧损或发生晶界熔化（过烧）。而终锻（轧）温度不能过低，以免钢材因塑性差而发生锻裂或轧裂。对于亚共析钢热加工终止温度多控制在 GS 线以上一点，避免变形时出现大量铁素体，形成带状组织而使韧性降低。过共析钢变形终止温度应控制在 PSK 线以上一点，以便把呈网状析出的二次渗碳体打碎。终止温度不能太高，否则再结晶后奥氏体晶粒粗大，使热加工后的组织也粗大。一般开始加工的温度为 1250~1150℃，加工终止温度为 750~850℃。

27.2.4　在热处理方面的应用

各种热处理方法的加热温度与相图也有密切关系，加热温度的选取也需参考铁碳合金相图。

图 27-3 中标出了淬火温度范围、锻轧温度范围、浇注温度范围等，其他热处理工艺的加热温度范围将在后续模块中详细讨论。

27.2.5　应用铁碳合金相图时应注意的两个问题

（1）Fe-Fe₃C 相图只反映铁碳二元合金中相的平衡状态，如含有其他元素，相图将发生变化。

（2）Fe-Fe$_3$C 相图反映的是平衡条件下铁碳合金中相的状态，若冷却或加热速度较快时，其组织转变就不能只用相图来分析了。

模块 28　金属的塑性变形与再结晶

主题 28.1　冷塑性变形对组织和性能的影响

金属及合金的变形按变形温度可分为冷变形和热变形。冷变形是指变形温度在再结晶温度以下的变形，而热变形是指在再结晶温度以上进行的变形。有关金属冷热变形的知识将在第六节详细介绍。

28.1.1　冷塑性变形对组织结构的影响

多晶体金属经冷塑性变形后，除了在晶粒内部出现滑移带和孪晶等组织特征外，其组织结构还将发生下列变化。

28.1.1.1　组织形态（晶粒形状）的变化

金属与合金经塑性变形后，晶粒将沿变形方向被拉长，等轴晶逐步变为长条状、扁平状或纤维状。当变形量很大时，晶粒呈现出一片如纤维状的条纹，称为纤维组织，如图 28-1 所示。

在晶粒被拉长的同时，晶间夹杂物和第二相也将沿变形方向拉长为细带状（塑性杂质）或粉碎成链状（脆性杂质），形成带状组织。

28.1.1.2　形成亚结构

经强烈冷变形后，完整的晶粒被分割成许多不同位向的小晶块（亚晶），形成亚结构。

28.1.1.3　形成变形织构

当变形量很大时，多晶体中原为任意取向的各个晶粒会逐渐调整其取向而彼此趋于一致。这种由于塑性变形的结果而使晶粒具有择优取向的组织叫做变形织构，即晶粒位向出现有序化，如图 28-2 所示。

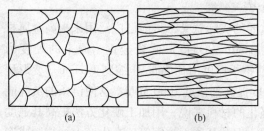

图 28-1　变形前后晶粒形状变化示意图
（a）变形前；（b）变形后

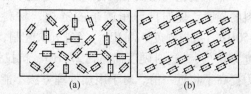

图 28-2　多晶体晶粒的排列情况
（a）晶粒的紊乱排列；（b）晶粒的整齐排列

同一种材料随加工方式的不同，可能出现不同类型的织构：

（1）丝织构。在拉拔或挤压时形成，其特征是各晶粒的某一晶向与拉拔方向平行或接近平行。

（2）板织构。在轧制时形成，其特征是各晶粒的某一个晶面平行于轧制平面，而某一晶向平行于轧制方向。

变形织构对材料的性能和加工工艺有很大的影响。例如当用有织构的板材冲压杯状零件时，将会因板材各个方向变形能力的不同，使冲压出来的工件边缘不齐，壁厚不均，即产生所谓"制耳"现象，如图 28-3 所示。但是在某些情况下，织构的存在却是有利的，例如变压器铁芯用的硅钢片，沿<100>方向最易磁化，因此，当采用具有这种织构（（100）[001]）的硅钢片制作电机、变压器时，将可以减少铁损，提高设备效率，减轻设备重量，并节约钢材。

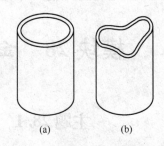

图 28-3　因变形织构造成的制耳
（a）无织构；（b）有织构

28.1.2　冷塑性变形对金属性能的影响

28.1.2.1　对力学性能的影响

在冷变形过程中，随着变形程度的增加，金属的强度、硬度增加，而塑性、韧性下降，这一现象称为加工硬化或形变强化，如图 28-4 所示。

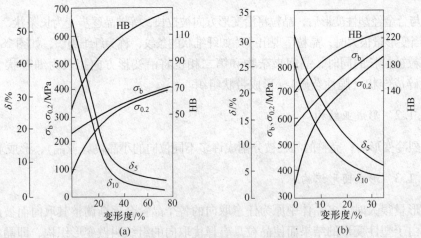

图 28-4　力学性能与变形度的关系
（a）工业纯铜；（b）45 钢

加工硬化现象在金属材料生产过程中有重要的实际意义，目前已广泛用来提高金属材料的强度。例如自行车链条的链板，材料为 16Mn（Q345）低合金钢，原来的硬度为 150HB，抗拉强度 520MPa，经过五次轧制，使钢板厚度由 3.5mm 压缩到 1.2mm（变形程度为 65%），这时硬度提高到 275HB，抗拉强度提高到接近 1000 MPa，这使链条的负荷能力提高了将近一倍。对于用热处理方法不能强化的材料来说，用加工硬化方法提高其强度就显得更加重要。如塑性很好而强度较低的铝、铜及某些不锈钢等，在生产上往往制成冷拔棒材或冷轧板材供应用户。

　　加工硬化也是某些工件或半成品能够加工成形的重要因素。例如冷拔钢丝（见图 28-5）拉过模孔后，其断面尺寸必然减小，而每单位面积上所受应力却会增加，如果金属不是产生加工硬化并提高强度，那么钢丝在出模后就可能被拉断。由于钢丝经塑性变形后产生了加工硬化，尽管钢丝断面缩减，但其强度显著增加，因此便不再继续变形，而使变形转移到尚未拉过模孔的部分。这样，钢丝可以持续地、均匀地通过模孔而成形。又如金属薄板在冲压过程中（见图 28-6），弯角处变形最严重，首先产生加工硬化，因此该处变形到一定程度后，随后的变形就转移到其他部分，这样便可得到厚度均匀的冲压件。

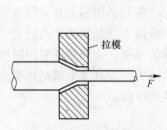

图 28-5　拉拔示意图

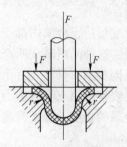

图 28-6　冲压示意图

　　加工硬化现象也给金属材料的生产和使用带来麻烦。因为金属冷加工到一定程度以后，变形抗力就会增加，进一步的变形就必须加大设备功率，增加动力消耗。另外，金属经加工硬化后，金属的塑性大为降低，继续变形就会导致开裂。为了消除这种硬化现象以便继续进行冷变形加工，中间需要进行再结晶退火处理。

28.1.2.2　塑性变形对物理化学性能的影响

　　金属材料经塑性变形后，其物理性能和化学性能也将发生明显变化。如使金属及合金的导电性能和电阻温度系数下降，导热系数也略为下降。塑性变形还使磁导率、磁饱和度下降，但磁滞和矫顽力增加。塑性变形提高金属的内能，使其化学活性提高，腐蚀速度增快，塑性变形后由于金属中的晶体缺陷（位错及空位）增加，从而使扩散激活能减少，扩散速度增加。

28.1.3　塑性变形产生残余内应力

　　实验证实，金属在塑性变形时，外力所做的功虽大部分以热能形态散发消失，但仍有少部分（约 10%）在金属内部储存起来，使大量的金属原子偏离原先低能的稳定状态位置。由于原子偏离平衡位置，则在由原子组成的金属内各部分之间产生力的作用，试图恢复原来的稳定状态。这种在外力消除后仍保留在金属内部的应力，称为残余应力，或称形变内应力，按应力作用范围，分为宏观内应力（第一类残余内应力）、晶间内应力（第二类残余内应力）和晶格畸变内应力（第三类残余内应力）三种。

28.1.3.1　第一类内应力（宏观内应力）

　　由于金属材料各部分变形不均匀，而造成的宏观范围内互相平衡的内应力称为第一类内应力或宏观内应力。例如板材在冷轧时，由于表面与内部变形不均匀而造成的内部纵向受拉，表面纵向受压的宏观内应力。

28.1.3.2 第二类内应力（显微应力或晶间内应力）

由于晶粒或亚晶粒间的变形不均匀，而造成的在晶粒或亚晶粒之间保持平衡的内应力称为第二类内应力或显微应力。这类内应力虽然也只占全部内应力的 1%~2%，但其数值有时可达几百兆帕。工件存在显微应力又承受外力作用时，常因有很大的应力集中而产生显微裂纹甚至断裂。

28.1.3.3 第三类内应力（晶格畸变内应力）

冷塑性变形后，金属内部产生大量位错和空位，原子在晶格中偏离其平衡位置，晶格发生了畸变。这种晶格畸变所产生的内应力称为第三类内应力或晶格畸变内应力。这类内应力作用范围更小，只在几百个、几千个原子范围内维持平衡。金属塑性变形时所产生的内应力主要表现为第三类内应力，它增加了位错移动的阻力，提高了金属抵抗塑性变形的能力，使金属的强度、硬度升高，同时使塑性和抗蚀能力下降。

主题 28.2　回复与再结晶

金属与合金在冷塑性变形时所消耗的功，绝大部分转变成热而散发掉，只有一小部分能量以弹性应变和增加金属中晶体缺陷（空位和位错等）的形式储存起来。形变温度越低，形变量越大，则储存能量越高。在热力学上处于不稳定的亚稳状态，它具有向形变前的稳定状态转化的趋势，但在常温下，原子的活动能力很小，使形变金属的亚稳状态可维持相当长的时间而不发生明显变化。如果温度升高，原子有了足够高的活动能力，那么，形变金属就能由亚稳状态向稳定状态转变，从而引起一系列的组织和性能变化，如图 28-7 所示，这种变化随温度的升高可分为三个阶段，即回复—再结晶—晶粒长大（也称聚集再结晶）。

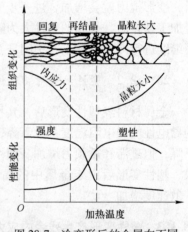

图 28-7　冷变形后的金属在不同
加热温度时组织与性能的
变化示意图

金属及合金经塑性变形后，强度、硬度升高，塑性、韧性下降，给进一步的冷成形加工（例如深冲）带来困难，常常需要将金属加热进行退火处理，以使其性能向塑性变形前的状态转化。金属和合金在冷变形后的退火是将金属材料加热到某一规定温度，保温一定时间，而后缓慢冷至室温的一种热处理工艺，其目的是使金属材料内部的组织结构发生变化，使热力学的稳定性得以提高，从而获得所要求的各种性能。事实上，退火过程也是由回复、再结晶及晶粒长大三个阶段综合组成的，这三者又往往重叠交织在一起。

28.2.1 回复

回复是指冷变形后的金属在加热温度较低时，金属中的一些点缺陷和位错发生迁移，使晶格畸变逐渐降低，残余应力逐渐减小的过程。

冷变形后的金属在其后的加热过程中，当温度达 $0.3T_{熔}$（$T_{熔}$ 为金属熔点的绝对温度）时，便产生回复现象。回复现象是依靠变形金属的加热，而使其原子的运动增加，借以增加其热振动，结果使所有的原子回到位能最小的位置上去。因此回复现象的结果是使原子回复到稳定平衡的状态，晶格歪扭减小，大部分或全部的第一类内应力得到消除，并消除了部分第二类和第三类内应力，部分地回复了由变形所改变的机械及物理和物理化学性质，如图 28-7 的曲线变化所示。但回复不能改变晶粒的形状及变形所构成的方向性，对于晶内及晶间物质的破坏现象也是不能回复的。

工业上常常利用回复现象将冷变形后的金属加热到一定温度进行回复退火。回复退火在工程上称为去应力退火，使冷加工的金属件在基本上保持加工硬化状态的条件下降低其内应力（主要是第一类内应力），减轻工件的翘曲和变形，降低电阻率，提高材料的耐蚀性，并改善其塑性和韧性，提高工件使用时的安全性。例如在第一次世界大战时，经深冲成型的黄铜弹壳，放置一段时间后自动发生晶间开裂（称为季裂）。经研究，这是由于冷加工残余内应力和外界的腐蚀性气氛的联合作用而造成的应力腐蚀开裂。要解决这一问题，只需在深冲加工之后于 260℃ 进行去应力退火，消除弹壳中残留的第一类内应力，这一问题即迎刃而解。又如用冷拉钢丝卷制弹簧，在卷成之后，要在 250～300℃ 进行退火，以降低内应力并使之定形，而硬度和强度则基本保持不变。此外，对于铸件和焊接件都要及时进行去应力退火，以防其变形和开裂。对于精密零件，如机床厂制造机床丝杠时，在每次车削加工之后，都要进行消除内应力的退火处理，防止变形和翘曲，保持尺寸精度。

28.2.2　再结晶

再结晶是指经冷变形后的金属在加热到较高温度时，在原来的变形组织中重新形成无畸变的等轴晶，而性能也发生明显的变化，并恢复到完全软化状态的过程。它是通过新晶核的形成和长大而进行的，如同再一次的结晶过程，故称为再结晶。

再结晶与相变重结晶的共同点是两者都经历了形核与长大两个阶段；两者的区别是再结晶前后各晶粒的晶格类型不变，成分不变，而重结晶则发生了晶格类型的变化。

再结晶现象是以某一温度（再结晶温度）开始的，由于原子随温度的升高而获得了巨大的活动能量，这样就增加了原子变更位置的能力，因而使变形后的晶粒大小及形状发生了变化，如图 28-7 所示。由于金属的再结晶是通过成核和长大过程来完成的，因此，再结晶完全消除了加工硬化所引起的一切后果：使拉长的晶粒变成等轴晶粒；消除了晶粒变形的纤维组织及与其有关的方向性；消除在回复后还遗留在物体内的第二种及第三种残余应力，并继续使位能降低，恢复了晶内和晶间的破坏；消除了由于变形过程产生在金属内的某些裂纹和空洞；加强了变形的扩散进行，使金属化学成分的不均匀性得到了改善；恢复了金属的机械性能和物理化学性能。

28.2.2.1　再结晶晶核的形成与长大

大量的实验结果表明，再结晶晶核总是在塑性变形引起的最大畸变处形成，当再结晶晶核形成之后，它就可以自发、稳定地生长。晶核在生长时，其界面总是向畸变区域推进，界面移动的驱动力是无畸变的新晶粒与周围基体的畸变能差。当旧的畸变晶粒完全消失，全部被新的无畸变的再结晶晶粒所取代时，再结晶过程即告完成，此时的晶粒大小即为再结晶初始晶粒。

28.2.2.2 再结晶温度及其影响因素

A 再结晶温度（$T_再$）

再结晶晶核的形成与长大都需要原子的扩散，因此必须将冷变形金属加热到一定温度（再结晶温度）之上，直到足以激活原子，使其能进行迁移时，再结晶过程才能进行。通常把再结晶温度定义为：经过严重冷变形（变形度在70%以上）的金属，在约1h的保温时间内能够完成再结晶（大于95%转变量）的最低温度，如碳钢 $T_再$ 为 450~500℃。金属的最低再结晶温度与其熔点之间存在以下经验关系：

$$T_再 \approx \delta T_熔$$

式中，$T_再$、$T_熔$ 均为热力学温度；δ 为一系数。对于工业纯金属，$\delta \approx 0.35~0.4$；对于高纯金属，$\delta \approx 0.35~0.4$ 甚至更低；对于工业用合金，由于杂质及合金元素会阻碍原子扩散和迁移，再结晶温度显著提高，一般 $\delta \approx 0.5~0.7$。

应当指出，为了消除冷加工金属的加工硬化现象，再结晶退火温度通常要比其最低再结晶温度高出 100~200℃。将冷变形后的金属加热到再结晶温度以上进行退火的方式称为再结晶退火。

B 影响再结晶温度的因素

就一定成分的金属或合金而言，再结晶温度并不是一个固定不变的常数，而受许多因素的影响，其中主要有以下几方面：

（1）变形程度的影响。金属再结晶需要一个最小的变形量，低于这一变形量（临界变形量）就不会产生再结晶。变形程度越大，储存在变形金属内的畸变能越多，原子处于不稳定状态就越严重，向稳定的平衡状态过渡所需要的能量就会越少，$T_再$ 越低。

（2）保温时间的影响。在一定的变形温度条件下，保温（或加热）的时间越长，原子的扩散移动也就越能充分进行，$T_再$ 就越低。

（3）杂质的影响。异质原子与变形中产生的结构缺陷（空位、位错等）的交互作用阻碍了缺陷的运动，需要较高的再结晶温度来克服阻碍。所以，纯度越低，$T_再$ 越高；反之，纯度越高，$T_再$ 越低。

（4）原始晶粒大小的影响。原始晶粒越粗大，变形抗力越小，则变形后的畸变能就越小，$T_再$ 越高。

28.2.2.3 再结晶晶粒大小的控制

变形金属经再结晶退火后，机械性能发生了重大变化，强度、硬度下降，塑性韧性上升。但这并不意味着与变形前的金属完全相同，其中心问题是再结晶后的晶粒大小问题。控制再结晶晶粒大小具有重要的实际意义，下面分别讨论这些影响因素。

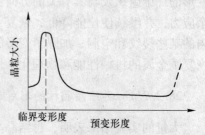

图28-8 变形程度对再结晶
晶粒大小的影响

A 变形程度

变形程度对金属再结晶晶粒大小的影响如图28-8
所示。图28-9为铝板经不同程度冷变形后的再结晶晶粒大小照片。由图28-9可见，当变形程度很小时，金属材料的晶粒仍保持原状，这是由于变形度小，畸变能很小，不足以引起再结晶，所以晶粒大小没有变化。当变形度达到某一数值（一般金属均在 2%～10% 范围内）时，由于变形量不大，仅在部分晶粒中产生较大变形，再结晶形核数目较少，再结晶后的晶粒变得特别粗大，通常把对应于得到特别粗大晶粒的变形度称为临界变形度。当变形度超过临界变形度后，随着变形量的增加，晶格畸变增加，再结晶晶核数目增多，再结晶晶粒逐渐细化。

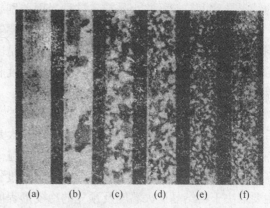

图 28-9　纯铝的再结晶晶粒大小与变形度的关系

（a）～（f）变形程度分别为：0、3%、6%、9%、12%、15%，加热温度为 550℃，加热时间为 30min

B　原始晶粒尺寸

当变形度一定时，材料的原始晶粒度越细，则再结晶后的晶粒也越细。这是由于细晶粒金属存在着较多的晶界，而晶界又往往是再结晶形核的有利地区，所以原始细晶粒金属经再结晶退火后仍会得到细晶粒组织。

C　合金元素及杂质

溶于基体中的合金元素及杂质，一方面增加变形金属的储存能，另一方面阻碍晶界的运动，一般均起细化晶粒的作用。

D　加热温度和保温时间

加热温度越高，保温时间越长，晶粒越粗大，特别是加热温度影响更大。

28.2.2.4　再结晶图

为了综合考虑加热温度和冷变形程度对再结晶晶粒大小的影响，常将三者的关系综合表达在一个立体图中。这种表示再结晶晶粒大小与加热温度和变形程度间关系的综合立体图称为再结晶全图，图 28-10 即是纯铁的再结晶全图。再结晶全图是拟定金属冷加工和再结晶退火工艺的主要依据。

28.2.3　再结晶后晶粒的长大

冷变形金属通过再结晶后，得到细小无畸变的等轴晶粒，在继续加热或保温时会互相吞并长大。这一过程称为聚集再结晶或二次再结晶。

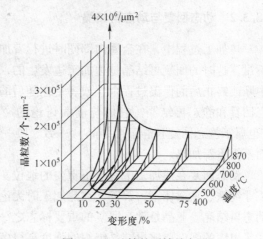

图 28-10　纯铁的再结晶全图

晶粒的长大主要是靠晶界的迁移进行的。晶界的移动与晶粒边界的曲率有关，曲率越大，单位体积内晶粒的表面积越大，能量越高，越不稳定。因此，一个弯曲的晶界有变得平直的趋势。多数情况下，小晶粒的晶界曲率大，而大晶粒的晶界曲率小，所以界面平直化的结果导致大晶粒吞并小晶粒。这种界面差别越大，晶界的移动便越快，晶粒长大越迅速。通常随温度升高晶粒会连续长大，但有时要等加热到一定温度时，少数晶粒才会吞并周围多数晶粒而急剧长大，形成粗大晶粒。这是由于在晶界处存在着弥散分布的细小杂质粒子，它的存在阻碍着晶界的迁移。当升高温度和延长保温时间时，弥散质点熔解，阻止晶界迁移的因素消失，晶粒便突然长大。

晶粒粗大会使金属的强度、特别是塑性和冲击韧度降低，因此，要特别注意控制再结晶后的晶粒度。在生产过程中，金属的晶粒长大是不可避免的，问题的关键是要将它控制在一定的范围内，尽量获得较为细小均匀的晶粒。影响再结晶后晶粒大小的因素，除加热温度与保温时间之外，还与金属晶粒的均匀程度、杂质的分布情况及冷变形程度等有关，但主要取决于再结晶退火温度及预先的冷变形程度。

主题 28.3　金属的热加工

28.3.1　金属的热加工与冷加工

由于金属在高温下塑性好，变形抗力低，变形容易，所以除了一些铸件和焊接件外，几乎所有的金属材料都要进行热加工。在工业生产中，热加工通常是指将金属材料加热至高温进行锻造、热轧等的压力加工过程。

从金属学的角度来看，所谓热加工是指在再结晶温度以上的加工过程，也称热变形，如热轧、热锻、热拔等；在再结晶温度以下的加工过程称为冷加工或冷变形，如冷轧、冷拔等。例如铅的再结晶温度低于室温（约-3℃），因此，在室温下对铅进行加工属于热加工，钨的再结晶温度约为1200℃，因此，即使在1000℃拉制钨丝也属于冷加工。

28.3.2　动态回复与动态再结晶

热加工过程中，在金属内部同时进行着加工硬化与回复再结晶软化两个相反的过程。不过，这时的回复再结晶是边加工边发生的，因此称为动态回复和动态再结晶；而把变形中断或终止后的保温过程中，或者是在随后的冷却过程中所发生的回复与再结晶，称为静态回复和静态再结晶。它们与前面讨论的冷变形后的加热过程中发生的回复与再结晶（也属于静态回复和静态再结晶）一致，唯一不同的地方是它们利用热加工的余热进行，而不需重新加热。

动态回复在热加工中有着很重要的地位。因为有不少的金属和合金，如铝及铝合金、工业纯铁、铁素体钢、锌等，在热加工时无论变形程度多大，都只发生动态回复而不发生动态再结晶。亚晶是动态回复的重要标志之一，亚晶的出现说明已发生了动态回复。动态回复组织的强度要比再结晶组织的强度高得多。

动态再结晶与静态再结晶过程相似，也是形核和长大的过程，但是由于在形核和长大的同时还进行着形变，因而使动态再结晶的组织具有一些新的特点。首先，在稳定态阶段的动态再结晶晶粒呈等轴状，但在晶粒内部包含着被位错缠结所分割的亚晶粒，显然这比静态再结晶后晶粒中的位错密度要高。其次，动态再结晶时的晶界迁移速度较慢，这是由于边形变、边发生再结晶造成的。因此动态再结晶的晶粒比静态再结晶的晶粒要细些。如果将动态再结晶的组织迅速冷却下来，就可以获得比冷变形+再结晶退火要高的强度和硬度。

28.3.3　热加工对组织与性能的影响

金属材料经热加工后虽不产生加工硬化，但其组织和性能将发生明显变化。

28.3.3.1　改善铸锭组织

金属材料在高温下的变形抗力低，塑性好，因此热加工时容易变形，变形量大，可使一些在室温下不能进行压力加工的金属材料（如钛、镁、钨、铝等）在高温下进行加工。通过热加工，使铸锭中的组织缺陷得到明显改善，如气泡焊合，缩松压实，使金属材料的致密度增加。铸态时粗大的柱状晶通过热加工后一般都能变细，某些合金钢中的大块碳化物初晶可被打碎并较均匀地分布。由于在温度和压力作用下扩散速度增快，因而偏析可部分消除，使成分比较均匀。这些变化都使金属材料的性能有明显提高。

28.3.3.2　形成纤维组织

在热加工过程中，铸锭中的粗大枝晶和各种夹杂物都要沿变形方向伸长，这样就使枝晶间富集的杂质和非金属夹杂物的走向逐渐与变形方向一致，一些脆性杂质如氧化物、碳化物、氮化物等破碎成链状，塑性的夹杂物（如 MnS 等）则变成条带状、线状或片层状，在宏观试样上沿着变形方向变成一条条细线，这就是热加工金属中的流线。由一条条流线勾画出来的组织称为热变形的纤维组织，如图 28-11 所示。

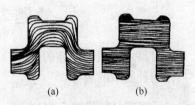

图 28-11　曲轴流线分布示意图
（a）锻造曲轴；（b）切削加工曲轴

热变形的纤维组织不同于冷变形的纤维组织。冷变形的纤维组织是由于晶粒被拉长而形成的；而在热变形中，当变形完成后，被拉长的晶粒由于再结晶而变成细小的等轴晶，被拉长的夹杂物由于再结晶温度较高而难于发生再结晶，仍保持被拉长的状态而形成纤维组织。要减少这种纤维组织只能在变形过程中通过不断改变变形的方向来避免。

纤维组织的出现，将使钢的机械性能呈现各向异性。沿着纤维方向具有较高的机械性能，垂直于纤维方向的性能则较低，特别是塑性和韧性表现得更为明显。生产实践中，可以利用纤维组织的这一特点，并设法使纤维组织所形成的流线在金属内更合理地分布，可显著提高材料的性能，如图 28-11 中锻制的曲轴（见图 28-11（a））比切削而成的曲轴（见图 28-11（b））的机械性能更高。

28.3.3.3　形成带状组织

多相合金中的各个相，在热加工时沿着变形方向交替地呈带状分布，这种组织称为带状组织。枝晶偏析是造成带状组织的主要原因。例如在含磷偏高的亚共析钢内，铸态时树枝晶间富磷贫碳，即使经过热加工也难以消除，它们沿着金属变形方向被延伸拉长，当奥氏体冷却到析出先共析铁素体的温度时，先共析铁素体就在这种富磷贫碳的地带形核并长大，形成铁素体带，而铁素体两侧的富碳地带则随后转变成珠光体带。若夹杂物被加工拉成带状，先共析铁素体通常依附于它们之上而析出，也会形成带状组织。图 28-12 为热轧低碳钢板的带状组织。

带状组织使金属材料的机械性能产生方向性，特别是横向塑性和韧性明显降低，并使材料的切削性能恶化。对于在高温下能获得单相组织的材料，带状组织有时可用正火处理来消除，但严重的磷偏析引起的带状组织很难消除，需用高温扩散退火及随后的正火来改善。

图 28-12　钢中的带状组织（100×）

模块 29　钢铁材料的分类编号及应用

主题 29.1　钢的牌号及应用

牌号是用来识别产品的名称、符号、代码或它们的组合。钢的牌号称为钢号，是对某一具体钢种所取的名称。

29.1.1　钢产品牌号表示方法

常用钢材的牌号表示方法依据国家标准 GB/T 221—2000。

29.1.1.1　碳素结构钢和低合金结构钢

这类钢分为通用钢和专用钢两类。其中碳素结构钢旧称"普通碳素结构钢"。表示法为：Q（屈服点的拼音字母）+屈服点数值（单位为 MPa）+质量等级+脱氧方法。

牌号举例：Q235AF、Q235BZ（碳素结构钢）；Q345C、Q345D（低合金高强度结构钢）。

说明：

（1）碳素结构钢的牌号组成中，表示镇静钢的符号"Z"和表示特殊镇静钢的符号"TZ"可以省略。

（2）低合金高强度结构钢为镇静钢或特殊镇静钢，在牌号后没有脱氧方法。

（3）有专门用途的应在钢号后标出，如 Q345R（压力容器钢）、Q295HP（焊接气瓶用钢）、Q390g（锅炉用钢）、Q420q（桥梁用钢）、Q340NH（耐候钢）。

（4）根据需要，通用低合金高强度结构钢的牌号也可以采用两位阿拉伯数字（表示平均含碳量的万分数）和元素符号，按顺序表示，如 09MnV；专用低合金高强度结构钢的牌号也可以采用两位阿拉伯数字（表示平均含碳量的万分数），如 16MnL。

29.1.1.2　优质碳素结构钢和优质碳素弹簧钢

优质碳素结构钢表示法为：两位数字（表示平均含碳量的万分数）。

牌号举例：45 钢（平均含碳量（质量分数）为 0.45%），08 钢（平均含碳量（质量分数）为 0.08%）。

说明：

（1）沸腾钢和半镇静钢，在牌号尾部分别加符号"F"和"b"，镇静钢一般不标符号。例如，平均含碳量（质量分数）为 0.08% 的沸腾钢，其牌号表示为 08F；平均含碳量（质量分数）为 0.10% 的半镇静钢，其牌号表示为 10b，平均含碳量（质量分数）为 0.45% 的镇静钢，其牌号表示为 45。

（2）含锰量（质量分数）较高（0.7%~1.2%）的优质碳素结构钢，在钢号后加"Mn"。其中含碳量（质量分数）小于 0.6% 者，含锰量（质量分数）为 0.7%~1.0%；含碳量（质量分数）大于 0.6% 者，含锰量（质量分数）为 0.9%~1.2%。如平均含碳量（质量分数）为 0.50%、含锰量（质量分数）为 0.70%~1.00% 的优质碳素结构钢的牌号表示为 50Mn。

（3）高级优质碳素结构钢，在牌号后加符号"A"，例如 20A。

（4）特级优质碳素结构钢，在牌号后加符号"E"，例如 45E。

（5）专用优质碳素结构钢，在牌号后应标明用途，例如 20g。

（6）优质碳素弹簧钢的牌号表示方法与优质碳素结构钢相同。

29.1.1.3　易切削钢

表示法为：Y + 数字（表示平均含碳量的万分数）。

说明：

（1）含钙、铅等易切削元素的易切削钢，在牌号后加易切削元素符号，如 Y15Pb、Y45Ca。

（2）加硫和加硫磷的易切削钢，在牌号后不加易切削元素符号，例如 Y30。

（3）含锰量（质量分数）较高（1.20%~1.55%）的加硫或加硫磷易切削钢，在牌号后加"Mn"。例如，平均含碳量（质量分数）为 0.40%，含锰量（质量分数）为 1.20%~1.55% 的易切削钢，其牌号表示为 Y40Mn。

29.1.1.4　合金结构钢和合金弹簧钢

合金结构钢牌号表示法为：两位数字+合金元素符号+数字。

牌号举例：15MnV、20Mn2B。

说明：

（1）牌号头部的两位数字表示平均含碳量的万分数，合金元素符号后面的数字表示该合金元素平均含量的百分数。

（2）合金元素含量（质量分数）表示方法为平均含量小于 1.50% 时，牌号中仅标明元素，一般不标明含量；平均合金含量（质量分数）为 1.50%~2.49%、2.50%~3.49%、3.50%~4.49% 时，在合金元素后分别标 2、3、4，以此类推。例如碳、铬、锰、硅的平均含量（质量分数）分别为 0.30%、0.95%、0.85%、1.05% 的合金结构钢，其牌号表示为 30CrMnSi。

（3）高级优质合金结构钢，在牌号尾部加符号"A"表示，例如 30CrMnSiA。

（4）特级优质合金结构钢，在牌号尾部加符号"E"表示，例如 30CrMnSiE。

（5）专用合金结构钢，在牌号头部（或尾部）加代表产品用途的符号，例如 ML30CrMnSi（铆镙用钢）、16MnDR（低温压力容器用钢）。

（6）合金弹簧钢的表示方法与合金结构钢相同，例如 60Si2Mn；高级优质弹簧钢，在牌号尾部加符号"A"，如 60Si2MnA。

29.1.1.5　非调质机械结构钢

牌号表示为：YF 或 F+两位数字+合金元素符号+数字。

说明：

非调质机械结构钢牌号表示方法与合金结构钢相同，只是在牌号的头部加符号"YF"或"F"。YF 表示易切削非调质机械结构钢，F 表示热锻用非调质机械结构钢。例如，YF35V 表示平均含碳量（质量分数）为 0.35%，含钒量（质量分数）为 0.06%～0.13% 的易切削非调质机械结构钢；F45V 表示平均含碳量（质量分数）为 0.45%，含钒量（质量分数）为 0.06%～0.13% 的热锻用非调质机械结构钢。

29.1.1.6　碳素工具钢

牌号表示法为：T + 数字（表示平均含碳量的千分数）。

说明：

（1）含锰量（质量分数）较高（0.40%～0.60%）的碳素工具钢，在牌号后加"Mn"。例如，平均含碳量为 0.80%、含锰量（质量分数）为 0.40%～0.60% 的碳素工具钢，其牌号表示为 T8Mn。

（2）高级优质碳素工具钢，在牌号尾部加符号"A"。例如，T10A。

29.1.1.7　合金工具钢和高速工具钢

牌号表示方法基本上同合金结构钢，不同之处在于：

（1）合金工具钢含碳量（质量分数）不小于 1.00% 或钢种为高速钢时不标出碳含量。例如，平均含碳量（质量分数）为 1.60%，含铬量（质量分数）为 11.75%，含钼量（质量分数）为 0.50%，含钒量（质量分数）为 0.22% 的合金工具钢，其牌号表示为 Cr12MoV；平均含碳量（质量分数）为 0.85%，含钨量（质量分数）为 6.00%，含钼量（质量分数）为 5.00%，含铬量（质量分数）为 4.0%，含钒量（质量分数）为 2.0% 的高速工具钢，其牌号表示为 W6Mo5Cr4V2。

（2）平均含碳量（质量分数）小于 1.00% 时，可采用一位数字表示含碳量的千分数。例如，平均含碳量（质量分数）为 0.80%，含硅量（质量分数）为 0.45%，含锰量（质量分数）为 0.95% 的合金工具钢，其牌号表示为 8MnSi。

（3）低铬（平均含铬量小于 1%）合金工具钢，以千分数表示含铬量，并在数字前加"0"。例如，平均含铬量（质量分数）为 0.60% 的合金工具钢，其牌号表示为 Cr06。

（4）塑料模具钢，在牌号头部加符号"SM"。例如，平均含碳量（质量分数）为 0.34%，含铬量（质量分数）为 1.70%，含钼量（质量分数）为 0.42% 的合金塑料模具钢，其牌号表示为 SM3Cr2Mo。

29.1.1.8 不锈钢和耐热钢

表示法为：数字（含碳量）+元素+数字（合金元素平均含量百分数）。

说明：

（1）合金元素含量（质量分数）表示方法同合金结构钢。

（2）碳含量（质量分数）的表示方法如下。

当平均含碳量 $w_C \geqslant 1.0\%$ 时，采用两位数字表示平均含碳量的千分数。例如平均含碳量为 1.10%，含铬量为 17% 的高碳铬不锈钢，其牌号表示为 11Cr17。

当 $0.1\% \leqslant w_C < 1.0\%$ 时，用一位阿拉伯数字表示平均含碳量的千分数。例如平均含碳量为 0.2%，含铬量为 13% 的不锈钢，其牌号表示为 2Cr13。

当 $0.03\% < w_C < 0.1\%$ 时，以"0"表示含碳量。例如含碳量上限为 0.08%，平均含铬量为 18%，含镍量为 9% 的铬镍不锈钢，其牌号表示为 0Cr18Ni9。

当 $0.01\% < w_C \leqslant 0.03\%$ 时（超低碳），以"03"表示含碳量。例如含碳量上限为 0.03%，平均含铬量为 19%，含镍量为 10% 的超低碳不锈钢，其牌号表示为 03Cr19Ni10。

当 $w_C \leqslant 0.01\%$ 时（极低碳），以"01"表示含碳量。例如含碳量上限为 0.01%，平均含铬量为 19%，含镍量为 11% 的极低碳不锈钢，其牌号表示为 01Cr19Ni11。

（3）易切削不锈钢和耐热钢在牌号头部加"Y"，如含碳量上限为 0.12%、平均含铬量为 17% 的加硫易切削铬不锈钢，其牌号表示为 Y1Cr17。

29.1.1.9 轴承钢

轴承钢分为高碳铬轴承钢、渗碳轴承钢、高碳铬不锈轴承钢和高温轴承钢等四大类。

（1）高碳铬轴承钢，在牌号头部加符号"G"，但不标明含碳量。铬含量以千分数计，其他合金元素同合金结构钢的合金含量表示。例如，平均含铬量（质量分数）为 1.50% 的轴承钢，其牌号表示为 GCr15。

（2）渗碳轴承钢，采用合金结构钢的牌号表示方法，仅在牌号头部加符号"G"。例如（质量分数）：平均含碳量为 0.20%，含铬量为 0.35%～0.65%，含镍量为 0.40%～0.70%，含钼量为 0.10%～0.35% 的渗碳轴承钢，其牌号表示为 G20CrNiMo。

（3）高级优质渗碳轴承钢，在牌号尾部加"A"，例如 G20CrNiMoA。

（4）高碳铬不锈轴承钢和高温轴承钢，采用不锈钢和耐热钢的牌号表示方法，牌号头部不加符号"G"。例如（质量分数）：平均含碳量为 0.90%，含铬量为 18% 的高碳铬不锈轴承钢，其牌号表示为 9Cr18；平均含碳量为 1.02%，含铬量为 14%，含钼量为 4% 的高温轴承钢，其牌号表示为 10Cr14Mo4。

29.1.1.10 焊接用钢

焊接用钢包括焊接用碳素钢、焊接用合金钢和焊接用不锈钢等，其牌号表示方法是在各类焊接用钢牌号头部加符号"H"，例如 H08、H08Mn2Si、H1Cr19Ni9。

高级优质焊接用钢，在牌号尾部加符号"A"，例如 H08A、H08Mn2SiA。

29.1.1.11 电工用硅钢

电工用硅钢分为热轧硅钢和冷轧硅钢；冷轧硅钢又分为无取向硅钢和取向硅钢。

　　硅钢牌号采用规定的符号和数字表示。数字表示典型产品（某一厚度的产品）的厚度（mm）和最大允许铁损值（W/kg）。

　　电工用热轧硅钢的牌号表示法为：

　　　　DR+数字（最大允许铁损值 100 倍）+G-数字（产品公称厚度 100 倍）

"G" 表示在高频率（400Hz）下检验，若在频率 50Hz 下检验，则不加 "G"。例如，频率为 50Hz 时，厚度为 0.50mm，最大允许铁损值为 4.40W/kg 的电工用热轧硅钢，其牌号表示为 DR440-50；频率为 400Hz 时，厚度为 0.30mm，最大允许铁损值为 1.75W/kg 的电工用热轧硅钢，其牌号表示为 DR175G-30。

　　电工用冷轧无取向硅钢和取向硅钢表示法为：

　　　　数字（产品公称厚度 100 倍）+W（无取向）或 Q（取向）+数字（铁损值 100 倍）

例如 30Q130、35W300。若为取向高磁感硅钢，其牌号应在符号 "Q" 和铁损值之间加符号 "G"，如 27QG100。

　　电讯用取向高磁感硅钢牌号采用规定的符号和阿拉伯数字表示。阿拉伯数字表示电磁性能级别，从 1 至 6 表示电磁性能从低到高，例如 DG5。

29.1.1.12　电磁纯铁

　　电磁纯铁牌号采用规定符号和阿拉伯数字表示，例如 DT3、DT4。阿拉伯数字表示不同牌号的顺序号。电磁性能不同，可以在牌号尾部分别加质量等级符号 A（高级）、C（超级）、E（特级），例如 DT4A、DT4C、DT4E。

29.1.2　钢产品牌号统一数字代号表示法

　　为便于现代化计算机管理，我国于 1998 年 12 月颁布了国家标准《钢铁产品牌号统一数字代号体系》（GB/T 17616—1998）。规定了钢铁及合金产品牌号统一数字代号的编制原则、结构、分类、管理及体系表等内容。规定的数字代号体系，以固定位数的结构形式，统一了钢铁及合金产品牌号表示方法，便于现代化的数据处理设备进行存储和检索。规定凡列入国家标准和行业标准的钢铁及合金产品应同时列入产品牌号和统一数字代号，相互对照，共同有效。

29.1.2.1　统一数字代号编号原则

　　统一数字代号由固定的 6 位符号组成，左边第一位用大写的拉丁字母作前缀（一般不使用字母 I 和 O），后接 5 位阿拉伯数字。

　　每一个统一数字代号只适用于一个产品牌号；反之，每一个产品牌号只对应一个统一数字代号。当产品牌号取消后，一般情况下，原对应的统一数字代号不再分配给另一个产品牌号。

29.1.2.2　统一数字代号结构形式

　　统一数字代号的结构形式如下：

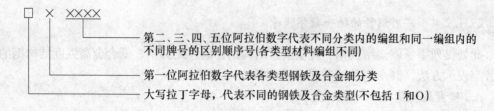

第二、三、四、五位阿拉伯数字代表不同分类内的编组和同一编组内的
不同牌号的区别顺序号(各类型材料编组不同)

第一位阿拉伯数字代表各类型钢铁及合金细分类

大写拉丁字母，代表不同的钢铁及合金类型(不包括 I 和 O)

29.1.2.3　钢铁及合金的分类和统一数字代号

钢铁及合金的类型和统一数字代号见表 29-1，其细分类和统一数字代号见表 29-2 和表 29-3。钢铁材料类型较多，此处仅列举了合金结构钢和轴承钢的细分类和统一数字代号，其余类型可参阅国家标准《钢铁产品牌号统一数字代号体系》（GB/T 17616—1998）。

表 29-1　钢铁及合金的类型与统一数字代号

钢铁及合金的类型	统一数字代号	钢铁及合金的类型	统一数字代号
合金结构钢（包括合金弹簧钢）	A	杂类材料	M
轴承钢	B	粉末及粉末材料	P
铸铁、铸钢及铸造合金	C	快淬金属及合金	Q
电工用钢和纯铁	D	不锈、耐蚀和耐热钢	S
铁合金和生铁	F	工具钢	T
高温合金和耐蚀合金	H	非合金钢	U
精密合金及其他特殊物理性能材料	J	焊接用钢及合金	W
低合金钢	L		

表 29-2　合金结构钢细分类和统一数字代号

统一数字代号	合金结构钢细分类（包括合金弹簧钢）	统一数字代号	合金结构钢细分类（包括合金弹簧钢）
A0××××	Mn（X）、MnMo（X）系钢	A5××××	CrNiMo（X）、CrNiW（X）系钢
A1××××	SiMn（X）、SiMnMo（X）系钢	A6××××	Ni（X）、NiMo（X）、MoWV（X）系钢
A2××××	Cr（X）、CrSi（X）、CrMn（X）、CrV（X）、CrMnSi（X）系钢	A7××××	B（X）、MnB（X）、SiMnB（X）系钢
A3××××	CrMo（X）、CrMoV（X）系钢	A8××××	（暂空）
A4××××	CrNi（X）系钢	A9××××	其他合金结构钢

注：表中（X）表示该合金系列中还包括有其他合金元素，如 Cr（X）系，除 Cr 钢外，还包括 CrMn 钢等。

表 29-3　轴承钢细分类和统一数字代号

统一数字代号	轴承钢细分类	统一数字代号	轴承钢细分类
B0××××	高碳铬轴承钢	B3××××	无磁轴承钢
B1××××	渗碳轴承钢	B4××××	石墨轴承钢
B2××××	高温轴承钢、不锈轴承钢	B5××××	（暂空）

29.1.2.4 常用钢种的统一数字代号

此处仅列举了碳素结构钢、优质碳素结构钢、碳素工具钢、低合金高强度结构钢的统一数字表示方法，其余钢种可参阅 GB/T 17616—1998。

A 碳素结构钢的统一数字代号

碳素结构钢属于非合金一般结构及工程结构钢，统一数字代号为：

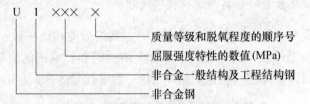

质量等级和脱氧程度顺序号的含义见表 29-4。

表 29-4 碳素结构钢质量等级和脱氧程度顺序号的含义

顺序号	0	1	2	3	4	5	6	7	8
含义	A·F（或F）	A·b（或b）	A·Z（或Z）	B·F	B·b	B·Z	C（Z0）	D（TZ）	含Al

碳素结构钢的牌号和统一数字代号对照见表 29-5。如屈服点为 235MPa 的 A 级非合金结构一般结构及工程结构用沸腾钢，即碳素结构钢 Q235AF 的统一数字代号为 U12350。

表 29-5 碳素结构钢的牌号和统一数字代号对照表

数字代号	牌 号	数字代号	牌 号	数字代号	牌 号
U11950	Q195F	U12154	Q215Bb	U12355	Q235B
U11951	Q195b	U12155	Q215B	U12356	Q235C
U11952	Q195	U12350	Q235AF	U12357	Q235D
U12150	Q215AF	U12351	Q235Ab	U12552	Q255A
U12151	Q215Ab	U12352	Q235A	U12555	Q255B
U12152	Q215A	U12353	Q235BF	U12752	Q275
U12153	Q215BF	U12354	Q235Bb		

B 优质碳素结构钢的统一数字代号

优质碳素结构钢属于非合金机械结构钢，其数字代号为：

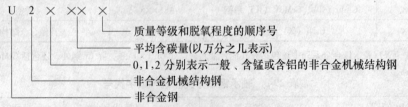

质量等级和脱氧程度顺序号的含义见表 29-6。

表 29-6 优质碳素结构钢的质量等级和脱氧程度顺序号的含义

顺序号	0	1	2	3	4	5	6	7	8
含义	F	b	Z（优质钢）	A（高级优质）	E（特级优质）	Z（淬）H（淬）	AZ	AE	含Al

优质碳素结构钢的牌号和统一数字代号对照见表 29-7。如平均含碳量为 0.45% 的一般机械结构镇静钢，即 45 号钢的统一数字代号为 U20452。

表 29-7　优质碳素结构钢的牌号和统一数字代号对照表

数字代号	牌　号	数字代号	牌　号	数字代号	牌　号
U20080	08F	U20082	08	U20202	20
U20100	10F	U20102	10	U20252	25
U20150	15F	U20152	15	U20302	30
U20352	35	U20802	80	U21502	50Mn
U20402	40	U20852	85	U21552	55Mn
U20452	45	U21152	15Mn	U21602	60Mn
U20502	50	U21202	20Mn	U21652	65Mn
U20552	55	U21252	25Mn	U21702	70Mn
U20602	60	U21302	30Mn	U20101	10b
U20652	65	U21352	35Mn	U22088	08Al
U20702	70	U21402	40Mn	U20455	45H
U20752	75	U21452	45Mn		

C　碳素工具钢的统一数字代号

碳素工具钢属于非合金工具钢，数字代号为：

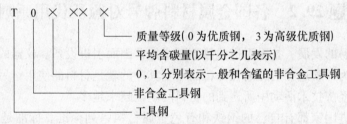

例如，平均含碳量为 0.8%，含锰量较高的高级优质非合金工具钢（T8MnA）的数字代号为 T01083。碳素工具钢的牌号和统一数字代号对照见表 29-8。

表 29-8　碳素工具钢的牌号和统一数字代号对照表

数　字　代　号	牌　号	数　字　代　号	牌　号
T00070	T7	T00100	T10
T00080	T8	T00110	T11
T01080	T8Mn	T00120	T12
T00090	T9	T00130	T13

D　低合金高强度结构钢的数字代号

低合金高强度结构钢属于低合金钢中的低合金一般结构钢，数字代号为：

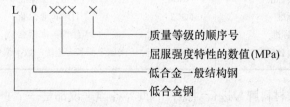

质量等级顺序号的含义见表 29-9。

表 29-9　低合金高强度钢的质量等级顺序号的含义

数字序号	1	2	3	4	5
质量等级符号	A	B	C	D	E

低合金高强度钢的牌号和统一数字代号对照见表 29-10。如屈服强度等级为 345MPa、质量等级为 A 级的低合金一般结构钢（Q345A）的数字代号为 L03451。

表 29-10　低合金高强度钢的牌号和统一数字代号对照表

数字代号	牌　号	数字代号	牌　号	数字代号	牌　号
L02951	Q295A	L03901	Q390A	L04203	Q420C
L02952	Q295B	L03902	Q390B	L04204	Q420D
L03451	Q345A	L03903	Q390C	L04205	Q420E
L03452	Q345B	L03904	Q390D	L04603	Q460C
L03453	Q345C	L03905	Q390E	L04604	Q460D
L03454	Q345D	L04201	Q420A	L04605	Q460E
L03455	Q345E	L04202	Q420B		

主题 29.2　各国金属材料牌号对照及代用原则

随着国际贸易的发展，技术引进项目不断增加，因而引进设备、仪器的国产化，零备件的国产化已成为一项迫在眉睫的任务，而首当其冲的就是材料的使用；另外，人们在生产、科研及涉外经济技术活动中所遇到的材料问题也越来越多。

国外工业先进国家都有自己的钢铁和有色金属材料系列标准。标准是成熟技术的总结，是生产活动的基本依据。随着技术的进步，标准也会不停地修订、补充、再版和废止。从工业先进国家来看，其标准一般是 3~5 年修订一次。相对来说，产品标准修订的时间要短一些，基础标准修订的时间要长一些。使用现行标准已成为标准化工作者和使用标准的人们在标准化工作实践中自然形成的一条不成文的规定，现行标准就是贯彻标准时，所选用的最新出版年代（版次）的标准，即当时行之有效的标准。世界两大标准化组织（ISO 和 IEC）及部分工业先进国家的部分标准和代号见表 29-11。

表 29-11　世界标准化组织及主要先进工业国家标准代号表

标　准　名　称	代号缩写	标　准　名　称	代号缩写
国际标准化组织标准	ISO	德国国家标准	DIN
国际电工委员会标准	IEC	英国国家标准	BS
俄罗斯国家标准	ГОСТ	日本工业标准	JIS
美国钢铁协会标准	AISI	法国国家标准	NF
美国材料与试验协会标准	ASTM	美国金属和合金统一数字编号系统	UNS

如何对各国钢铁材料牌号进行对照，对世界各国来说都是一个非常棘手的问题，这是

因为此项工作所涉及的因素比较复杂。前苏联、美国、英国、法国、前联邦德国及日本等国也都编写了本国与外国材料对照的参考书，其中前联邦德国编的《钢钥匙》是一本较好的材料对照工具书。很遗憾，国外编的材料对照中尚未发现与中国材料对照的资料。

模块 30　钢的热处理

主题 30.1　钢的退火与正火

退火和正火是生产上应用很广泛的预备热处理工艺。在机器零件加工工艺过程中，退火和正火是一种先行工艺，具有承上启下的作用。大部分机器零件及工、模具的毛坯经退火或正火后，不仅可以消除铸件、锻件及焊接件的内应力及成分和组织的不均匀性，而且也能改善和调整钢的机械性能和工艺性能，为下道工序作好组织性能准备。对于一些受力不大、性能要求不高的机器零件，退火和正火也可作为最终热处理。对于铸件，退火和正火通常就是最终热处理。

30.1.1　钢的退火

退火就是将钢加热到临界点以上，保温一定时间，然后缓慢冷却（炉冷、坑冷、灰冷）到 600℃以下再空冷到室温，得到接近平衡状态组织的一种热处理工艺，也叫焖火。

30.1.1.1　退火的实质和退火组织

对共析钢、过共析钢来说，退火实质上就是奥氏体化后进行珠光体转变；对亚共析钢来说，退火是奥氏体化后进行先共析转变加珠光体转变的过程。所以亚共析钢退火后的组织是铁素体加片状珠光体；共析、过共析钢则是粒状珠光体，也叫球化体。

30.1.1.2　退火的目的

通过不同的退火工艺，可以达到如下的目的：

（1）降低硬度，提高切削加工性能。经铸、锻、焊成形的工件，往往硬度偏高，不易切削，需要经过退火，以降低硬度。一般硬度在 HB200～250 之间最易切削加工。

（2）提高塑性，便于冷变形加工。冷变形使工件加工硬化，经过退火可以消除加工硬化，提高塑性，便于随后的冷变形加工，如冷拔、冷冲、冷轧等。

（3）消除组织缺陷，改善性能。经铸、锻、焊成形的工件，组织中往往存在魏氏组织、带状组织等缺陷，经过完全退火可以消除缺陷，改善性能。

（4）消除铸造偏析、使化学成分均匀化。合金钢铸锭和铸件由于树枝状结晶而造成晶内偏析，需经扩散退火，使化学成分均匀化。

（5）脱除氢气，防止白点。大型合金钢锻轧件，在压力加工之后，不能直接冷却到 200℃以下，必须经过脱氢退火才能进行冷却。

（6）消除应力，稳定尺寸。冷冲压件或机加工件，经过低温退火，消除应力，稳定尺寸，还可防止淬火变形开裂。

（7）淬火过热返修品，需经退火消除过热影响，再重新淬火。这对于高速钢的返修淬火件尤其重要。

30.1.1.3　退火工艺

实际生产中，退火工艺的种类很多。其中加热到 A_{c1} 点以上的退火，称为重结晶退火，还有一些加热到 A_{c1} 点以下的退火，统称为低温退火，如图 30-1 所示。

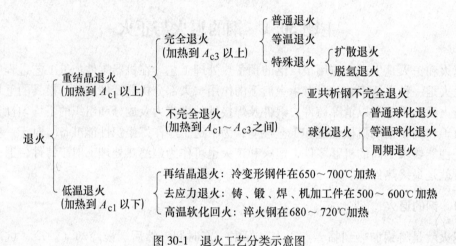

图 30-1　退火工艺分类示意图

几种常用的退火方法及适应钢种见表 30-1。

表 30-1　常用退火方法及适应钢种

种类	定　义	加热温度	退火目的	适应钢种	备　注
完全退火	将亚共析钢加热到 A_{c3} 以上 20～50℃，保温一定时间，然后随炉缓冷却到 600℃ 以下，再出炉在空气中冷却的热处理工艺	$A_{c3}+(20\sim50)℃$	细化晶粒、均匀组织、消除内应力、降低硬度和改善钢的切削加工性	含碳量为 0.3%～0.6% 的亚共析钢	低碳钢和过共析钢不宜采用完全退火。低碳钢完全退火后硬度偏低，不利于切削加工。过共析钢加热至 A_{ccm} 以上奥氏体状态缓冷退火时，有网状二次渗碳体析出，使钢的强度、塑性和冲击韧性显著降低
球化退火	将钢加热到 A_{c1} 以上 20～50℃，保温一定时间，然后缓慢冷却，获得球状珠光体组织的热处理工艺	$A_{c1}+(20\sim50)℃$	使钢中碳化物球化，获得粒状珠光体以降低硬度、均匀组织、改善切削加工性，并为淬火作组织准备	共析钢、过共析钢和合金工具钢	如果加热温度过高（高于 A_{ccm}）或保温时间过长，则大部分碳化物均已溶解，并形成均匀的奥氏体，在随后缓慢冷却中奥氏体易转变为片状珠光体，球化效果很差

种类	定　义	加热温度	退火目的	适应钢种	备　注
扩散退火	将钢加热到略低于固相线的温度下长时间保温，然后缓慢冷却以消除化学成分不均匀现象的热处理工艺	A_{c3}（A_{ccm}）+（150~250）℃	消除铸锭或铸件在凝固过程中产生的枝晶偏析及区域偏析，使成分和组织均匀化	优质合金钢及偏析较严重的合金钢铸件及钢锭	
去应力退火	将钢加热到略低于 A_{c1} 的温度，保温一定时间后，缓慢冷却以消除残余内应力的热处理工艺	500~650℃	消除内应力、降低硬度、提高尺寸稳定性、防止工件的变形和开裂	铸、锻、焊接件、冷冲压件、机加工件	
再结晶退火	将冷变形后的钢加热到再结晶温度以上，保温适当时间，使变形晶粒重新转变为均匀等轴晶粒而消除加工硬化现象的热处理工艺	再结晶温度以上（650~700℃）	消除加工硬化	冷冲、冷轧、冷拔工件	

30.1.2　钢的正火

正火是将钢加热到 A_{c3} 或 A_{ccm} 以上适当温度进行完全奥氏体化，保温以后在空气中冷却得到珠光体类组织的热处理工艺，也叫常化。

与退火相比，正火冷却速度较快，转变温度较低。因此，相同钢材正火后获得的珠光体组织较细，钢的强度、硬度也较高。表 30-2 为 45 号钢铸、锻后与退火、正火后的力学性能比较，由表 30-2 可以看出，正火后的强度、硬度和韧性都比退火后的高，而且塑性也没降低。

表 30-2　45 号钢铸、锻后以及退火、正火后的力学性能

状　态	σ_b/MPa	δ_5/%	a_k/J·cm^{-2}	HBS	组织与特点
铸态	490~588	2~5	11.8~19.6	约 220	晶粒粗大，成分不均
锻后	588~686	5~10	19.6~39.2	约 230	晶粒粗大，成分不均
退火后	637~686	15~20	39.2~58.8	约 180	晶粒细小，组织均匀
正火后	686~785	15~20	49.0~78.4	约 220	比退火更细更均匀

正火的实质是完全奥氏体化+伪共析转变。当钢中碳的含量为 0.6%~1.4% 时，正火组织中不出现先共析相，只有伪共析珠光体或索氏体。碳的含量小于 0.6% 的钢，正火后除了伪共析体外，还有少量铁素体。

正火作为预备热处理，可为机械加工提供适宜的硬度、又能细化晶粒、消除应力、消除魏氏组织和带状组织，为最终热处理提供合适的组织状态。正火还可作为最终热处理，为某些受力较小、性能要求不高的碳索钢结构零件提供合适的机械性能。

正火还能消除过共析钢的网状碳化物，为球化退火作好组织准备。对于大型工件及形状复杂或截面变化剧烈的工件，用正火代替淬火和回火可以防止变形和开裂。

正火处理的加热温度通常在 A_{c3} 或 A_{ccm} 以上 30~50℃，高于一般退火的温度。对于含有 V、Ti、Nb 等碳化物形成元素的合金钢，可采用更高的加热温度，即为 A_{c3} 以上 100~150℃，让碳化物充分溶解。

正火工艺是较简单、经济的热处理方法，主要应用于以下几方面：

（1）改善钢的切削加工性能。碳的含量低于 0.25% 的碳素钢和低合金钢，退火后硬度较低，切削加工时易"粘刀"，通过正火处理，可以减少自由铁素体，获得细片状珠光体，使硬度提高至 140~190HB，可以改善钢的切削加工性，提高刀具的寿命和工件的表面光洁程度。

（2）消除热加工缺陷。中碳结构钢铸、锻、轧件以及焊接件在热加工后易出现魏氏组织、粗大晶粒等过热缺陷和带状组织。通过正火处理可以消除这些缺陷组织，达到细化晶粒、均匀组织、消除内应力的目的。

（3）消除过共析钢的网状碳化物，便于球化退火。过共析钢在淬火之前要进行球化退火，以便于机械加工并为淬火作好组织准备。但当过共析钢中存在严重网状碳化物时，将达不到良好的球化效果。通过正火处理可以消除网状碳化物。为此，正火加热时要保证碳化物全部溶入奥氏体中，要采用较快的冷却速度抑制二次碳化物的析出，获得伪共析组织。

（4）提高普通结构零件的机械性能。一些受力不大、性能要求不高的碳钢和合金钢零件采用正火处理，达到一定的综合力学性能，可以代替调质处理，作为零件的最终热处理。

30.1.3　退火和正火的选用

生产上退火和正火工艺的选择应当根据钢种，冷、热加工工艺，零件的使用性能及经济性综合考虑。

含碳量小于 0.25% 的低碳钢，通常采用正火代替退火。因为较快的冷却速度可以防止低碳钢沿晶界析出游离三次渗碳体，从而提高冲压件的冷变形性能，用正火可以提高钢的硬度，改善低碳钢的切削加工性能，在没有其他热处理工序时，用正火可以细化晶粒，提高低碳钢强度。

含碳量为 0.25%~0.5% 的中碳钢也可用正火代替退火，虽然接近上限碳量的中碳钢正火后硬度偏高，但尚能进行切削加工，而且正火成本低、生产率高。

含碳量为 0.5%~0.75% 的钢，因含碳量较高，正火后的硬度显著高于退火的情况，难以进行切削加工，故一般采用完全退火，降低硬度，改善切削加工性能。

含碳量在 0.75% 以上的高碳钢或工具钢一般均采用球化退火作为预备热处理。如有网状二次渗碳体存在，则应先进行正火消除之。

随着钢中碳和合金元素的增多，过冷奥氏体稳定性增加，C 曲线右移。因此，一些中碳钢及中碳合金钢正火后硬度偏高，不利于切削加工，应当采用完全退火。尤其是含较多合金元素的钢，过冷奥氏体特别稳定，甚至在缓慢冷却条件下也能得到马氏体和贝氏体组织，因此应当采用高温回火来消除应力，降低硬度，改善切削加工性能。

此外，从使用性能考虑，如钢件或零件受力不大，性能要求不高，不必进行淬、回火，可用正火提高钢的机械性能，作为最终热处理。从经济原则考虑，由于正火比退火生产周期短，操作简便，工艺成本低，因此在钢的使用性能和工艺性能得到满足的条件下，应尽可能用正火代替退火。

主题 30.2　钢的淬火与回火

钢的淬火与回火是热处理工艺中最重要、也是用途最广泛的工序。淬火可以显著提高钢的强度和硬度。为了消除淬火钢的残余内应力，得到不同强度、硬度和韧性配合的性能，需要配以不同温度的回火。所以淬火和回火又是不可分割的、紧密衔接在一起的两种热处理工艺。淬、回火作为各种机器零件及工、模具的最终热处理工序，是赋予钢件最终性能的关键性工序，也是钢件热处理强化的重要手段之一。

30.2.1　钢的淬火

将钢加热至临界点 A_{c3} 或 A_{c1} 以上一定温度，保温以后以大于临界冷却速度的速度冷却得到马氏体（或下贝氏体）的热处理工艺叫做淬火。

淬火工艺的实质是奥氏体化后进行马氏体转变，淬火钢的组织主要由马氏体组织，同时还有少量残余奥氏体和未溶的第二相。

从原理上说，只有发生奥氏体向马氏体转变的热处理过程才能叫做淬火。但是，淬火这一术语，现在用得很广泛，凡是奥氏体化以后在水中、油中或低温盐浴中快速冷却的工艺过程，都叫做淬火。在这广义的淬火过程中，可能发生马氏体转变，也可能发生贝氏体转变，还可能不发生任何转变，将奥氏体固定到室温。

30.2.1.1　淬火的目的

淬火是为了得到马氏体。但是，马氏体不是热处理所要得到的最终组织，淬火必须与回火恰当配合，才能达到如下预期的目的。

（1）提高硬度和耐磨性。许多工件，如刃具、模具、量具、轴承等，都要求硬而耐磨。一般都用高碳钢制造，并淬火成马氏体或下贝氏体，再配合以低温回火，便可达到目的。

（2）提高弹性。各种弹簧都要求强度高、弹性好。一般都用中、高碳钢制造，并淬火成马氏体，再配合以中温回火，使弹性大大提高。

（3）提高强韧性。许多工件，如轴类、齿轮（心部）、连接件、结构件等，都要求强度高、韧性好。一般都用中、低碳钢制造，并淬火成马氏体，再配合以高温回火或低温回火，使强韧性显著提高。

（4）提高硬磁性（永磁性）。各种永久磁铁都用高碳钢或特殊磁钢制造，淬火成马氏体，经过技术磁化，磁性高而矫顽力大，经久不退磁。

（5）提高耐蚀性和耐热性。许多不锈钢或耐热钢零件，也要首先淬火成马氏体或贝氏体，使不锈耐热性提高。

总之，钢的强度、硬度、耐磨性、弹性、韧性、疲劳强度等，都可以利用淬火与回火使之大大提高。所以，淬火是强化钢铁的主要手段之一。

30.2.1.2　钢在淬火时 M 的形成特点

钢在淬火时 M 的形成特点有：

（1）过冷度极大，只发生晶格改组，而无原子的扩散，应力大。

（2）形成速度极快，但 M 的增加是依靠新核的不断形成来完成，不是靠其长大来实现。

（3）在一定的温度范围内降温形成，温度停止下降，转变立刻终止。

（4）M 的转变属于不完全转变，必有 A。

（5）M 针的尺寸取决于原 A 晶粒的大小，原 A 晶粒大，则 M 针就大；原 A 晶粒小，则 M 针就小。

30.2.1.3　淬火的种类

淬火的种类很多。根据淬火时奥氏体化的程度不同，可以分为完全淬火与不完全淬火，还可分为欠热淬火、正常淬火与过热淬火；根据工件淬火的部位的不同，可以分为整体淬火、局部淬火和表面淬火；根据冷却方式的不同，可以分为单液淬火、双液淬火、分级淬火、等温淬火；根据加热介质的不同，可以分为盐浴淬火、高频淬火、火焰淬火等。具体的工艺和应用将在后边介绍。此外还出现许多新的淬火工艺，如亚温淬火、超高温淬火、锻造淬火、超细化淬火等。

30.2.1.4　淬火加热温度选择

淬火加热温度的选择应以得到均匀细小的奥氏体晶粒为原则，以便淬火后获得细小的马氏体组织。

A　亚共析碳钢淬火加热温度

亚共析碳钢必须加热到 A_{c3} 以上进行完全淬火，加热温度一般为 $A_{c3}+（30\sim70）℃$。

因为加热温度若在 $A_{c1}\sim A_{c3}$ 之间，淬火组织中除马氏体外还保留一部分铁素体，使钢的硬度和强度降低；若淬火温度超过 A_{c3} 点过高，奥氏体晶粒粗化，淬火后获得粗大的马氏体。

B　共析碳钢、过共析碳钢

共析钢、过共析钢的淬火加热温度一般为 $A_{c1}+（30\sim70）℃$。

过共析钢都必须在 $A_{c1}\sim A_{ccm}$ 之间加热，进行不完全淬火。过共析钢加热温度限定在 A_{c1} 以上 $30\sim70℃$ 是为了得到细小的奥氏体晶粒和保留少量渗碳体质点，淬火后得到隐晶马氏体和其上均匀分布的粒状碳化物，从而不但可使钢具有更高的强度、硬度和耐磨性，而且也具有较好的韧性。加热温度若超过 A_{ccm}，碳化物将全部溶入奥氏体中，使奥氏体中的含碳量增加，降低钢的 M_s 和 M_f 点，淬火后残余奥氏体量增多，会降低钢的硬度和耐磨性；淬火温度过高，还使奥氏体晶粒粗化、含碳量增高，淬火后易得到含有显微裂纹的粗片状马氏体，使钢的脆性增大；加热温度高，淬火内应力（热应力和组织应力）大、氧化脱碳严重，钢件变形和开裂倾向增大。

30.2.1.5　淬火冷却介质及选择

一般钢的淬火都需要快速冷却,例如,碳素钢要水冷,合金钢要油冷。快速冷却的目的,是为了防止过冷奥氏体在 M_s 点以上发生任何分解。根据连续冷却 C-曲线可知,过冷奥氏体在大约 650~400℃之间分解最快,因此,只需要在这一温度区间内快冷,而在 650~400℃以上和以下的温度区内,并不要求快冷。在 M_s 点以下反而希望冷却缓慢些,以防止淬火变形和开裂。所以,钢在淬火时,最理想的冷却曲线如图 30-2 所示,这也就是淬火工艺对于冷却介质的要求。

钢从奥氏体状态冷至 M_s 点以下所用的冷却介质叫做淬火介质。常用的淬火介质有水、盐水或碱水溶液及各种矿物油等。

A　水

水是最常用的一种淬火介质。但水的冷却特性很不理想,在需要快冷的 650~400℃区间,水的冷速很小,大约只有 200℃/s;而在 400℃以下需要慢冷的区间,水的冷速大增,在大约 300℃时达到最大值 800℃/s。所以水淬时工件容易变形或开裂。

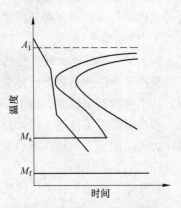

图 30-2　理想淬火冷却曲线

水作为淬火介质,具有下述优点:冷却能力大;使用安全,无燃烧、爆炸、腐蚀的危险,不污染环境;价廉易得;淬火工件不需要清洗;容易实现机械化自动化。所以在尺寸不大、形状简单的碳素钢工件淬火时,常用水作为淬火介质。

B　食盐水溶液

5%NaCl 水溶液的冷却特性比较理想,10%NaCl 水溶液的冷却特性也还可以,浓度增大到 15%时,冷却特性变坏,低温区的冷速太大。常用浓度为 10%左右的食盐水溶液,主要用于碳素钢工件的淬火。

C　碱水溶液

常用浓度为 10%NaOH 或 50%NaOH 水溶液。浓度为 10%的碱水,冷却特性较为理想,浓度提高到 15%时,冷速大为增加,但是马氏体区冷速过大;浓度为 50%时,冷却特性又变得较为理想。特别是 96℃的 50%NaOH 水溶液,冷却特性最为理想,所以这种浓度的碱水经常用于断面较大的、水淬易开裂而油淬不硬的碳素钢件,如碳素钢模具等。碱水淬火还有一大优点,就是工件表面非常光洁。但缺点是有不好的气味,溅到皮肤上有腐蚀性,以及老化变质问题,所以碱水不如盐水用得广泛。

D　油

油是又一种常用的淬火介质,有植物油和矿物油两类。生产中常用 10 号、20 号机油、变压器油、锭子油等矿物油作为淬火介质。油在低温区的冷却速度比水小得多,从而可大大降低淬火工件的组织应力,减小工件变形和开裂倾向,故多用于合金钢淬火。但其缺点主要是在高温区间冷却能力低。

30.2.1.6　淬火工艺特点及选择

选择适当的淬火方法和工艺同选用淬火介质一样，可以保证在获得所要求的淬火组织和性能条件下，尽量减少淬火应力，减少工件变形和开裂倾向。

常用的淬火工艺有以下几种。

A　单液淬火

单液淬火是将奥氏体状态的工件放入一种淬火介质中一直冷却到室温的淬火方法。单液淬火的优点是操作简便；但只适用于小尺寸且形状简单的碳钢和合金钢工件，对尺寸较大的工件实行单液淬火容易产生较大的变形或开裂。

B　预冷淬火法

为了减小单液淬火时工件的变形和开裂倾向，常采用预冷淬火法。

预冷淬火法就是将奥氏体化的工件从炉中取出，先在空气中或预冷炉中冷却一定时间，待工件冷却至临界点稍上一点的一定温度后再放入淬火介质中冷却的方法。

预冷降低了工件进入淬火介质前的温度，减少了工件与淬火介质间的温差，可以减少热应力和组织应力，从而减小工件变形或开裂倾向。

C　双液淬火法

双液淬火法是先将奥氏体状态的工件在冷却能力强的淬火介质中冷却至接近 M_s 点温度时，再立即转入冷却能力较弱的淬火介质中冷却，直至完成马氏体转变。

双液淬火时一般用水作为快冷淬火介质，用油作为慢冷淬火介质。这种淬火方法充分利用了水在高温区冷却速度快和油在低温区冷却速度慢的优点，既可以保证工件得到马氏体组织，又可以降低工件在马氏体区的冷却速度、减少组织应力，从而防止工件变形或开裂。尺寸较大的碳素钢工件适宜采用这种淬火方法。

D　喷射淬火法

喷射淬火法是向工件喷射急速水流的淬火方法，主要用于局部淬火的工件。

E　分级淬火法

分级淬火法是将奥氏体状态的工件首先淬入略高于钢的 M_s 点的盐浴或碱浴炉中保温 2~5min，当工件内外温度均匀后，再从浴炉中取出空冷至室温，完成马氏体转变。

这种淬火方法由于工件内外温度均匀并在缓慢冷却条件下完成马氏体转变，不仅减小了淬火热应力（比双液淬火小），而且显著降低组织应力，因而有效地减小或防止工件淬火变形和开裂。

分级淬火只适用于尺寸较小的工件，如刀具、量具和要求变形很小的精密工件。

F　等温淬火

等温淬火是将奥氏体化后的工件淬入 M_s 点以上某温度的盐浴中等温保持足够长时间，使之转变为下贝氏体组织，然后在空气中冷却的淬火方法。等温淬火用于中碳以上的钢，目的是为了获得下贝氏体，以提高强度、硬度、韧性和耐磨性。低碳钢一般不采用等温淬火，因为低碳贝氏体不如低碳马氏体的性能好。

等温的温度和时间要根据 C 曲线来确定。等温温度要选择转变最快、转变量最大的温度。等温时间要略长一些，以保证工件心部也充分转变，但也不可过长，过长可能破坏下贝氏体的组织状态，同时使热能消耗增大，生产率降低。

等温淬火只能适用于尺寸较小的工件。断面较大的工件可以采用双液等温淬火，即先在油中淬火到略高或略低于 M_s 点的温度，再转入等温盐浴中进行贝氏体转变，达到等温时间后取出空冷。这样可以保证工件心部不发生预先分解。

等温淬火与分级淬火有些相似，但实质不同。主要差别在于，分级时间很短，不发生任何转变，随后空冷时进行马氏体转变。等温淬火的等温时间很长，一般都在半小时以上，有的长达数小时，以保证在这段时间里进行贝氏体转变。

等温淬火可以显著减小工件变形和开裂倾向，适宜处理形状复杂、尺寸要求精密的工具和重要的机器零件，如模具、刀具、齿轮等，但不适宜于尺寸较大的工件。

30.2.1.7　钢的淬透性

对钢进行淬火希望获得马氏体组织，但一定尺寸和化学成分的钢件在某种介质中淬火能否得到全部马氏体则取决于钢的淬透性。

A　淬透性的概念

钢的淬透性是指奥氏体化后的钢在淬火时获得马氏体的能力，其大小用钢在一定条件下淬火获得的淬透层的深度表示。一定尺寸的工件在某介质中淬火时，工件截面表层冷却速度最大，心部冷却速度最小，由表面至心部冷却速度逐渐降低。如果工件截面中心的冷却速度高于该钢的临界淬火速度，工件就会淬透，整个截面都得到单一的马氏体组织；如果只是从表面到一定深度的冷却速度大于钢的临界淬火速度，那么就只有冷却速度大于临界淬火速度的工件外层部分才能得到马氏体，这就是工件的淬透层，而冷却速度小于临界淬火速度的心部只能获得非马氏体组织，这就是工件的未淬透区。

然而实际上，工件淬火后从表面到心部的马氏体数量是逐渐减少的，金相组织上并无明显界限，淬火组织中混入少量非马氏体组织时，硬度值也无明显变化。但淬火组织中马氏体和非马氏体组织各占一半（即半马氏体层）时，显微观察极为方便，硬度变化也最为剧烈。为测试方便，通常将淬透层深度规定为由表面到半马氏体层的深度。半马氏体层的组织由 50%马氏体和 50%分解产物组成，其硬度称为临界硬度。

B　淬透性、淬硬性及淬透层深度的区别

（1）钢的淬透性和淬硬性的区别。

淬透性表示钢淬火时获得马氏体的能力，它反映钢的过冷奥氏体稳定性，即与钢的临界冷却速度有关。过冷奥氏体越稳定，临界淬火速度越小，钢在一定条件下淬透层深度越深，则钢的淬透性越好。

淬硬性表示钢淬火后能够达到的最高硬度，它主要取决于马氏体中的含碳量，马氏体中含碳量越高，钢的淬硬性越高。显然，淬透性和淬硬性并无必然联系，例如高碳工具钢的淬硬性高，但淬透性很低；而低碳合金钢的淬硬性不高，但淬透性却很好。

（2）淬透性和实际条件下淬透层深度的区别。

在相同奥氏体化条件下的同一钢种，其淬透性是相同的，其大小用规定条件下的淬透层深度表示。而实际工件的淬透层深度是指具体条件下测定的半马氏体区至工件表面的深度，它与钢的淬透性、工件尺寸及淬火介质的冷却能力等许多因素有关。例如，同一钢种在相同介质中淬火，小件比大件的淬透层深；一定尺寸的同一钢种，水淬比油淬的淬透层深；工件的体积越小，表面积越小，则冷却速度越快，淬透层越深。因此不能说同一钢种水淬时比油淬时的淬透性好，小件淬火时比大件淬火时淬透性好。淬透性是不随工件形状、尺寸和介质冷却能力而变化的。

C　影响淬透性的因素

影响淬透性的因素主要有以下几方面：

（1）奥氏体的化学成分。碳浓度越接近共析成分，奥氏体越稳定，临界冷速越小，淬透性越大；碳浓度越远离共析成分，淬透性越小。溶入奥氏体的合金元素，除钴之外，都增大奥氏体的稳定性，使淬透性提高。发展合金钢的主要目的之一就是提高钢的淬透性。

（2）奥氏体的成分均匀性。奥氏体成分越均匀，淬透性越大；成分越不均匀，则越容易分解，淬透性越小。

（3）奥氏体的晶粒度。晶粒度越粗大，钢的淬透性越好，这是因为，随着晶粒粗大化，晶界减少，晶体缺陷密度也减小，使临界冷速变小，淬透性增大。

（4）未溶第二相。奥氏体中未溶的第二相越多，越容易分解，淬透性越小；反之，未溶第二相越少，淬透性越高。

30.2.1.8　冷处理

高碳钢及一些合金钢，由于含碳及合金元素较多，M_f点位于室温以下。淬火时，若只冷却到室温，将有大量奥氏体尚未转变，既降低了硬度，又影响尺寸稳定性，所以必须进行冷处理，即将钢继续冷却到零度以下，使残余奥氏体转变为马氏体。

冷处理的实质是0℃以下淬火，通常是冷却到-60~-80℃。为防止奥氏体的热稳定化，必须在室温淬火后0.5~1h内进行冷处理。冷处理后可进行回火，以消除应力，避免开裂。

冷处理方法主要用来提高钢的硬度和耐磨性（如合金钢渗碳后的冷处理），稳定精密量具的尺寸等。

应当指出的是，冷处理并不能将残余奥氏体全部消除，因此不必过度深冷；另一方面，由于冷处理需要专用设备，工艺成本较高，若不是特殊需要，不应随便采用冷处理工艺。

30.2.2　钢的回火

30.2.2.1　淬火状态钢的不稳定性

淬火钢的组织主要是马氏体或马氏体+残余奥氏体，此外还可能有一些未溶碳化物。淬火状态钢是不稳定的，主要存在着以下几种不稳定因素：

（1）淬火马氏体处于含碳过饱和状态，不稳定，要分解。

（2）残余奥氏体处于过冷状态，不稳定，要转变。

（3）淬火组织中存在大量晶体缺陷（如高密度位错、过饱和空位、大量相界面和亚晶界等），不稳定，要减少。

（4）淬火钢中存在着淬火应力，不稳定，要松弛。

　　由于淬火状态钢存在以上不稳定因素，室温下长期放置或受热时，将会向稳定状态转变，引起工件尺寸和性能发生变化。加之淬火钢存在较大的淬火应力，若不及时消除，会引起工件的变形甚至开裂。对于淬火后得到的片状马氏体来说，虽其强度和硬度较高，但塑性和韧性很低，无法直接使用。所以淬火后的钢都要经过回火处理，以改善组织和性能，稳定工件尺寸，消除内应力。

30.2.2.2　回火的目的

　　钢的回火就是将淬火钢在 A_{c1} 以下温度加热，使其转变为稳定的回火组织，并以适当方式冷却到室温的热处理工艺过程。

　　回火的主要目的是减少或消除淬火应力，保证相应的组织转变，提高钢的韧性和塑性，获得硬度、强度、塑性和韧性的适当配合，以满足各种用途工件的性能要求。

30.2.2.3　淬火钢在回火过程时的组织转变

　　对于淬火碳钢来说，回火转变可以分为以下几个阶段：

　　（1）第一阶段——马氏体的分解（低于 200℃）。在 100℃ 以上回火时，马氏体开始分解，即碳以极细薄的 ε 碳化物（化学式为 $Fe_{2.4}C$）形式从过饱和的 α 固溶体中逐渐析出。随着回火温度上升，马氏体含碳量随 ε 碳化物的析出而逐渐降低，晶格畸变程度减小，使淬火内应力有所减小。

　　由于加热温度较低，固溶在马氏体中的碳不能全部析出，α 固溶体仍然是过饱和固溶体。所以这一阶段的组织是由过饱和程度较低的 α 固溶体和极细的 ε 碳化物所组成的混合组织，称为回火马氏体。它比淬火马氏体更容易被侵蚀，在光学金相显微镜下呈黑色针状组织，如图 30-3 所示。

　　（2）第二阶段——残余奥氏体的分解（200~300℃）。在 200~300℃ 范围内，在马氏体继续分解的同时，残余奥氏体逐渐分解为下贝氏体。在此温度范围内，钢的硬度没有明显降低，但淬火内应力进一步减小。在此阶段，基体组织仍是回火马氏体。

　　（3）第三阶段——碳化物的转变（300~400℃）。在 300℃ 以上回火时，亚稳定的 ε 碳化物随着温度升高逐渐转变为稳定的渗碳体，并且渗碳体由刚形成的细片状逐渐集聚长大成细粒状。至 400℃ 左右基本结束，α 固溶体已完成分解，其含碳量也降到平衡成分，但仍处于针状外形。同时，晶格畸变逐渐消除，内应力大为减小。其组织为饱和针状的 α 固溶体与细粒状渗碳体的机械混合物，称为回火屈氏体，如图 30-4 所示。

　　（4）第四阶段——渗碳体聚集长大和 α 固溶体的再结晶（高于 400℃）。当回火温度达到 400℃ 以上时，渗碳体微粒集聚球化成细粒状，并随温度的升高，渗碳体颗粒逐渐长大。450℃ 以上，α 相将开始再结晶，从而失去其原来马氏体的针状，而变成等轴的多边形晶粒。这种由等轴的 α 相与粗粒状渗碳体组成的组织，称为回火索氏体，如图 30-5 所示。

　　当淬火钢在接近 A_1 点之下回火时，无论是马氏体还是残余奥氏体，都分解成铁素体和粗粒状碳化物的两相混合组织（称为回火珠光体）。

　　对于淬火合金钢来说，回火转变的类型大致和碳素钢相同，只是各种转变的温度有所变化，而且残余奥氏体的转变和碳化物的变化都比碳素钢复杂。

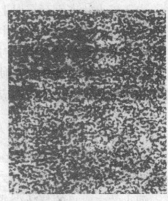

图30-3　回火马氏体（5000×）　　图30-4　回火屈氏体（2000×）　　图30-5　回火索氏体（1000×）

30.2.2.4　回火的类型及回火转变的组织和性能

对于一般碳钢和低合金钢，根据工件的组织和性能要求，回火有低温回火、中温回火和高温回火（调质处理）等几种。对于不能通过退火来软化处理的高合金钢，可以在 A_{c1} –（20~40℃）进行软化回火。

各种回火方式的回火温度、组织和性能特点见表30-3。

表 30-3　各种回火方式的回火温度、组织和性能特点

名称	低温回火	中温回火	高温回火	高温软化回火
温度/℃	150~250	350~500	500~650	600~680
组织	回火马氏体	回火屈氏体	回火索氏体	回火珠光体
性能特点	具有很高的硬度和耐磨性，同时显著降低了钢的淬火应力和脆性	具有高的弹性极限，较高的强度和硬度，良好的塑性和韧性	具有优良的综合机械性能	工艺性能好
应用	适用于高碳钢及高碳合金钢制造的刀具、量具、滚动轴承、渗碳件及高频表面淬火工件	用于各种弹簧零件及热锻模具	适用于中碳结构钢或低合金结构钢用来制作曲轴、连杆、连杆螺栓、汽车半轴、机床主轴及齿轮等重要的机器零件	用于马氏体钢的软化和高碳合金钢的淬火返修品，替代球化退火

30.2.2.5　回火脆性

淬火钢回火时，在某些温度区间回火后，会发生冲击韧性降低的现象，这种现象称为回火脆性。

A　第一类回火脆性

在250~400℃范围内回火时出现的脆性称为第一类回火脆性，又称为低温回火脆性或不可逆回火脆性。几乎所有淬火成马氏体的钢在300℃左右回火后都存在这种脆性。

低温回火脆性产生的原因，一般认为是在250℃以上，ε 碳化物转变成极细的薄片状渗碳体，这种渗碳体沿马氏体晶体边界析出成薄膜状，从而造成低温回火脆性。

B　第二类回火脆性

这类脆性是指发生在450~650℃回火后缓慢冷却时（快冷则不出现）出现的脆性，

又称高温回火脆性或可逆回火脆性。

在某些合金钢中，尤其是含有铬、镍、锰、硅等元素的钢，在 450~650℃范围内回火后出现这类脆性。这种脆性的特点是，通常在脆化温度范围内回火后缓冷才出现脆性，而快冷将抑制脆性出现，出现这类脆性后重新在较高温度下回火并快冷则可使其消失。

产生高温回火脆性的原因，一般认为是与磷等杂质元素在原奥氏体晶界上的偏聚有关。

生产中，采用回火后快冷（油冷或水冷）或在钢中加入少量的 W 或 Mo 元素，能消除或防止高温回火脆性。

主题 30.3　钢的表面热处理

在扭转和弯曲等交变载荷作用下工作的机械零件，如齿轮、凸轮、曲轴、活塞销等，它的表面层承受着比心部高的应力，在有摩擦的情况下还要受磨损。因此，必须提高这些零件表面层的强度、硬度、耐磨性和疲劳极限，而心部仍保持足够的塑性和韧性，使其能承受冲击载荷。在这种情况下，若采用前述的热处理方法，就很难满足要求，这就需要进行表面热处理。

钢的表面热处理主要包括表面淬火与表面化学热处理两大类。

30.3.1　表面淬火

钢的表面淬火是一种不改变钢表面化学成分，但改变其组织的局部热处理方法，是通过快速加热与立即淬火冷却两道工序来实现的。结果是表面层获得硬而耐磨的马氏体组织，而心部仍保持着原来的退火、正火或调质状态。

根据加热介质不同，钢的表面淬火分为感应加热表面淬火、火焰加热表面淬火、激光与电子束加热表面淬火等多种，目前生产中应用最广泛的是感应加热及火焰加热表面淬火。

30.3.1.1　感应加热表面淬火

A　感应加热的基本原理

感应加热表面淬火是利用电磁感应原理，在工件表面产生密度很高的感应电流，并使工件迅速加热至奥氏体状态，随后快速冷却获得马氏体组织的淬火方法。

感应加热的原理如图 30-6 所示。把零件放在纯铜管做成的感应加热圈内（铜管中通水冷却）。当感应圈中通过一定频率的交流电产生交变磁场时，在零件内产生与感应圈频率相同、方向相反的感应电流。感应电流在工件表面自成封闭回路，故通常称为涡流。涡流在零件截面上分布是不均匀的，表面密度大，中心密度小。电流的频率越高，涡流集中的表面层越薄，这种现象称为"集肤效应"。由于钢本身具有电阻，因而集中于零件表面的涡流由于电阻热把表面层迅速加热到淬火温度，而心部温度不变，所以在随即喷水（合金钢浸油淬火）冷却后，零件表面层被淬硬。

B　感应加热的频率选用

根据感应加热设备产生的交变电流频率不同，加热设备可分为高频加热、中频加热和工频加热三种。在生产中，应根据对零件表面有效淬硬深度的要求，选择合适频率的感应加热设备。

（1）高频感应加热。电流频率为 100～500kHz。我国目前采用电子管式高频发生装置，电流频率为 200～300 kHz，有效淬硬深度为0.5～2mm，主要用于要求淬硬层较薄的中、小型零件，如小模数齿轮、中小型轴等。

（2）中频感应加热。电流频率 500～10000Hz，常用的频率为 2500 Hz 和 8000 Hz，有效淬硬深度为 2～10mm。电源设备分为机械式或可控硅式中频发生器。主要用于淬硬层要求较深的零件，如直径较大的轴类、中等模数的齿轮、大模数齿轮等。

（3）工频感应加热。电源频率为 50Hz，电源设备为机械式工频加热装置，有效淬硬深度为 10～20mm，主要用于大直径零件（轧辊、火车车轮等）的表面淬火，也可用于较大直径零件的透热。

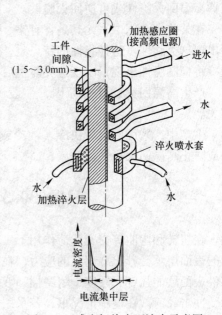

图 30-6　感应加热表面淬火示意图

C　感应加热表面淬火的特点

与普通加热淬火比较，感应加热表面淬火有以下主要特点：

（1）感应加热升温速度快，保温时间极短。与一般淬火相比，淬火加热温度高，过热度大，奥氏体形核多，又不易长大，因此淬火后表面得到细小的隐晶马氏体，故感应加热表面淬火工件的表面硬度比一般淬火的高 2～3HRC。

（2）感应加热表面淬火后，工件表层强度高。由于马氏体转变产生体积膨胀，故在工件表层产生很大的残余压应力，因此可以显著提高其疲劳强度并降低缺口敏感性。

（3）感应加热表面淬火后，工件的耐磨性比普通淬火的高。这显然与奥氏体晶粒细化、表面硬度高及表面压应力状态等因素有关。

（4）感应加热淬火时，由于加热速度快，无保温时间，工件一般不产生氧化和脱碳问题，又因工件内部未被加热，故工件淬火变形小。

（5）感应加热淬火的生产率高，便于实现机械化和自动化，淬火层深度又易于控制，适于批量生产形状简单的机器零件。

（6）感应加热方法的缺点是设备费用昂贵，不适用于单件生产。

D　感应加热表面淬火的适用钢种

感应加热淬火通常采用中碳钢（如 40、45、50 号钢）和中碳合金结构钢（如 40Cr、40MnB），用以制造机床、汽车及拖拉机齿轮、轴等零件，而很少采用淬透性高的 Cr 钢、Cr-Ni 钢及 Cr-Ni-Mo 钢进行感应加热表面淬火。这些零件在表面淬火前一般采用正火或调质处理。感应加热淬火也可采用碳素工具钢和低合金工具钢，用以制造量具、模具、锉刀等。用铸铁制造机床导轨、曲轴、凸轮轴及齿轮等，采用高、中频表面淬火可显著提高其耐磨性及抗疲劳性能。

30.3.1.2　火焰加热表面淬火

火焰加热表面淬火是以高温火焰为热源的一种表面淬火法。常用的火焰有煤气—氧（体积比约为 1∶0.6）、天然气—氧（约为 1∶1.2）、丙烷—氧（约为 1∶4）及乙炔—氧（约为 1∶1）火焰。乙炔—氧火焰温度可达 3200℃，煤气—氧火焰温度可达 2000℃。

火焰加热淬硬层的深度一般为 2~10mm。适用于用中碳钢、中碳合金钢及铸铁铸成的大型零件的表面淬火，如大型轴类、大模数齿轮、轧辊、导轨、车床床身的导轨、压模等。

火焰加热淬火后也应及时回火，回火温度与时间取决于零件的化学成分和热处理技术条件。

火焰加热表面淬火由于淬火方法简单，不需要特殊设备，操作准备快捷，设备相对低廉，操作方便，机动灵活，适于单件或小批量生产。但由于不易控制、零件表面易过热、淬火质量不稳定等缺点，限制了它的应用。

30.3.2　化学热处理

化学热处理是把工件置于某种介质中，通过加热和保温，使介质分解析出某些元素渗入工件表层，改变了表层的化学成分，从而获得所需的组织和性能的热处理工艺。根据渗入的元素不同，化学热处理分为渗碳、氮化、碳氮共渗、渗硼、渗铝等。

化学热处理与表面淬火都属于表面热处理。但是，表面淬火只是改变表面层的组织，化学热处理则能同时改变表面层的成分和组织，因而能更有效地提高表面层的性能，并能获得许多新的性能。因此，在许多情况下，可以用廉价的碳素钢或低合金钢经过适当的化学热处理，以替代高合金钢。

30.3.2.1　化学热处理的基本过程

各种化学热处理都是依靠元素的原子向工件内部扩散来进行的，故在工件加热到一定温度后，都是由以下三个基本过程组成。

（1）分解。由介质中分解出渗入元素的活性原子。如渗碳时可由一氧化碳分解出活性碳原子：

$$2CO \rightleftharpoons CO_2 + [C]$$

（2）吸收。工件表面吸收活性原子，也就是活性原子由钢的表面进入铁的晶格而形成固溶体，在活性原子浓度很高时，还可与铁形成化合物。

（3）扩散。已被工件表面吸收的原子，由表面向内部扩散，形成一定厚度的扩散层。

一般来说，在上述三个基本过程中，扩散是最慢的一个过程，整个化学热处理过程的速度就受扩散速度所控制。

30.3.2.2　钢的渗碳

钢的表面渗入碳原子的过程称为渗碳。

A　渗碳目的及渗碳用钢

在机器制造业中，一些重要零件，如汽车、拖拉机变速箱齿轮、活塞销等，工作时受到较严重的磨损、冲击及循环载荷的作用。因此要求零件表面具有高的硬度和耐磨性，而心部具有较高的强度和韧性。为了满足上述零件使用性能的要求，可用低碳钢经渗碳和淬火、低温回火。这样，零件表层获得高硬度的高碳钢组织，而心部仍为低碳钢保留较高的强度及韧性的特点，从而满足零件的性能要求。

渗碳用钢一般为含碳 0.1% ~ 0.25% 的低碳钢和低碳合金钢，如 20、20Cr、20CrMnTi 等。

B　渗碳方法

渗碳可以在固体、液体及气体介质中进行，因此，相应的就有固体渗碳法、液体渗碳法及气体渗碳法，生产中应用最广泛的是气体渗碳。

固体渗碳是将钢件装入填满固体渗碳剂的箱中，加盖并用耐火泥密封（见图 30-7），然后加热到 930℃ 左右，保温一定时间，使零件表面渗碳的方法。

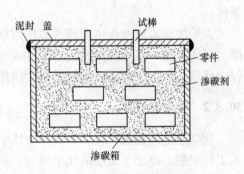

固体渗碳剂一般是由木炭与碳酸盐（Na_2CO_3 或 $BaCO_3$ 等）混合而成。其中木炭是基本的渗碳介质，碳酸盐在渗碳过程中起着催化助渗的作用。

固体渗碳法的渗碳时间一般为 5 ~ 15h，渗碳层深度在 0.5 ~ 2mm 之间。

图 30-7　固体渗碳装箱示意图

固体渗碳设备简单，成本低，目前在一些小厂仍在使用。其缺点是生产率低，劳动条件差，质量不易控制，故已被气体渗碳法所代替。

气体渗碳是把工件置于密封的加热炉中，通入渗碳剂，并加热到渗碳温度 900 ~ 950℃（常用 930℃），使工件在渗碳气氛中进行渗碳。

气体渗碳剂常用煤油、甲醇、丙酮等有机液体作为渗碳剂，这些有机液体在渗碳温度下分解，产生活性碳原子进行渗碳。图 30-8 所示为在井式气体渗碳炉中，直接滴入煤油进行气体渗碳的示意图。

渗碳层深度在 0.5 ~ 2mm 之间时，气体渗碳时间为 3 ~ 9h。

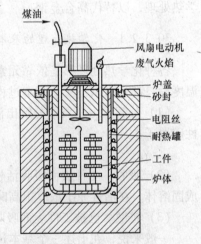

气体渗碳的生产率高，渗碳过程容易控制，渗碳层质量好，且易实现机械化与自动化，所以得到了广泛的应用。

C　渗碳层的金相组织

图 30-8　气体渗碳法示意图

渗碳层的碳含量最好在 0.8% ~ 1.05% 的范围内。若渗碳层含碳量过低，不能保证表面必要的硬度；而过高会出现大量块状或网状渗碳体，使渗碳层变脆，易剥落，并降低其疲劳强度。

钢经渗碳后，表面含碳量最高，由表面到心部，含碳量逐渐减少，而心部仍为原来低碳钢的含碳量。因此，低碳钢渗碳后缓冷到室温，其金相组织从表面向心部连续地变化，即从过共析组织（珠光体和网状渗碳体），到共析组织（珠光体），再到亚共析组织（铁素体和珠光体）。

D 渗碳后的热处理

工件渗碳后必须进行淬火和低温回火，才能达到表面要求的高硬度和耐磨性。工件渗碳后的淬火工艺有：

（1）直接淬火法。工件渗碳后经过预冷，直接淬火，如图 30-9（a）所示。预冷是为了减少变形和开裂，预冷温度应略高于钢的 A_{r3}，以免心部析出铁素体。

直接淬火法操作简便，不需要重新加热，因而减少了热处理变形，节约了时间和费用，适用于含有 Ti、V 等强碳化物形成元素的渗碳钢。

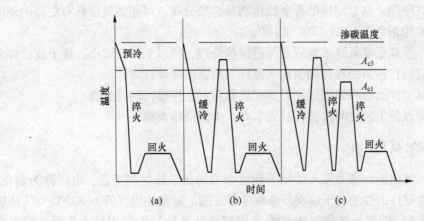

图 30-9 渗碳后常用热处理示意图
(a) 直接淬火法；(b) 一次淬火法；(c) 二次淬火法

（2）一次淬火法。工件渗碳后，出炉并在空气中（缓冷坑）冷却，然后再重新加热淬火，如图 30-9（b）所示。淬火温度应兼顾表层和心部的要求，一般选在略高于心部的 A_{c3}。一次淬火法适用于不宜直接淬火的工件（如局部渗碳件等）。

（3）二次淬火法。如图 30-9（c）所示，第一次淬火（或正火）是为了细化心部组织和消除表层网状渗碳体，加热温度应选在心部的 A_{c3} 以上，为 850~900℃。第二次淬火是为了使表面获得细针状马氏体和细粒状渗碳体组织，加热温度应选在 A_{c1} 以上，为 750~800℃。

二次淬火法使渗碳件的表层和心部组织都能得到细化，使表层和心部都有良好的组织和性能。但工件经两次加热后变形较严重，渗碳层也易脱碳和氧化，且工艺复杂，成本高，故应用较少。

渗碳工件淬火后，都必须进行低温回火，以消除淬火内应力，减少脆性，满足对零件的性能要求。

工件经渗碳、淬火、低温回火后的最终组织为：直接淬火法和一次淬火法获得的表层组织是回火马氏体和少量残余奥氏体；二次淬火法获得的表层组织为回火马氏体和少量残余奥氏体及粒状渗碳体。它们的硬度都可达到 58~62HRC。心部组织随钢的淬透性大小而变化，低碳钢（如 20 号钢）一般为铁素体和珠光体，而低碳合金钢（如 20CrMnTi 钢）一般为低碳回火马氏体。

30.3.2.3　钢的氮化

氮化是指在一定温度下使活性氮原子渗入工件表面的化学热处理工艺。其目的是提高零件表面硬度、耐磨性、疲劳强度、热硬性和耐蚀性等。渗氮处理的工件变形小（因为渗氮温度低，一般为 500~600℃），因此在工业中应用也很广泛。常用的渗氮方法有气体渗氮、离子渗氮、氮碳共渗（软氮化）等。生产中应用较多的是气体渗氮。

气体渗氮是将氨气通入加热至渗氮温度的密封渗氮罐中，使其分解出活性氮原子并被钢件表面吸收、扩散形成一定厚度的渗氮层，渗氮温度为 500~570℃。渗氮主要使工件表面形成氮化物层来提高硬度和耐磨性。氮和许多合金元素如 Cr、Mo、Al 等均能形成细小的氮化物，这些高硬度、高稳定性的合金氮化物呈弥散分布，可使渗氮层具有更高的硬度和耐磨性，故渗氮用钢常含有 Al、Mo、Cr 等。

与渗碳相比，渗氮温度低且渗氮后不再进行热处理，所以工件变形小。鉴于此，许多精密零件非常适宜进行渗氮处理，例如镗床镗杆、精密机床丝杠等。

为了提高渗氮工件的心部强韧性，需要在渗氮前对工件进行调质处理。

渗氮最大的缺点是工艺时间太长，且成本高，渗氮层薄而脆。

30.3.2.4　钢的碳氮共渗

碳氮共渗是同时向钢件表面渗入碳原子和氮原子的化学热处理工艺，也俗称为氰化、软氮化。碳氮共渗零件的性能介于渗碳与渗氮零件之间。目前中温（780~880℃）气体碳氮共渗和低温（500~600℃）气体氮碳共渗（即气体软氮化）的应用较为广泛，前者主要以渗碳为主，用于提高结构件（如齿轮、蜗轮、轴类钢件）的硬度、耐磨性和疲劳性；而后者以渗氮为主，主要用于提高工、模具的表面硬度、耐磨性和抗咬合性。

碳氮共渗件常选用低碳或中碳钢及中碳合金钢，共渗后可直接淬火和低温回火，其渗层组织为：细片（针）回火马氏体+少量粒状碳氮化合物+残余奥氏体，硬度为 58~63HRC，心部组织和硬度取决于钢的成分和淬透性。

主题 30.4　热处理新工艺简介

30.4.1　形变热处理

形变热处理是把塑性变形和热处理有机地结合在一起的工艺，它能同时收到形变强化和相变强化的综合效果，因而能有效地提高钢的机械性能。例如，钢材轧制时采用控制轧制和控制冷却相结合的措施，能将热轧钢材的两种强化效果叠加，进一步提高了钢材的强韧性，能获得合理的综合力学性能。

形变热处理有许多种，一般是先使奥氏体塑性变形，然后立即进行冷却转变，也有使奥氏体的形变和相变同时进行的工艺，还有在相变之后进行形变的工艺。下面主要介绍前一种最典型的先形变后热处理的工艺。

根据奥氏体预先塑性变形温度的不同，可将形变热处理分为高温形变热处理和低温形变热处理两种，如图 30-10 所示。

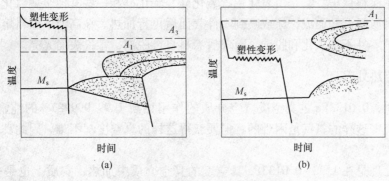

图 30-10　形变热处理工艺示意图
(a) 高温形变热处理；(b) 低温形变热处理

　　高温形变热处理是在奥氏体稳定区内进行塑性变形，然后立即淬火。对于亚共析钢，形变温度大多在 A_3 点以上，对于过共析钢则在 A_1 点以上。为了保留形变强化效果，防止再结晶，形变之后应立即淬火，最后再进行回火。

　　高温形变热处理对钢的强度提高效果不是十分明显，一般提高 10%～30%。但对于韧性的提高非常显著，能减少回火脆性，降低缺口敏感性，大幅度提高抗脆断能力，多用于各种调质钢以及机加工量不大的锻件或轧材，如连杆，曲轴、弹簧、叶片、农机具等。对 40Cr 钢的柴油机连杆采用锻造余热淬火新工艺，就是高温形变热处理的典型例子。连杆毛坯加热至 1150～1180℃，立即模锻成形，形变时间约为 13～17s，形变量可达 40%，经过剪边、校直后，工件温度仍在 900℃以上，立即在轻柴油中淬火，最后在 650℃回火。

　　低温形变热处理是在过冷奥氏体孕育期最长的温度（500～600℃之间）进行大量塑性变形（70%～90%），然后淬火，最后进行低温回火或中温回火。这种工艺只能用于某些合金钢，即珠光体区和贝氏体区之间具有较长孕育期的那些钢种。

　　低温形变热处理在保持塑性、韧性不降低的条件下，能够大幅度地提高钢的强度，提高抗磨损能力。主要用于强度要求极高的零件，如飞机起落架、高速钢刃具、模具以及弹壳等。

　　形变热处理的应用尚不普遍，主要受设备条件和工艺条件所限制。对于形状复杂的工件很难进行形变热处理，变形后需要进行切削加工或者焊接的工件也不适宜采用形变热处理。

30.4.2　可控气氛热处理

　　钢件热处理时，由于炉内存在氧化性气体使其氧化与脱碳，严重降低其表面质量。这种现象对高强度钢的断裂韧度也有很大影响。所以对重要的飞行器零件要采用无氧化加热，例如通入高纯度中性气体氮气和氩气（Ar）等，或采用控制气氛，以防止氧化和脱碳。

　　一般利用含碳的液体（甲醇、乙醇、丙酮等），分解和裂化成一定碳势的控制气氛，引入热处理炉内。所谓碳势，是指气氛在加热时脱碳作用和渗碳作用保持平衡下钢的含碳量。例如，一种控制气氛在一定温度下如果具有 0.4% 碳势，则含碳量为 0.4% 的钢在该气氛中加热就不会脱碳和氧化，但含碳量低于 0.4% 的钢将会增碳，而高于 0.4%C 的钢将会脱碳。因此，根据钢的含碳量控制碳势，就能起到保护作用，获得光亮表面。若小批生产，可以采用涂料保护，它是由氧化铝、氧化硅、碳化硅和一些其他金属氧化物粉末混在一起的液态物质经调和而成，涂或喷到零件表面后再行加热。在高温下涂料熔化覆盖在零件表面，保护零件不被氧化和脱碳。冷却后涂料自行脱离，零件表面光亮。

30.4.3　真空热处理

实验证明，0.0133Pa 的真空度真空介质的作用相当于 99.999987% 的纯氩保护气氛，而在工业上获得这样的氩气是困难的，但要获得这样的真空度却不难。因此真空热处理目前广泛应用。

真空热处理是在 1.33~0.0133Pa 真空度的真空介质中加热，实质上也是一种可控气氛热处理。

真空热处理后，零件表面无氧化、不脱碳、表面光洁。这种处理能使钢脱氧和净化，且变形小，可显著提高耐磨性和疲劳极限。此外，真空热处理的作业条件好，有利于机械化和自动化生产。真空热处理目前发展较快，不但能在气体、水、油中进行淬火，而且广泛用于化学热处理，如真空渗碳、真空渗铬等，以缩短渗入时间，提高渗层质量。

30.4.4　强韧化处理

凡是可同时改善钢件强度和韧性的热处理，总称为强韧化处理，主要有以下三种。

30.4.4.1　获得板条马氏体的热处理

除了选用含碳量低的钢种外，还可以通过以下方法获得板条马氏体：

（1）提高中碳钢的淬火加热温度，即把淬火加热温度提高到 A_{c3} + （30~50）℃ 以上，使奥氏体成分均匀，达到钢的平均含碳量而不出现高碳区，从而避免针状马氏体的形成。

（2）对于高碳钢采用快速低温短时加热淬火，目的是减少碳化物在奥氏体中的溶解，尽量使高碳钢中的奥氏体获得亚共析成分，有利于得到板条马氏体；同时因为温度降低，奥氏体晶粒细化，对提高钢的韧性也有利。

30.4.4.2　超细化处理

这是一种将钢在一定温度下，通过数次快速加热和冷却等方法来获得细密组织的方法，每次加热、冷却都有细化组织的作用。碳化物越细小，裂纹源越少；另外，基体组织越细，裂纹扩展时通过晶界阻碍越大，所以能够起强韧化作用。

30.4.4.3　获得复合组织的热处理

这是指通过调整热处理工艺，使淬火马氏体组织中同时存在一定量的铁素体、下贝氏体或残余奥氏体。这种复合组织往往不明显降低强度而能大大提高韧性。

获得复合组织的主要措施是：

（1）在两相区（A_{c1}~A_{c3}）加热淬火，使淬火组织中有马氏体与铁素体，一方面获得细马氏体，另一方面因铁素体存在（对杂质有较大的溶解度），减少了回火时杂质元素析出，从而减少脆性倾向。

（2）控制淬火冷却速度，特别是在一些低合金结构钢中，淬火时根据 C 曲线控制冷却速度，使奥氏体首先形成一定量的低碳下贝氏体（将奥氏体细化），从而使随后形成的马氏体晶粒细化。低碳下贝氏体和细小马氏体都使钢具有较高强度和较高韧性。

30.4.5 循环热处理

循环热处理和现在已知热处理方法的区别是在恒定的温度下没有保温时间，在循环加热和以适当速度冷却时多次发生相变，如图 30-11 所示。每一牌号钢的加热和冷却循环数由试验方法确定。这种热处理可大大提高钢和铸铁的性能。钢和铸铁的循环热处理可以分为三类：

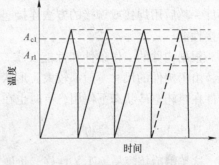

图 30-11 中温循环热处理工艺曲线

（1）低温循环热处理。金属加热到低于 α - Fe $\rightarrow \gamma$ -Fe 相变开始温度，对相变的组织变化没有影响。

（2）中温循环热处理。金属加热到双相区，即加热到 A_{c1} 和 A_{c3} 之间的温度（对于亚共析钢如图 30-11 所示）。

（3）高温循环热处理。金属加热到 A_{c3} 以上单相区。

循环热处理可使组织组成物发生细化，大大增加结构强度，稳定精密机器和仪表零件的尺寸。

30.4.6 流动化热处理

流动化热处理在国外又称蓝热，其原理如图 30-12 所示。图中隔板只能通过气体，不能通过粉末。在隔板上撒一层 Al_2O_3 或 Zr 砂粉，并从底部送进气体，粉末就像气体一样流动。

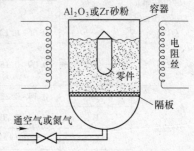

图 30-12 流动化加热示意图

流动化粉末的加热和冷却与一般的气体或液体相同，但它的传热优良，能迅速加热和准确控制温度，且加热均匀，零件歪曲和开裂倾向小，操作安全，无毒无公害，容易维护。

这种处理方式的应用范围大，能送入各种气氛，可进行渗氮、渗碳等。现在逐渐用来代替熔融盐、油、水、空气冷却，比液体的冷却速度略低，但能自由调节温度，可用于分级淬火或高速钢的淬火。

模块 31 合 金 钢

主题 31.1 结 构 钢

在工业上，凡是用来制造各种机械零件以及工程结构件的钢都称为结构钢，包括工程构件用钢和机器零件用钢两大类。

31.1.1　构件用钢

　　工程构件用钢主要指用来制造钢架、桥梁、钢轨、车辆及船舶等结构件的钢种。为了制成各种构件，需将钢厂供应的棒材、型材、管材、板带材先进行必要的冷变形制成各种部件，然后用焊接或铆接的方法连接起来，因此要求钢材必须具有良好的加工工艺性能和焊接性能。

　　根据构件的工作条件和性能要求，构件用钢大多采用碳素结构钢和低合金高强钢制造，由于构件的尺寸一般都较大，形状复杂，不能进行整体淬火与回火处理，所以大部分构件在热轧空冷状态下使用，有时也在正火、回火状态下使用。

31.1.1.1　碳素结构钢

　　这类钢冶炼容易、工艺性好、价廉，而且在力学性能上也能满足一般工程结构及普通机器零件的要求，所以应用很广。

　　碳素结构钢平均含碳量为 0.06%~0.38%，钢中的 S、P 和非金属夹杂物含量比优质碳素结构钢多，在相同含碳量及热处理条件下，其塑性、韧性较低，加工成形后一般不进行热处理，大都在热轧状态下直接使用，通常轧制成板材、带材及各种型材。

　　碳素结构钢的牌号、化学成分、力学性能和用途见表 31-1。

表 31-1　碳素结构钢的牌号、化学成分、力学性能和用途（摘自 GB/T 700—1988）

牌号	等级	化学成分（质量分数）/%					脱氧方法
		C	Mn	Si	S	P	
Q195	—	0.06~0.12	0.25~0.50	≤0.30	≤0.050	≤0.045	F, b, Z
Q215	A	0.09~0.15	0.25~0.55	≤0.30	≤0.050	≤0.045	F, b, Z
	B				≤0.045		
Q235	A	0.14~0.22	0.30~0.65	≤0.30	≤0.050	≤0.045	F, b, Z
	B	0.12~0.20	0.30~0.70		≤0.045		
	C	≤0.18	0.35~0.80		≤0.040	≤0.040	Z
	D	≤0.17			≤0.035	≤0.035	TZ
Q255	A	0.18~0.28	0.40~0.70	≤0.30	≤0.050	≤0.045	F, b, Z
	B				≤0.045		
Q275	—	0.28~0.38	0.50~0.80	≤0.35	≤0.050	≤0.045	b, Z

牌号	等级	拉　伸　试　验							冲击试验	
		钢材厚度（直径）/mm						抗拉强度 σ_b/MPa	钢材厚度（直径）/mm						温度 /℃	V 型冲击功（纵向）/J
		≤16	>16 ~40	>40 ~60	>60 ~100	>100 ~150	>150		≤16	>16 ~40	>40 ~60	>60 ~100	>100 ~150	>150		
		屈服点 σ_s/MPa							伸长率 δ_5/%							
Q195	—	(≥195)	(≥185)	—	—	—	—	315~430	≥33	≥32	—	—	—	—	—	—

牌号	等级	拉 伸 试 验													冲击试验	
		钢材厚度（直径）/mm						抗拉强度 σ_b/MPa	钢材厚度（直径）/mm						温度 /℃	V 型冲击功（纵向）/J
		≤16	>16 ~40	>40 ~60	>60 ~100	>100 ~150	>150		≤16	>16 ~40	>40 ~60	>60 ~100	>100 ~150	>150		
		屈服点 σ_s/MPa							伸长率 δ_5/%							
Q215	A	≥215	≥205	≥195	≥185	≥175	≥165	335~450	≥31	≥30	≥29	≥28	≥27	≥26	—	
	B														20	≥27
Q235	A	≥235	≥225	≥215	≥205	≥195	≥185	375~500	≥26	≥25	≥24	≥23	≥22	≥21	—	
	B														20	≥27
	C														0	
	D														-20	
Q255	A	≥255	≥245	≥235	≥225	≥215	≥205	410~550	≥24	≥23	≥22	≥21	≥20	≥19	—	
	B														20	≥27
Q275	—	≥275	≥265	≥255	≥245	≥235	≥225	490~630	≥20	≥19	≥18	≥17	≥16	≥15	—	—

牌　　号	主要特性及用途举例
Q195 Q215A	强度低，塑性高，焊接性良好，用来制造铆钉、地脚螺栓、炉撑、犁板及受力不大的焊接件和冲压件
Q235A Q255A	强度和塑性都较好，焊接性也很好，用作建筑材料的钢盘、工字钢、槽钢，在一般机械制造中用作拉杆、吊钩、螺栓、连杆、心轴、销子及其他一些不重要的零件和焊接件，其中以Q235A 钢应用最普遍
Q195	属于极软钢类，用作铁丝网、铁钉、铆钉、铁管、薄铁皮等，还普遍用于日常生活用途，如水壶、水桶、铁烟囱、罐头筒等
Q215C Q235B Q255B Q275	主要用于建筑、桥梁工程上制作比较重要的机械构件，可代替优质碳素钢材使用，其中Q215B 相当于 10~15 号钢、Q235B 相当于 15~20 号钢、Q255B 相当于 25~30 号钢、Q275 相当于 35~40 号钢

　　Q195 和 Q275 是不分质量等级的，出厂时既要保证力学性能又要保证化学成分；Q215、Q235、Q255 的质量等级为 A 级时，只保证力学性能，化学成分除 Si、P、S 外不予保证，其他质量等级则力学性能和化学成分都要保证。

31.1.1.2　低合金高强度钢

　　低合金高强度钢是在碳素结构钢基础上加入少量合金而制成的钢，用于制造桥梁、船舶、车辆、锅炉、高压容器、输油输气管道、大型钢结构等。与相同含碳量的碳素结构钢比，其强度较高，塑性、韧性、焊接性能、耐磨性均较好，用它来代替碳素结构钢，屈服强度提高 25%~100%，结构件的重量减轻 30% 左右，节约钢材。

　　A　对低合金高强度钢的性能要求

　　对低合金高强度钢的性能要求为：

　　（1）高强度。一般低合金高强钢的屈服点在 300MPa 以上，强度高才能减轻结构自重，节约钢材和减少其他消耗，因此，在保证塑性和韧性的条件下，应尽量提高其强度。

　　（2）高韧性。用高强钢制造的大型工程结构一旦发生断裂，往往会带来灾难性的后果，所以许多在低温下工作的构件必须具有良好的低温韧性（即具有较高的解理断裂抗力或较低的韧脆转变温度）。而大型的焊接结构，因不可避免地存在有各种缺陷（如焊接冷、热裂纹），必须具有较高的断裂韧性。

（3）良好的焊接性能和冷成形性能。大型结构大都采用焊接制造，焊前往往要冷成形，而焊后又不易进行热处理，因此要求钢具有很好的焊接性能和冷成形性能。

此外，许多大型结构在大气（如桥梁、容器）、海洋（如船舶）中使用，还要求有较高的抗腐蚀能力。

B 化学成分特点

低合金高强度钢是一类含碳量较低（不高于0.20%）、合金元素含量较少（不高于3%）的低碳低合金工程结构用钢，其主加合金元素为 Mn，辅加元素为 Nb、Ti、V、Cu、P、RE。

碳虽然可提高钢的强度，但会使焊接性和冷成形性能下降，尤其是使韧性明显下降，韧脆转变温度升高，因此这类钢的碳含量不超过0.2%。

合金元素 Mn 的主要作用是固溶强化铁素体，通过降低奥氏体分解温度来细化铁素体晶粒，使珠光体片变细，并消除晶界上的粗大片状碳化物。因此 Mn 能提高钢的强度和韧性。

少量的 Nb、Ti 或 V 在钢中形成细碳化物，会阻碍钢热轧时奥氏体晶粒的长大，有利于获得细小的铁素体晶粒；另外，热轧时部分固溶在奥氏体内，冷却时弥散析出，可起到一定的沉淀强化作用，从而提高钢的强度和韧性。

此外，少量的 Cu（不高于0.4%）和 P（0.1%左右）可提高钢抗腐蚀能力。

加入少量稀土元素，可以脱硫，去气，净化钢材，改善韧性和工艺性能。

C 热处理特点

这类钢一般在热轧空冷状态下使用，不需要进行专门的热处理。在有特殊需要时，如为了改善焊接接头性能，可进行一次正火处理。

D 钢种、牌号与用途

按屈服点从300~650MPa分为六级。具有代表性的牌号、成分、性能及用途见表31-2。

表 31-2 常用低合金高强度钢的牌号、成分、性能和用途（摘自 GB/T 1591—1994）

牌　号		化学成分（质量分数）/%				交货状态	使用状态及组织	力学性能[①]（不小于）				用途举例
		C	Si	Mn	其他			σ_s /MPa	σ_b /MPa	δ_5 /%	180° 冷弯	
Q295	09MnV	≤0.12	0.20~ 0.60	0.80~ 1.20	V0.40~ 0.12	热轧	热轧后使用（铁素体+少量珠光体）	300	400	22	$d=2a$[②]	螺旋焊管、冷型钢、建筑结构
	09MnNb	≤0.12	0.20~ 0.60	0.80~ 1.20	V0.40~ 0.12	热轧		300	420	23	$d=2a$	机车车辆、桥梁
Q345	16Mn	0.12~ 0.20	0.20~ 0.60	1.20~ 1.60	—	热轧		350	520	21	$d=2a$	桥梁、船舶、车辆、压力容器、建筑结构
	16MnCu	0.12~ 0.20	0.20~ 0.60	1.25~ 1.50	Cu0.20 ~0.12	热轧		350	520	21	$d=2a$	桥梁、船舶、车辆、压力容器、建筑结构，耐蚀性较好

牌 号		化学成分（质量分数）/%				交货状态	使用状态及组织	力学性能[1]（不小于）				用途举例
		C	Si	Mn	其他			σ_s /MPa	σ_b /MPa	δ_5 /%	180° 冷弯	
Q390	15MnV	0.12~ 0.18	0.20~ 0.60	1.20~ 1.60	V0.40~ 0.12	热轧	热轧后正火（铁素体+少量珠光体）	400	540	18	$a=3a$	高中压容器、车辆、船舶、桥梁、起重机
	15MnTi	0.12~ 0.18	0.20~ 0.60	1.20~ 1.60	Ti0.12 ~0.20	正火		400	540	19	$d=3a$	造船钢板、压力容器、电站设备
Q420	15MnVN	0.12~ 0.20	0.20~ 0.50	1.20~ 1.60	V0.05~ 0.12 N0.12~ 0.020	正火 + 回火		450	600	17	$d=2a$	大型焊接结构、大型桥梁、车、船舶、液氨罐
Q460	14MnMo-VBNb	0.10~ 0.16	0.17~ 0.37	1.10~ 1.60	V0.04~ 0.10 Nb0.30 ~0.60	正火 + 回火	正火后高温回火（贝氏体）	500	650	16	$d=2a$	石油装置、电站装置、高压容器

①力学性能是指钢材厚度或直径不大于 16mm 者（但 15MnTi 为尺寸不大于 25mm，15MnVN 为尺寸不大于 10mm）。

②d 为弯心直径，a 为试样厚度。

较低强度级别的钢中，以 16Mn 最具有代表性。它是我国低合金高强度钢中发展最早、使用最多、产量最大的钢种。使用状态的组织为细晶粒的铁素体—珠光体，强度比普通碳钢 Q235 高 20%~30%，耐大气腐蚀性能高 20%~38%。用它制造工程结构时，质量可减轻 20%~30%。

15MnVN 是具有代表性的中等强度级别的钢种。钢中加入 V、N 后，生成钒的碳氮化物，可细化晶粒，又有沉淀强化作用，因此强度水平提高，而韧性和焊接性能也较好，较广泛用于制造大型桥梁、锅炉、船舶和焊接结构。

强度级别超过 500MPa 后，铁素体—珠光体组织难以满足要求，于是发展了低碳贝氏体型钢，加入 Cr、Mo、Mn、B 等元素，阻碍珠光体转变，使 C 曲线的珠光体转变区右移，而对贝氏体转变影响小，有利于在空冷条件下得到贝氏体组织，获得更高的强度，塑性和焊接性能也较好，多用于高压锅炉、高压容器等。

低合金高强钢由于力学性能和加工性能良好，不需进行热处理，因此受到重视。它是近年来发展最快、最具有经济价值的一类合金钢。目前产量已占钢总产量的 15.4%左右，是今后钢铁生产的发展方向之一。并且这类钢的强度级别在不断提高，现已达 800MPa 级，相当于调质钢的水平。

31.1.1.3 铸钢

在很多工业部门，有许多形状复杂难以用锻造、切削加工等方法成形的零件或大型部件，如轧钢机机架、水压机横梁、机车车架及大齿轮等，用铸铁铸造又难以满足性能要求，这时一般选用铸钢铸造。近年来，由于铸造技术的进步，特别是精密铸造的发展，铸钢件在组织、性能、精度和表面光洁度等方面都接近甚至超过锻钢件，可以不经切削加工或只需少量切削加工即可使用，能节省大量材料与加工费用。

与铸铁相比，铸钢的流动性差，凝固时及凝固后的收缩率较大。为此，除在铸造工艺上采取适当措施，如提高浇注温度及采用较大冒口外，对铸钢的化学成分也有一定的要求。铸钢的含碳量一般为 0.15% ~ 0.6%，含碳量过高，塑性不足，易产生龟裂。含硅量与碳素结构钢相同，但硅能改善钢的流动性，一般为 0.20% ~ 0.45%，最高可达 0.50% ~ 0.60%。由于硫有促进热裂的倾向，而锰则能降低硫的有害影响，故铸钢中的含锰量一般均提高到 0.8% ~ 0.9%，硫、磷含量则限制在 0.04% 以下。

一般工程用碳素铸钢的牌号、化学成分、性能和用途见表 31-3。牌号中"ZG"表示铸钢，其后的两组数字分别表示屈服极限和强度极限值。

表 31-3　碳素铸钢的牌号、化学成分、性能和用途（摘自 GB/T 11352—1989）

牌 号	元素最高含量（质量分数）/%									
	C	Si	Mn	S	P	残 余 元 素				
						Ni	Cr	Cu	Mo	V
ZG200-400	0.20	0.50	0.80	0.04	0.04	0.30	0.35	0.30	0.20	0.05
ZG230-450	0.30									
ZG270-500	0.40		0.90							
ZG310-570	0.50	0.60								
ZG340-640	0.60									

牌 号	力学性能（最小值）					
	屈服强度 σ_s 或 $\sigma_{0.2}$ /MPa	抗拉强度 σ_b /MPa	伸长率 δ/%	根据合同选择		
				收缩率 ψ/%	冲击韧性	
					A_{kV}/J	σ_{kV}/J·cm^{-2}
ZG200-400	200（20.4）	400（40.8）	25	40	30	58.8
ZG230-450	230（23.5）	450（45.9）	22	32	25	44.1
ZG270-500	270（27.6）	500（51.0）	18	25	22	34.1
ZG310-570	310（31.6）	570（58.2）	15	21	15	29.4
ZG340-640	340（34.6）	640（65.4）	10	18	10	19.6

牌 号	特 性 及 用 途
ZG200-400	有良好的塑性、韧性和焊接性能，用于受力不大、要求韧性的各种机械零件，如机座、变速箱壳等
ZG230-450	有一定的强度和较好的塑性、韧性，焊接性能良好，可切削性尚可，用于受力不大、要求韧性的各种机械零件，如砧座、外壳、轴承盖、底板、阀体、犁柱等
ZG270-500	有较高的强度和较好的塑性，铸造性能良好，焊接性尚好，可切削性好，用途广泛，用作轧钢机机架、轴承座、连杆、箱体、曲拐、缸体等
ZG310-570	有较高强度，可切削性良好，塑性韧性较低，用于负荷较高的零件，如大齿轮、缸体、制动轮、辊子
ZG340-640	有高的强度、硬度和耐磨性，可切削性中等，焊接性较差，流动性好，但裂纹敏感性较大，用作齿轮、棘轮等

　　铸钢的组织特点是晶粒比较粗大，易出现魏氏组织，即铁素体沿奥氏体的晶面析出，呈规则的片状，使钢的塑性和韧性降低。为此，应进行完全退火或正火，以消除魏氏组织，改善铸钢件的机械性能，并消除铸造应力。

　　除碳素铸钢外，生产中还可根据不同的需要制造各种合金铸钢铸件，合金铸钢除采用退火或正火外，还有采用淬火或调质处理的，以进一步提高其性能。

31.1.2　机械零件用钢

　　机器零件用钢主要是指用来制造各种机器结构中的轴类、齿轮、连杆、弹簧、紧固件（螺钉、螺母）等钢种，包括渗碳钢、调质钢、弹簧钢及滚动轴承钢等。它们大都是用优质碳素钢和合金结构钢制造，一般都经过热处理后使用。

31.1.2.1　渗碳钢

　　用来制造渗碳零件的钢种就称为渗碳钢，这些钢一般都是含碳量较低的低碳钢或低碳合金钢。

　　A　对渗碳零件的性能要求

　　许多机器零件，如汽车、拖拉机上的变速齿轮、内燃机上的凸轮、活塞销以及部分量具等，都是在承受较强烈的冲击作用和磨损的条件下工作的，根据这样的工作条件，要求零件表面硬度高、耐磨性好；心部强度高、韧性好。为了达到上述要求，可采用低碳钢或低碳合金钢，通过渗碳后再进行淬火及低温回火。

　　B　渗碳钢的化学成分特点

　　为了保证心部的足够强度和良好的韧性，渗碳钢的含碳量为 0.10%～0.25%。为了改善性能，常在渗碳钢中加入一些合金元素，其中主加元素为 Si、Mn、Cr、Ni、B，辅加元素为 V、Ti、W、Mo 等。这些合金元素在钢中的作用是：提高淬透性（Si、Mn、Cr、Ni、B，B 只对低碳钢部分起作用）；细化晶粒（V、Ti、W、Mo，可在渗碳阶段防止奥氏体粗大）；获得良好的渗碳性能。另外，碳化物形成元素（Cr、V、Ti、W、Mo）还可增加渗碳层硬度，提高耐磨性。

　　C　热处理特点

　　渗碳钢的最后热处理是在渗碳后进行的。对于在渗碳温度下仍保持细小奥氏体晶粒，渗碳后不需要机加工的零件，可在渗碳后预冷直接淬火+低温回火，如 20CrMnTi。而对于渗碳时容易过热的钢种，如 20Cr，渗碳后需先正火消除过热组织，再进行淬火+低温回火。组织形式都是心部为低碳回火马氏体，表面为高碳回火马氏体+合金渗碳体+少量残余奥氏体。

　　D　钢种、牌号与用途

　　常用渗碳钢的牌号、成分、热处理、力学性能及用途见表 31-4。

　　对于尺寸小、载荷轻、主要承受磨损的零件可选用碳素渗碳钢，如 15 号钢、20 号钢。合金渗碳钢按淬透性分为低、中、高淬透性三类：

　　（1）低淬透性渗碳钢。水淬临界淬透直径为 20～35mm，典型钢种为 20Mn2、20Cr、20MnV 等，用于制造受力不大、要求耐磨并承受冲击的小型零件。

表 31-4　常用渗碳钢的牌号、成分、热处理、力学性能及用途（GB/T 3077—1999）

类别	钢号	主要化学成分（质量分数）/%							热处理/℃				力学性能（不小于）					用途
		C	Mn	Si	Cr	Ni	V	其他	渗碳	预备处理	淬火	回火	σ_b/MPa	σ_s/MPa	δ/%	ψ/%	α_k/kJ·m^{-2}	
低淬透性	15	0.12~0.19	0.35~0.65	0.17~0.37					930	890±10 空	770~800 水	200	≥500	≥300	15	≥55		活塞销等
	20Mn2	0.17~0.24	1.40~1.80	0.20~0.40					930	850~870	770~800 油	200	820	600	10	47	600	小齿轮、小轴、活塞销等
	20Cr	0.17~0.24	0.50~0.80	0.20~0.40	0.70~1.00				930	880	880 水、油	200	850	550	10	40	600	齿轮、小轴、活塞销等
	20MnV	0.17~0.24	1.30~1.60	0.20~0.40			0.07~0.12		930		880 水、油	200	800	600	10	40	700	齿轮、小轴、活塞销等，也用作锅炉、高压容器管道等
	20CrV	0.17~0.24	0.50~0.80	0.20~0.40	0.80~1.10		0.10~0.20		930	880	800 水、油	200	850	600	12	45	700	齿轮、小轴、顶杆、活塞销、耐热垫圈
	20CrMn	0.17~0.24	0.90~1.20	0.20~0.40	0.90~1.20				930		850 油	200	950	750	10	45	600	齿轮、轴、蜗杆、活塞销、摩擦轮
	20CrMnTi	0.17~0.24	0.80~1.10	0.20~0.40	1.00~1.30			Ti0.06~0.12	930	830 油	860 油	200	1100	850	10	45	700	汽车、拖拉机上的变速箱齿轮
中淬透性	20Mn2TiB	0.17~0.24	1.50~1.80	0.20~0.40			0.07~0.12	Ti0.06~0.12 B0.001~0.004	930		860 油	200	1150	950	10	45	700	代20CrMnTi
	20SiMnVB	0.17~0.24	1.30~1.60	0.50~0.80			0.07~0.12	B0.001~0.004	930	850~880 油	780~800 油	200	≥1200	≥1000	≥10	≥45	≥700	代20CrMnTi
高淬透性	18Cr2Ni4WA	0.13~0.19	0.30~0.60	0.20~0.40	1.35~1.65	4.00~4.50		W0.80~1.20	930	950 空	850 空	200	1200	850	10	45	1000	大型渗碳齿轮和轴类件
	20Cr2Ni4A	0.17~0.24	0.30~0.60	0.20~0.40	1.25~1.75	3.25~3.75			930	880 油	780 油	200	1200	1100	10	45	800	大型渗碳齿轮和轴类件
	15CrMn2SiMo	0.13~0.19	2.0~2.40	0.4~0.7	0.4~0.7			Mo0.4~0.5	930	880~920 空	860 油	200	1200	900	10	45	800	大型渗碳齿轮、飞机齿轮

（2）中淬透性渗碳钢。油淬临界淬透直径为 25～60mm，典型钢种有 20CrMnTi、12CrNi3、20MnVB 等，用于制造尺寸较大的、承受中等载荷的、重要的耐磨零件，如汽车中齿轮。

（3）高淬透性渗碳钢。油淬临界淬透直径约为 100mm 以上，属空冷也能淬成马氏体的马氏体钢，典型钢种有 12Cr2Ni4、20Cr2Ni4、18Cr2Ni4WA 等，用于制造承受重载与强烈磨损的极为重要的大型零件，如航空发动机及坦克齿轮等。

31.1.2.2　调质钢

调质钢通常是指采用调质处理（淬火并高温回火）的优质碳素结构钢和合金结构钢。调质后的组织为回火索氏体，综合力学性能好，用来制作轴、杆类零件。

A　对调质钢的性能要求

许多机器设备上的重要零件如机床主轴、汽车及拖拉机的后桥半轴、发动机曲轴、连杆、高强度螺栓等都是在多种负荷应力下工作的，受力情况比较复杂，要求具有比较全面的机械性能。以轴类零件为例，其作用是传动力矩，工作对象受扭转、弯曲等交变载荷，也会受到冲击，在配合处有强烈摩擦。其失效方式主要是由于硬度低、耐磨性差而造成的花键磨损，以及承受交变的扭转、弯曲载荷所引起的疲劳破坏。因此，对轴类零件提出的性能要求是高强度（尤其是疲劳强度）、高硬度、高耐磨性及良好的塑韧性，即具有良好的综合机械性能。

B　化学成分特点

调质钢的碳含量为 0.25%～0.5%。碳含量过低，不易淬硬，回火后强度不足；碳含量过高，强度、硬度、耐磨性高，但塑性和韧性不够。

除碳素调质钢外，对尺寸较大、要求性能较高的零件多采用合金调质钢。其合金化的主加元素为 Mn、Cr、Si、Ni，辅加元素为 V、Mo、W、Ti 等。合金元素的主要作用是提高淬透性（Mn、Cr、Si、Ni 等），降低第二类回火脆性倾向（Mo、W），细化奥氏体晶粒（V、Ti），提高钢的回火稳定性。典型的牌号为 40Cr、40CrNiMo、40CrMnMo。

C　热处理特点

调质钢热处理的特点为：

（1）预备热处理。由于调质钢中含量较高，又有不同数量的合金元素，因而在热加工后，其组织将有很大差别。合金元素含量低的钢，空冷后的组织一般为珠光体和铁素体（珠光体钢）；而合金元素含量高的钢，空冷后的组织为马氏体（马氏体钢）。因此，为改善切削加工性能以及改善因锻、轧不适当而造成的晶粒粗大及带状组织，调质钢在切削加工前需进行预备热处理，加工成零件后再进行最后热处理。

对珠光体型钢，可在 A_{c3} 以上进行一次正火或退火，以细化晶粒，减轻带状组织的程度，改善切削加工性能。对于马氏体型钢，则先在 A_{c3} 以上进行一次空冷淬火，以细化晶粒，减轻组织中的带状程度，然后再在 A_{c1} 以下进行高温回火，使其组织转变为珠光体，以降低其硬度，从而改善其切削加工性。

（2）最终热处理。调质钢的最终热处理通常采用淬火+高温回火，回火温度为 500～650℃，得到回火索氏体组织，可在具有良好塑性的情况下保证足够的强度。为避免回火脆性，回火后可快冷；对大尺寸的零件，可通过加 Mo、W 来避免回火脆性。对于某些部位要求具有高耐磨性的，可在整体调质处理后局部采用高频感应加热表面淬火或渗氮处理；对于带有缺口的零件，可采用调质处理后喷丸或滚压强化来提高疲劳强度，延长其使用寿命；对于要求强度特别高的零件，也可采用淬火+低温回火或淬火+中温回火处理，获得中碳的回火马氏体或回火托氏体组织。

随着热处理工艺的不断发展，调质钢的热处理已不只限于调质处理了。根据不同的性能要求，可采用正火、表面淬火、等温淬火、淬火及低温或中温回火等工艺以代替调质处理。

　　D　钢种、钢号与用途

常用调质钢的钢号、成分、热处理、力学性能及用途见表31-5。按淬透性的高低，合金调质钢大致分为三类：

（1）低淬透性调质钢。这类钢的油淬临界直径为 30～40mm，最典型的钢种有 45、40Cr，广泛用于制造一般尺寸的重要零件。40MnB、40MnVB 钢是为了节省铬而发展的代用钢，40MnB 的淬后稳定性较差，切削加工性能也差一些。

（2）中淬透性调质钢。这类钢的油淬临界直径为 40～60mm，含有较多合金元素，典型牌号有 35CrMo 等，用于制造截面较大的零件，例如曲轴、连杆等。加入 Mo 不仅使淬透性显著提高，而且可以防止回火脆性。

（3）高淬透性调质钢。这类钢的油淬临界直径为 60～160mm，多半为铬镍钢。铬镍的适当配合，可大大提高淬透性，并获得优良的力学性能，例如 37CrNi3，但对回火脆性十分敏感，因此不宜作大截面零件。铬镍钢中加入适当的钼，例如 40CrNiMo，不仅具有最好的淬透性和冲击韧性，还可消除回火脆性，用于制造大截面、重载荷的零件，如汽轮机主轴、叶轮、航空发动机轴等。

31.1.2.3　弹簧钢

弹簧钢是专门用来制造弹簧或要求类似性能的零件的钢种。弹簧按结构形态分为螺旋弹簧和板簧，可通过弹性变形储存能量，以达到消振、缓冲或驱动的作用。

　　A　对弹簧钢的性能要求

在各种机器设备中，弹簧的主要作用是吸收冲击能量，缓和机械的振动和冲击作用。例如用于汽车及拖拉机上的板簧，它们除了承受车厢和重物的巨大重量外，还要承受因地面不平所引起的冲击载荷和振动，使保证车辆运行平稳，以免某些零件因受冲击而过早破坏。此外，弹簧还可储存能量使其他机械完成事先规定的动作，如汽阀弹簧、喷嘴簧等。根据以上的工作条件，弹簧钢应具有以下性能：

（1）高的弹性极限或屈服极限及高的屈强比，以保证弹簧有足够高的弹性变形能力，并能承受大的载荷。

（2）高的疲劳极限，以保证弹簧在长期的振动和交变应力作用下不产生疲劳破坏。

（3）为了满足成形的需要和可能承受的冲击载荷，弹簧钢应具有一定的塑性和韧性。

　　B　化学成分特点

根据弹簧的尺寸大小和性能要求，可采用碳素弹簧钢和合金弹簧钢。碳素弹簧钢的含碳量为 0.6%～0.9%，合金弹簧钢的含碳量为 0.45%～0.7%，中高碳含量是用来保证高的弹性极限和疲劳极限的。对大型及重要的弹簧均应采用合金弹簧钢，其合金化主加元素为 Mn、Si、Cr，辅加元素为 Mo、V、Nb、W 等。

表 31-5 常用调质钢的钢号、成分、热处理、力学性能及用途（摘自 GB/T 3177—1999）

类别	钢号	化学成分（质量分数）/%								热处理			力学性能					退火或高温回火态 HBS	用 途
		C	Si	Mn	Mo	W	Cr	Ni	其 他	淬火/℃	回火/℃	毛坯尺寸/mm	σ_b/MPa	σ_s/MPa	δ_5/%	ψ/%	A_k/J		
碳素调质钢	45	0.42~0.50	0.17~0.37	0.50~0.80						830~840	580~640	<100	≥600	≥355	≥16	≥40		≤167	主轴、曲轴、齿轮
低淬透性	40Cr	0.37~0.44	0.17~0.37	0.50~0.80			0.80~1.10			850	250	25	980	785	≥9	≥45	47	≤207	轴类、连杆、螺栓、重要齿轮等
	40MnB	0.37~0.44	0.17~0.37	1.10~1.40					B0.0005~0.0035	850	500	25	980	785	≥9	≥45	47	≤207	主轴、曲轴、齿轮
	40MnVB	0.37~0.44	0.17~0.37	1.10~1.40					V0.05~0.10 B0.0005~0.0035	850	520	25	980	785	≥10	≥45	45	≤207	可代替40Cr及部分代替40CrNi做重要零件
	38CrSi	0.35~0.43	1.00~1.30	0.30~0.60			1.30~1.60			900	600	25	980	835	≥12	≥50	55	≤225	大载荷轴类、车轴上的调质件
中等淬透性	30CrMnSi	0.27~0.34	0.90~1.20	0.80~1.10			0.80~1.10			880	520	25	1080	885	≥10	≥45	≥39	≤229	高强度钢、高速载荷轴类
	35CrMo	0.32~0.40	0.17~0.37	0.40~0.70	0.15~0.25		0.80~1.10			850	550	25	980	835	≥12	≥45	63	≤229	重要调质件、曲轴、连杆、大截面轴等
	38CrMoAl	0.35~0.42	0.20~0.45	0.30~0.60	0.15~0.25				Al0.90~1.10	940	640	30	980	835	≥14	≥50	71		渗氮零件、镗杆、缸套等
高淬透性	37CrNi3	0.34~0.41	0.17~0.37	0.30~0.60			1.20~1.60	3.00~3.50		820	500	25	1130	980	≥10	≥50	47	≤269	大截面并需高强度、高韧性零件
	40CrMnMo	0.37~0.45	0.17~0.37	0.90~1.20	0.20~0.30		0.90~1.20			850	600	25	980	785	≥10	≥45	63	≤217	相当于40CrNiMo高级调质钢
	25Cr2Ni4WA	0.21~0.28	0.17~0.37	0.30~0.60		0.80~1.20	1.35~1.65	4.00~4.50		850	550	25	1080	930	≥11	≥45	71	≤269	力学性能要求高的大截面零件
	40CrNiMoA	0.37~0.44	0.17~0.37	0.50~0.80	0.15~0.25		0.60~0.90	1.25~1.65		850	600	25	980	835	≥12	≥55	78	≤269	高强度大零件、飞机发动机轴等

合金元素的主要作用是提高淬透性（Mn、Si、Cr），提高回火稳定性（Cr、Si、Mo、W、V、Nb），细化晶粒、防止脱碳（Mo、V、Nb、W），提高弹性极限（Si、Mn）等。典型牌号有 60Si2Mn、65Mn。

C　热处理特点

按弹簧的加工工艺不同，可分为冷成形弹簧和热成形弹簧两种。对于大型弹簧或复杂形状的弹簧，采用热轧成形后淬火+中温回火（450~550℃），获得回火屈氏体组织，保证高的弹性极限、疲劳极限及一定的塑韧性，这种弹簧多用热轧钢丝或钢板制成。对于线径小于 8mm 的弹簧，一般采用冷拔钢丝冷卷成形，按制造工艺的不同又可分为三种类型：

（1）铅淬冷拔弹簧钢丝。冷拔前将钢丝加热到 A_{c3}（A_{ccm}）+（100~200）℃，完全奥氏体化，再在铅浴（480~540℃）中进行等温淬火，得到塑性高的索氏体组织，经冷拔后绕卷成形，再进行消除应力的低温去应力退火（200~300℃），这种方法能生产强度很高的钢丝。

（2）油淬冷拔弹簧钢丝。冷拔钢丝退火后，冷绕成弹簧，再进行淬火+中温回火处理，得到回火屈氏体组织。

（3）淬火回火弹簧钢丝。冷拔至要求尺寸后，利用淬火+回火来进行强化，再冷绕成弹簧，并进行去应力退火，之后不再进行热处理。

D　钢种、钢号与用途

常用弹簧钢的钢号、成分、热处理、力学性能及用途见表 31-6。

表 31-6　常用弹簧钢的钢号、成分、热处理、力学性能及用途（GB/T 1222—1984）

类别	钢号	化学成分（质量分数）/%					热处理		力学性能（不小于）				用途举例
		C	Si	Mn	Cr	V	淬火/℃	回火/℃	σ_s/MPa	σ_b/MPa	δ_{10}/%	ψ/%	
碳素弹簧钢	65	0.62~0.70	0.17~0.37	0.50~0.80	—	—	840油	500	800	1000	9	35	用于制造汽车、机车车辆、拖拉机的板弹簧及螺旋弹簧
	85	0.82~0.90	0.17~0.37	0.50~0.80	—	—	820油	480	1000	1150	6	30	
	65Mn	0.62~0.70	0.17~0.37	0.09~1.20	—	—	830油	540	800	1000	8	30	用于制造较大尺寸的扁弹簧、冷卷簧、气门簧、发条弹簧等
合金弹簧钢	55Si2Mn	0.52~0.60	1.50~2.00	0.60~0.90	—	—	870油	480	1200	1300	6	30	用于制造汽车、拖拉机的板簧、螺旋弹簧、安全阀及止回阀用弹簧、耐热弹簧等
	60Si2Mn	0.56~0.60	1.50~2.00	0.60~0.90	—	—	870油	480	1200	1300	5	25	
	50CrVA	0.46~0.54	0.17~0.37	0.50~0.80	0.80~1.10	0.10~0.20	850油	500	1150	1300	10 (δ_5)	40	用于制造大截面、高应力螺旋弹簧及工作温度低于300℃的耐热弹簧
	60Si2CrVA	0.56~0.64	1.40~1.80	0.40~0.70	0.90~1.20	0.10~0.20	850油	410	1700	1900	6 (δ_5)	20	用于制造高负荷，耐冲击的重要弹簧及工作温度低于250℃的耐热弹簧、如高压水泵碟形弹簧等

碳素弹簧钢淬透性低，只用于小截面弹簧。直径稍大的热成形弹簧或大截面、重负荷的弹簧可采用合金弹簧钢。合金弹簧钢大致分为两类：

（1）以 Si、Mn 元素合金化的弹簧钢。代表性钢种有 65Mn 和 60Si2Mn 等。它们的淬透性显著优于碳素弹簧钢，可制造截面尺寸较大的弹簧。Si、Mn 的复合合金化，性能比只用 Mn 的好，这类钢主要用作汽车、拖拉机和机车上的板簧和螺旋弹簧。

（2）含 Cr、V、W 等元素的弹簧钢。具有代表性的钢种是 50CrVA。Cr、V 的复合加入，不仅使钢具有较高的淬透性，而且有较高的高温强度、韧性和较好的热处理工艺性能。因此，这类钢可制作在 350~400℃ 下承受重载的较大型弹簧，如阀门弹簧、高速柴油机的气门弹簧等。

近来，还发展了一些含硼的弹簧钢，硼提高了钢的淬透性，从而扩大了有关弹簧钢的使用范围，可用于截面较大的弹簧。

31. 1. 2. 4　滚动轴承钢

滚动轴承是铁路车辆、汽车、飞机、轮船等交通运输工具以及农业机械、发电设备、机床、电机等许多机器的不可缺少的零件。用来制造各种滚动轴承套圈及滚动体的专用钢称为滚动轴承钢。

A　对滚动轴承钢的性能要求

滚动轴承钢主要用来制造滚动轴承的滚动体、内外套圈。滚动轴承运转时，套圈与滚动体之间呈点或线接触，接触面积极小，在接触面上承受着极大的交变负荷，接触应力可达 1500~5000MPa，应力交变次数每分钟可达数万次甚至更高，从而容易造成轴承的疲劳破坏。因此，滚动轴承钢必须具有足够高的抗压强度和很高的疲劳接触应力。

滚动轴承在高速运转时，不仅有滚动摩擦，而且还有滑动摩擦，因此还要求滚动轴承钢具有较高的硬度和耐磨性。

此外，根据轴承的工作条件，还要求滚动轴承钢具有一定的韧性、防锈性和尺寸稳定性。

B　化学成分特点

滚动轴承钢的碳含量为 0.95%~1.10%，高的含碳量是为了保证高硬度、高耐磨性和高强度。轴承钢常以 Cr 为主加元素，辅加元素为 Si、Mn、V、Mo 等。

Cr 的作用是提高淬透性，并形成细小均匀分布的合金渗碳体，提高耐磨性和接触疲劳强度，并提高回火稳定性和耐蚀性。其缺点是铬含量大于 1.65% 时，会增大残余奥氏体量并增大碳化物的带状分布趋势，使硬度和疲劳强度下降。因此，为进一步提高淬透性，补加 Mn、Si 来制造大型轴承。通过加入 V、Mo，可阻止奥氏体晶粒长大，防止过热，还可进一步提高钢的耐磨性。

为了节约铬，在铬轴承钢基础上研究出了以钼代铬，并加入稀土的新钢种，即无铬轴承钢，其性能与铬轴承钢相近。

C　热处理特点

滚动轴承钢的预备热处理采用球化退火，退火后组织为球状珠光体。退火的目的是降低锻造后钢的硬度，以便于切削加工。

滚动轴承钢的最终热处理通常采用淬火（820~840℃）+低温回火（150~160℃），得到回火马氏体+细小均匀分布的碳化物+少量残余奥氏体。淬火温度要求十分严格，过高会引起奥氏体晶粒长大出现过热；过低则奥氏体中铬与碳溶解不足，影响硬度。

对于精密轴承，为稳定其尺寸，保证长期存放和使用中不变形，淬火后可立即进行深冷处理，并且在回火和磨削加工后进行在 120～130℃下保温 5～10h 的尺寸稳定化处理，尽量减少残余奥氏体量并充分去除应力。

D　钢种、牌号与用途

常用滚动轴承钢的钢号、成分、热处理及用途见表31-7。根据轴承钢的化学成分特点及使用特性分为铬轴承钢、无铬轴承钢、渗碳轴承钢、不锈轴承钢和高温轴承钢等。

表 31-7　滚动轴承钢的牌号、成分、热处理及用途（摘自 GB/T 18254—2002）

钢　号	主要化学成分（质量分数）/%							热处理规范			主要用途
	C	Cr	Si	Mn	V	Mo	RE	淬火/℃	回火/℃	回火后 HRC	
GCr6	1.05～1.15	0.40～0.70	0.15～0.35	0.20～0.40				800～820	150～170	62～66	小于 10mm 的滚珠、滚柱和滚针
GCr9	1.0～1.10	0.9～1.2	0.15～0.35	0.20～0.40				800～820	150～170	62～66	20mm 以内的各种滚动轴承
GCr9SiMn	1.0～1.10	0.9～1.2	0.40～0.70	0.90～1.20				810～830	150～200	61～65	壁厚小于 14mm，外径小于 250mm 的轴承套、25～50mm 的钢球、直径 25mm 左右滚柱等
GCr15	0.95～1.05	1.30～1.65	0.15～0.35	0.20～0.40				820～840	150～160	62～66	与 GCr9SiMn 相同
GCr15SiMn	0.95～1.05	1.30～1.65	0.40～0.65	0.90～1.20				820～840	170～200	>62	壁厚不小于 14mm，外径 250mm 的套圈。直径 20～200mm 的钢球。其他同 GCr15
GMnMoVRE	0.95～1.05		0.15～0.40	1.10～1.40	0.15～0.25	0.4～0.6	0.07～0.10	770～810	170±5	≥62	代 GCr15 用于军工和民用方面的轴承
GSiMoMnV	0.95～1.10		0.45～0.65	0.75～1.05	0.2～0.3	0.2～0.4		780～820	175～200	≥62	与 GMnMoVRE 相同

（1）铬轴承钢。最有代表性的是 GCr15，使用量占轴承钢的绝大部分。由于淬透性不很高，多用于制造中、小型轴承，也常用来制造冷冲模、量具、丝锥等。为进一步增加淬透性，可添加 Si、Mn 提高淬透性（如 GCr15MnSi 钢等），用于制造大型轴承。

（2）无铬轴承钢。结合我国资源条件研制的新钢种，淬透性、物理性能、锻造性能均较好，如 GSiMnVRe、GSiMnMoRe，分别用来代替 GCr15、GCr15SiMn。

（3）渗碳轴承钢。这类钢实际上是优质和高级优质渗碳结构钢，如 G20CrMo、G20Cr2Ni4A。主要用于制造高冲击载荷的特大型和中小型轴承零件，如轧钢机轴承的套圈和滚动体。

（4）不锈轴承钢。有优良的耐蚀性能，经热处理后硬度、耐磨性较高，其牌号用不锈钢牌号表示，如 9Cr18。用来制造在海水、河水、蒸汽、硝酸及海洋性腐蚀介质中使用的轴承。

（5）高温轴承。除具有一般轴承的特性外，还具有一定的高温硬度和高温耐磨性、抗氧化、耐冲击，主要用来制造工作温度不超过 320℃ 的各种轴承的套圈和滚动体。其牌号用耐热钢的牌号表示，如 Cr4Mo4V。

31.1.2.5 超高强度钢

超高强度钢一般指 $\sigma_b > 1500\text{MPa}$ 或 $\sigma_s > 1380\text{MPa}$ 的合金结构钢。这类钢主要用于航空、航天工业，其主要特点是具有很高的强度和足够的韧性，且比强度和疲劳极限值高，在静载荷和动载荷的条件下，能承受很高的工作应力，从而可减轻结构重量。虽然超高强度钢存在缺口敏感性，但其平面应变断裂韧度较高，在复杂的环境下不致发生低应力脆性断裂。

超高强度钢通常按化学成分和强韧化机制，分为低合金超高强度钢、二次硬化型超高强度钢、马氏体时效钢和超高强度不锈钢等四类。

低合金超高强度钢是在合金调质钢基础上加入一定量的某些合金元素而成。其含碳量小于 0.45%，以保证足够的塑性和韧性。合金元素总量小于 5%，其主要作用是提高淬透性、回火稳定性及韧性。热处理工艺是淬火和低温回火。例如：30CrMnSiNi2A 钢，热处理后 $\sigma_b = 1700 \sim 1800\text{MPa}$，是航空工业中应用最广的一种低合金超高强度钢。

二次硬化型钢大多含有强碳化物形成元素，其总量为 5%~10%。典型钢种是 Cr-Mo-V 型中合金超高强度钢，这类钢经过高温淬火和三次高温回火（580~600℃）获得高强度、抗氧化性和抗热疲劳性，其牌号有 4Cr5MoSiV 等。二次硬化型超高强度钢还包括高合金 Ni-Co 类型钢。

马氏体时效钢含碳量极低（小于 0.03%），含镍量高（18%~25%），并含有钼、钛、铌、铝等时效强化元素。这类钢淬火后经 450~500℃ 时效处理，其金相组织为在低碳马氏体基体上弥散分布极细微的金属化合物 Ni_2Mo、Mo 等粒子。因此，马氏体时效钢有极高的强度、良好的塑性、韧性及较高的断裂韧度，可以进行冷、热压力加工，冷加工硬化率低，焊接性良好，是制造超音速飞机及火箭壳体的重要材料，在模具和机械零件制造方面也有应用。典型的马氏体时效钢有 Ni25Ti2AlNb（Ni25）和 Ni18Co9Mo5TiAl（Ni18）等，时效处理后 $\sigma_b \approx 2000\text{MPa}$。

主题 31.2 工 具 钢

工具钢是指用于制造各种切削刀具、冷热变形模具、量具以及其他工具的钢种。依化学成分的不同可分为碳素工具钢、低合金合金钢、高合金工具钢；按用途不同又可分为刃具钢、模具钢和量具钢。

31.2.1 刃具钢

刃具钢是用来制造各种切削加工工具如车刀、铣刀、刨刀、钻头、丝锥、板牙等的钢种，按其成分及性能特点可分为碳素刃具钢、低合金刃具钢和高速钢。

31.2.1.1　刀具的工作条件及性能要求

在切削过程中，刀具要把坯料多余的部分切除，以达到所需的零件尺寸。切削时刀具承受着压力、弯曲力和摩擦力，同时因摩擦产生热量，使刃部温度升高，此外还承受着一定的冲击和振动。其常见的失效方式为磨损、崩刃或折断。

为了更好地完成切削任务，对于刀具以及制造刀具的刀具钢有以下几点要求：

(1) 高的硬度。只有刀具的硬度大大高于被加工材料时，才能进行切削，切削刀具的硬度一般都在 60HRC 以上。淬火钢的硬度主要取决于含碳量，因此，工具钢的含碳量都较高，在 0.6%~1.5% 的范围内。

(2) 高的耐磨性。耐磨性的高低，直接影响刀具的寿命。高的耐磨性不仅取决于高硬度，而且与碳化物的性质、数量、大小及分布有关。在回火马氏体基体上分布着适量的、均匀细小的碳化物，比单一的回火马氏体组织具有更高的耐磨性。

(3) 高的红硬性。刀具在切削加工时，由于摩擦及从坯料上切除金属，将产生大量的热量，从而使刃部温度升高，有的可达 500~600℃，在高温下如硬度降低，则无法继续进行切削。因此，要求刀具材料具有高的红硬性。

红硬性是指刀具在高温下保持高硬度的能力。它与马氏体的回火稳定性及回火时碳化物的聚集有关，加入能提高回火稳定性及延缓碳化物聚集的合金元素如钒、钨、钛、铬、钼、硅等，能提高刀具钢的红硬性。碳素工具钢只能在 250℃ 以下保持高硬度，而含合金元素较多的高速钢则在 600℃ 时仍能保持高的硬度。

(4) 足够的韧性。高的韧性可以防止刀具在切削过程中因振动或冲击而折断或崩刃。

31.2.1.2　碳素刀具钢

A　化学成分特点

为了保证刀具具有较高的硬度及耐磨性，碳素刀具钢的含碳量为 0.65%~1.35%。由于碳素刀具钢的淬透性较低，因而其中所含硅、锰量的变动将对其淬透性产生较大的影响，从而对其热处理工艺产生影响。因此，在碳素刀具钢中，硅、锰的含量均有比较严格的规定，即硅不超过 0.35%，锰不超过 0.4%。只是在 T8Mn（T8MnA）钢中，为了提高其淬透性以便用于较大截面的刀具，含锰量才提高到 0.40%~0.60%。另外，由于碳素刀具钢含碳量高，因而其塑性较差，淬火时产生的内应力也较大，为了提高其可锻性以及避免淬火开裂，其硫、磷含量也限制较严，一般含硫量不得超过 0.03%，含磷量不得超过 0.035%，而在高级优质钢中，含硫量不得超过 0.020%，含磷量不得超过 0.030%。

B　热处理特点

碳素刀具钢的热处理主要包括机械加工前的球化退火及加工成形后的淬火和低温回火，回火后组织为回火马氏体+粒状渗碳体+少量残余奥氏体。其热处理特点为：

(1) 球化退火。碳素刀具钢在机械加工前应进行球化退火，以降低硬度，便于进行切削加工，同时，也为以后的淬火做好准备。

碳素刀具钢的球化退火为加热到 A_{c1} 以上 20~30℃（即 750~770℃），保温后炉冷至 680~700℃ 等温保持 4~6h，然后炉冷至 500~600℃ 后出炉空冷。球化退火后碳素刀具钢的显微组织为铁素体基体上分布着球粒状的渗碳体。

（2）淬火和低温回火。亚共析钢（T7、T7A）的淬火加热温度应在 A_{c3} 以上，使显微组织中的铁素体在加热时全部溶入奥氏体，以免在淬火后出现软点。过共析钢则采用不完全淬火，即加热至 A_{c1} 以上 30~50℃，以保证淬火后能获得在马氏体基体上均匀分布着小颗粒渗碳体的显微组织，使其具有较高的耐磨性及较高的其他机械性能。

淬火后应立即进行回火，以免变形或开裂。对于要求高硬度的刃具或其他工具，应采用 160~180℃ 的低温回火。对于不同硬度要求的其他工具，可选用较高的不同的回火温度，回火保温一般为 1~3h，以便使淬火应力得以充分消除。

C 性能特点

碳素刃具钢的锻造及切削加工性好，价格最便宜。但缺点是淬透性低，水中淬透直径小于 15mm，且用水作为冷却介质时易淬裂、变形。另外，其淬火温度范围窄，易过热；其回火稳定性也差，只能在 200℃ 以下使用。

D 常用碳素刃具钢

常用碳素刃具钢的牌号、化学成分、性能及用途见表 31-8。

表 31-8 碳素刃具钢的牌号、化学成分、性能及用途（GB 1298—1988）

牌 号	化学成分/%			退火状态 HBS	淬火后 HRC	用 途 举 例
	C	Si	Mn			
T7、T7A	0.65~0.74	≤0.35	≤0.40	≥187	≥62	承受冲击，韧性较好、硬度适当的工具，如扁铲、手钳、大锤、改锥、木工工具
T8、T8A	0.75~0.84	≤0.35	≤0.40	≥187	≥62	承受冲击，要求较高硬度的工具，如冲头、压缩空气工具、木工工具
T8Mn、T8MnA	0.80~0.90	≤0.35	0.40~0.60	≥187	≥62	承受冲击，要求较高硬度的工具，如冲头、压缩空气工具、木工工具，但淬透性较大，可制造断面较大的工具
T9、T9A	0.85~0.94	≤0.35	≤0.40	≥192	≥62	韧性中等、硬度高的工具，如冲头、木工工具、凿岩工具
T10、T10A	0.95~1.04	≤0.35	≤0.40	≥197	≥62	不受剧烈冲击，高硬度耐磨的工具，如车刀、刨刀、冲头、丝锥、钻头、手锯条
T11、T11A	1.05~1.14	≤0.35	≤0.40	≥207	≥62	不受冲击，高硬度耐磨的工具，如车刀、刨刀、冲头、丝锥、钻头
T12、T12A	1.15~1.24	≤0.35	≤0.40	≥207	≥62	不受剧烈冲击，要求高硬度耐磨的工具，如锉刀、刮刀、精车刀、丝锥、量具
T13、T13A	1.25~1.35	≤0.35	≤0.40	≥217	≥62	不受剧烈冲击，要求高硬度耐磨的工具，如锉刀、刮刀、精车刀、丝锥、量具；要求更耐磨的工具，如刮刀、剃刀

注：淬火后硬度不是指用途举例中各种工具硬度，而是指碳素工具钢材料在淬火后的最低硬度。

碳素刃具钢淬火后的硬度差别不大，但随着钢中含碳量的增加，未溶渗碳体量增多，钢的耐磨性增加，而韧性则降低。因此，T7、T8 钢用于制造要求中硬度与较高韧性、承受冲击负荷的工具，如小型冲头、凿子、锤子等。T9、T10、T11 钢用以制造要求中韧性、高硬度的工具，如钻头、丝锥、车刀等。T12、T13 钢具有高硬度及高耐磨性，但韧性低，用以制造量具、锉刀、精车刀等。高级优质碳素刃具钢（T7A~T13A）在淬火时产生裂纹的倾向较小，可用以制造形状较为复杂的工具。

碳素刃具钢成本低，经热处理后能达到 60HRC 以上的硬度及较好的耐磨性，应尽量考虑选用。但因其红硬性差（刃部热至 250℃ 以上，硬度及耐磨性即迅速降低）、淬透性低、淬火时易变形开裂，因而多用于制造手用刀具、低速小切削量的机用刀具、量具、模具及各种工具等。对于截面尺寸较大、形状较复杂、红硬性要求较高的工具，则需采用合金工具钢来制造。

31.2.1.3　低合金刃具钢

A　化学成分特点

低合金刃具钢是在碳素刃具钢的基础上加入某些合金元素而形成的合金工具钢。其含碳量为 0.75%~1.5%，合金元素总含量则在 5% 以下。加入的合金元素多为铬、锰、硅、钨、钒等，其中铬、锰、硅主要是提高钢的淬透性，同时还可提高钢的强度；而强碳化物形成元素钨、钒加入钢中后，将形成加热时不溶入奥氏体中的碳化物，因而不能提高钢的淬透性，而是提高其耐磨性及硬度，并防止钢在加热时的过热，保持晶粒细化。另外，硅还能提高钢的回火稳定性，使钢淬火后加热到 250~300℃ 时仍能保持 60HRC 以上的硬度。

B　热处理特点

低合金刃具钢与碳素刃具钢的热处理基本相同，也包括加工前的球化退火（或高温回火）和成形后的淬火与低温回火。

低合金刃具钢为过共析钢，一般均采用不完全淬火，淬火后采用低温回火。

C　性能特点

与碳素刃具钢相比，由于合金元素的加入，提高了淬透性、回火稳定性及降低了过热倾向。因此，低合金刃具钢可采用油淬，降低了淬火变形开裂倾向；淬火允许加热温度区增大；使用温度范围也可达到 250℃。但相应地也会造成成本提高，锻压及切削加工性降低。

D　常用低合金刃具钢

低合金刃具钢的牌号、成分、热处理及用途见表 31-9。

常用的低合金工具钢有铬钢、铬锰钢、铬钨钢、硅铬钢、铬钨锰钢等。另外，前面已经叙述过的滚动轴承钢也属于过共析钢，也可作为低合金工具钢选用。典型钢种为 9SiCr，含有提高回火稳定性的 Si，经 230~250℃ 回火后硬度仍不低于 60HRC，使用温度可达 250~300℃，广泛用于制造各种低速切削的刀具如板牙、丝锥等，也常用作冷冲模。

31.2.1.4　高速钢

随着金属在切削加工中的切削速度及进刀量不断增加，切削刃具刃部的温度也不断提高，从而对刃具材料的红硬性的要求也随之提高。高速钢即是一种含有大量合金元素的、

表 31-9　常用低合金刀具钢的牌号、成分、热处理及用途（摘自 GB/T 1299—2000，GB/T 9943—1988）

类别	牌号	化学成分（质量分数）/%							热处理					应用举例
									淬火			回火		
		C	Mn	Si	Cr	W	V	Mo	淬火加热温度/℃	冷却介质	硬度 HRC	回火温度/℃	硬度 HRC	
低合金工具钢	9Mn2V	0.85~0.95	1.70~2.00	≤0.35	—	—	0.10~0.25	—	780~810	油	≥62	150~200	60~62	小冲模、冲模及剪刀、冷压模、雕刻模、料规、各种变形小的量规、样板、板牙、铰刀等
	9SiCr	0.85~0.95	0.30~0.60	1.20~1.60	0.95~1.25	—	—	—	860~880	油	≥62	180~200	60~62	板牙、丝锥、钻头、齿轮铣刀、冷轧辊等
	Cr2	0.95~1.10	≤0.40	≤0.35	0.75~1.05	—	—	—	830~860	油	≥62	150~170	61~63	切削工具如车刀、刨刀、插刀、凸轮销、偏心轮、辊等；测量工具、样板等
	CrW5	1.25~1.50	≤0.30	≤0.30	0.40~0.70	4.50~5.50	—	—	800~820	水	≥65	150~160	64~65	慢速切削硬金属用的刀具、高压力作用的刻刀等、刨刀等
	CrMn	1.30~1.50	0.45~0.75	≤0.35	1.30~1.60	—	—	—	840~860	油	≥62	130~140	62~65	各种量规与块规等
	CrWMn	0.90~1.05	0.80~1.10	0.15~0.35	0.90~1.20	1.20~1.60	—	—	820~840	油	≥62	140~160	62~65	板牙、拉刀、量规、形状复杂高精度的冲模等
高速钢	W18Cr4V	0.70~0.80	≤0.40	≤0.40	3.80~4.40	17.50~19.00	1.00~1.40	—	1260~1280	油	≥63	550~570（三次）	63~66	制造一般高速切削用车刀、刨刀、铣刀等钻头、刨刀、铣刀等
	9W18Cr4V	0.90~1.00	≤0.40	≤0.40	3.80~4.40	17.50~19.00	1.00~1.40	—	1260~1280	油	≥63	570~580（四次）	67.5	在切削不锈钢及其他硬或韧的材料时，可显著提高刀具寿命并降低被加工零件的表面粗糙度
	W6Mo5Cr4V2	0.80~0.90	≤0.35	≤0.30	3.80~4.40	5.75~6.75	1.80~2.20	4.75~5.75	1220~1240	油	≥63	550~570	63~66	制造要求耐磨性和韧性很好配合的高速切削刀具，如丝锥、钻头等；并适于采用轧制、扭制热变形新工艺来制造钻头等刀具
	W6Mo5Cr4V3	1.10~1.25	≤0.35	≤0.30	3.80~4.40	5.75~6.75	2.80~3.30	4.75~5.75	1220~1240	油	≥63	550~570（三次）	>65	制造要求耐磨性和热硬性较高的、耐磨性和韧性好配合的，形状稍为复杂的刀具，如拉刀、铣刀等

红硬性很高的、用于制造高速切削刀具的合金工具钢，经热处理后，它能在 600℃ 以下保持 60HRC 以上的硬度（如刃部温度超过 600℃，则需采用硬质合金作为刃具材料）。

A　化学成分特点

高速钢是含有较高碳含量及较高的钨、钼、铬、钒、钴、铝等合金元素含量的高碳高合金钢。含碳量在 0.70% ~ 1.60% 范围内变化。碳在高速钢中主要是与碳化物形成元素铬、钨、钼、钒等形成碳化物，以提高硬度、耐磨性及红硬性。因此，含碳量必须与其他合金元素含量相匹配，过高或过低都对其性能有不利影响，每种钢号的含碳量都限定在较窄的范围内。

钨是提高红硬性的主要元素，在钢中形成碳化物。加热时，一部分碳化物溶入奥氏体，淬火后形成含有大量钨及其他合金元素、有很高回火稳定性的马氏体。回火时一部分钨以碳化物的形式弥散析出，造成二次硬化。加热时未溶的碳化物则起到阻止奥氏体晶粒长大的作用。

钼的作用与钨相似，1% 的钼可代替 2% 的钨。

钒能显著提高高速钢的红硬性、硬度及耐磨性。钒形成的碳化物在加热时部分溶于奥氏体中，回火时以 VC 的细小质点弥散析出，造成二次硬化而提高红硬性。

铬在高速钢中主要是增加其淬透性，几乎所有高速钢中含铬量均为 4% 左右，同时，铬还能提高钢的抗氧化脱碳和抗腐蚀的能力。

钴也能显著提高高速钢的红硬性及硬度。钴是非碳化物形成元素，它提高红硬性的作用与钨、钼、钒不同。在加热时，钴大部分溶入奥氏体，提高钢的熔点，提高淬火温度，使钨、钼、钒等元素更多地溶入奥氏体，以充分发挥它们的硬化作用，而在回火时则析出金属间化合物 CoW 等，从而抑制及延缓碳化物的析出及聚集。

B　压力加工及热处理特点

由于高速钢含有大量的合金元素，属于莱氏体钢，其铸态组织中含有大量呈鱼骨状分布的粗大共晶碳化物（见图 31-1（a）），使钢的韧性明显降低。这些碳化物无法用热处理来改变，除在冶炼过程中加入孕育剂以细化组织，使碳化物分布较均匀，以及在浇注过程中采用较低的浇注温度和使用扁锭模，以减小粗大的莱氏体外，还必须进行压力加工（热轧、热锻），将粗大的共晶碳化物打碎并使其均匀分布。高速钢的导热性较差，压力加工后必须缓冷。

高速钢的热处理包括加工前的预备热处理（退火）和成形后的最终热处理（淬火、回火）。热处理的特点是淬火加热温度非常高，加热时要采用预热；回火温度高，回火次数多。

退火

高速钢在锻造后要进行退火。退火的目的不仅是消除应力，降低硬度以利于切削加工，同时也是为以后的淬火准备较好的原始显微组织。高速钢的退火工艺有普通退火和等温退火（见图 31-2）两种。

高速钢的退火温度为 A_{c1} 以上 30 ~ 50℃，退火温度过高，不但增加工件的氧化脱碳，而且由于溶入奥氏体的合金碳化物增多，奥氏体中的合金元素含量增高，使奥氏体在冷却时的稳定性增大，退火后硬度偏高。退火加热时间根据工件尺寸及装炉量选定，一般退火时间都较长。退火后组织为索氏体基体上均匀分布着细小的碳化物颗粒（见图 31-1(b)）。

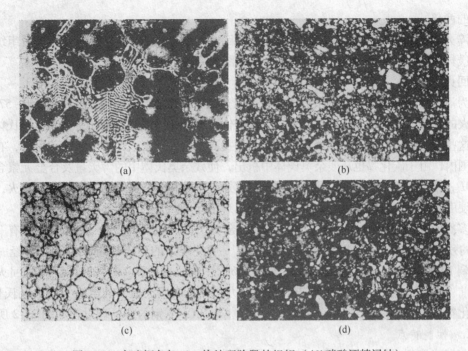

图 31-1 高速钢各加工、热处理阶段的组织（4%硝酸酒精浸蚀）
（a）铸态组织（400×）；（b）球化退火后组织（1000×）；（c）淬火组织（1000×）；（d）淬火回火组织（1000×）

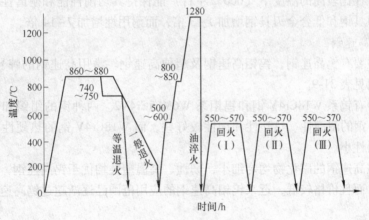

图 31-2 W18Cr4V 的热处理示意图

淬火

高速钢的淬火温度较高（1200℃）以上，淬火冷却一般多采用油冷或分级淬火。

高速钢的红硬性主要取决于马氏体中合金元素的含量，即加热时溶入奥氏体的合金元素量。加热温度越高，奥氏体中溶解的 W 和 V 越多。但加热温度过高，奥氏体晶粒粗大，高速钢性能降低。因此，淬火加热温度应该选在不使奥氏体晶粒过分长大的条件下，能最大限度地使碳及合金元素溶入奥氏体的温度，如 W18Cr4V，其最佳的淬火温度为 1280℃。

高速钢含有大量合金元素，塑性低，导热性差，如将工件由室温直接加热到 1200℃以上，易引起变形及开裂。因此，加热时必须预热，预热温度为 800~860℃。大型及形状复杂的工件还要分两次预热，即在 500~600℃先进行一次预热。预热时间一般取淬火加热时间的两倍。

　　淬火方式通常采用油淬或分级淬火，分级淬火可减小变形开裂倾向。淬火后组织为淬火马氏体+未溶碳化物+大量残余奥氏体（见图 31-1(c)）。

　　回火

　　为消除淬火应力，减少残余奥氏体量，以达到所需性能，高速钢通常采用 550~570℃ 多次回火的方式。因为在 550~570℃ 时，特殊碳化物 W_2C 或 Mo_2C 呈细小弥散状从马氏体中析出，这些碳化物很稳定，难以聚集长大，从而提高了钢的硬度，即弥散强化。另外，在该温度范围内，由于碳化物也从残余奥氏体中析出，使残余奥氏体中的含碳量及合金元素含量降低，M_s 点升高，在随后冷却时，就会有部分残余奥氏体转变为马氏体，即二次淬火，也使钢的硬度升高。由于以上原因，在回火时便出现了硬度回升的二次硬化现象。

　　多次回火的目的主要是为了充分消除残余奥氏体。如 W18Cr4V 在淬火状态有 20%~25% 的残余奥氏体，回火时通过"二次淬火"可使残余的奥氏体量减少。通常经一次回火后剩 10%~15%，经二次回火后剩 3%~5%，三次回火后剩 1%~2%。后一次回火还可消除前一次回火由于二次淬火所产生的内应力。经三次回火后，其组织为回火马氏体+少量碳化物+未溶碳化物，如图 31-1（d）所示。W18Cr4V 钢的热处理过程如图 31-2 所示。

　　C　性能特点

　　在高速切削或加工强度高、韧性好的材料时，刀具刃部的温度有时可高达 500℃ 以上，此时一般碳素刃具钢和低合金刃具钢已不能胜任。高速钢则可用于制造生产率及耐磨性均较高，且在比较高的温度下（600℃ 左右）能保持其切削性能和耐磨性的工具，切削速度比碳素刃具钢和低合金刃具钢增加 1~3 倍，而耐用性增加 7~14 倍。

　　D　常用高速钢

　　高速钢主要有钨高速钢、钨钼高速钢及超硬高速钢。常用高速钢的牌号、化学成分、热处理及应用见表 31-9。

　　典型钢种有钨系 W18Cr4V 钢和钨钼系 W6Mo5Cr4V2。两种钢的组织和性能相似，但 W6Mo5Cr4V2 钢的耐磨性、热塑性和韧性较好些，而 W18Cr4V 钢的热硬性高、热处理脱碳及过热倾向性小。

　　由于钨钼高速钢的碳化物均匀细小，韧性、高温塑性均优于钨高速钢，适宜制造热压成形的刀具，而且价格较低，近来钨钼高速钢的应用范围已逐渐超过钨高速钢。

31.2.2　模具钢

　　模具钢是用来制造冷冲模、拉延模、冷镦模、冷挤压模、热锻模、热镦模、热挤压模及压铸模等模具的钢材。根据工作条件的不同，模具钢可分为使金属在冷态下变形的冷作模具钢和使金属在热态下变形的热作模具钢。

31.2.2.1　冷作模具钢

　　A　对冷作模具钢的性能要求

　　冷作模具钢是用于制造各种使金属在冷态下变形的模具的钢。冷作模具在工艺过程中要承受很大的压力、弯曲力、冲击及摩擦。而且，冷变形加工后的零件一般不再加工或很少加工，因而模具也要求有较高的尺寸精度。冷作模具的正常报废一般是磨损，也有因断裂、崩刃和变形超差而提前报废的。根据冷作模具的工作条件，冷作模具钢应具有以下性能：

（1）高硬度，模具的硬度必须高于金属坯料的硬度，才能保证变形过程的进行。

（2）高耐磨性，以保持模具的尺寸精度，提高使用寿命。

（3）足够的强度和韧性，以保证模具在工作过程中不会因受冲击负荷、弯曲负荷等而被破坏。

（4）较高的淬透性，使尺寸较大的模具也能达到所需硬度，而且淬火时可使用冷却较缓慢的冷却介质，从而可以减小淬火时的变形。

（5）热处理时变形小，保证某些形状复杂、不便切削或磨削加工的模具不会因淬火变形超差而报废。

B　化学成分特点

为了满足对模具的要求，冷作模具钢一般含有较高的含碳量，以保证获得高硬度和耐磨性。除在冲击条件下工作的、刃口单薄的冷作模具，要求钢的含碳量为 0.4% ~ 0.6% 外，其他冷作模具钢的含碳量大多在 0.85% 以上，甚至在 2% 以上。

冷作模具钢的主要合金元素为 Cr（11% ~ 13%），同时还加入 Mn、Si、W、V 等。Cr、Mn、Si 的作用主要是提高淬透性及强度；W、V 则进一步提高耐磨性，并防止加热时产生过热。

C　典型钢种的热处理特点

冷作模具钢的热处理包括机加工前的退火或高温回火，以及机加工后的淬火回火。

用于制造冷作模具的碳素工具钢和低合金工具钢，与前面叙述过的刃具钢相同，其热处理过程也基本相同，不再重复。此处仅对常用的 Cr12 型冷作模具钢及其热处理作一些介绍。

Cr12 型钢主要有 Cr12、Cr12Mo、Cr12MoV，它们的含碳量为 1.45% ~ 2.30%，含铬量为 11.50% ~ 13.50%，钼、钒含量均小于 1%。

Cr12 型钢属于莱氏体钢，铸态下有网状的共晶碳化物，需要经过充分的压力加工（镦粗、锻造或轧制）将其打碎，并使其均匀分布。

Cr12 型钢的预备热处理多采用等温退火，以便调整硬度便于切削加工。退火后组织为索氏体基体上均匀分布着合金碳化物颗粒。

Cr12 型钢的最终热处理为淬火和回火。生产中按照对模具的不同要求，可采用两种不同的热处理方案，即一次硬化法和二次硬化法：

（1）一次硬化法。在较低温度（950 ~ 1000℃）下淬火，得到的马氏体晶粒较细，强度韧性较好，最后在 150 ~ 180℃ 进行低温回火。该工艺简单，热处理变形小，硬度、耐磨性高，适用于重载模具。

（2）二次硬化法。在较高温度（1100 ~ 1150℃）下淬火，马氏体较粗大，但溶解进入到奥氏体中的碳化物多，因而马氏体中碳及含金元素含量较高，在随后进行的多次高温回火（510 ~ 520℃）中，可产生二次硬化，红硬性高，但其强度、韧性稍低，工艺较复杂。因而，该法适用于工作温度较高（400 ~ 450℃）、负荷不大或表面要渗氮的冷模具。

Cr12 型钢具有很高的淬透性，可以在空气中淬硬，但生产中一般采用油淬，冷至 180 ~ 200℃ 后空冷。为了减小变形，也可采用空气预冷油淬、热油冷却或分级淬火。淬火回火后组织为回火马氏体+碳化物+残余奥氏体。

　　D　常用冷作模具钢

　　大部分要求不高的冷模具可用碳素工具钢和低合金工具钢（如 CrWMn、Cr2、9SiCr、GCr15 钢等）来制造，这两类材料已在前面叙述，这里不再重复。大型冷模具用 Cr12 型钢，即 Cr12 或 Cr12MoV，它们的牌号、成分、热处理及用途见表 31-10。

　　生产中，选用冷作模具钢时有以下几种情况：

　　（1）工作时受力不大、形状简单、尺寸较小的冷作模具，可用碳素工具钢 T8A、T10A、T12A 等制造（低淬透性钢）。

　　（2）工作时受力较轻、但形状复杂，或尺寸较大的冷作模具，可用低合金工具钢制造，主要有 9Mn2V、9SiCr、9CrWMn、CrWMn、Cr2、GCr15 等（高淬透性钢）。

　　（3）工作时受力大，要求高耐磨性、高淬透性、变形量小的形状复杂的冷作模具，多采用高碳高铬钢制造，主要为 Cr12、Cr12MoV。

　　（4）在冲击条件下工作、刃口单薄的冷作模具，采用中碳合金工具钢制造，如 4CrW2Si、6CrW2Si 等（高韧性钢）。

　　31.2.2.2　热作模具钢

　　A　对热作模具钢的性能要求

　　热作模具钢是用于制造各种使热金属或液态金属获得所需形状的模具的钢（热锻模、热镦模、热挤压模、压铸模等）。热作模具在工作过程中承受着很大的压力和冲击，并反复受热及冷却，因此对其性能有以下要求：

　　（1）高温下能保持较高的机械性能。模具在工作时以很大的冲击力作用于工件，使工件发生塑性变形，因而要求模具在较高温度下具有足够的强度、韧性、硬度与耐磨性，并要求有高的回火稳定性。

　　（2）良好的耐热疲劳性。模具在工作时要经受反复升温及降温，因此在多次工作后，表面将出现龟裂，这种现象称为热疲劳，这种裂纹称为疲劳裂纹，模具会因疲劳裂纹的发展而报废，因此模具必须具有良好的耐热疲劳性。

　　（3）高的淬透性。模具尺寸较大，为了使其在整个截面上性能基本一致，模具钢应具有高的淬透性。

　　（4）良好的导热性。导热性好，模面的热量能较快散开，从而使模面温度不致过高。

　　对压铸模来说，除上述性能要求外，还要考虑液态金属的冲刷和腐蚀。

　　B　化学成分特点

　　热作模具钢一般为中碳钢，含碳量为 0.3%～0.6%。若含碳量过高，则塑性、韧性下降，导热性也较差；若含碳量过低，则硬度和耐磨性达不到要求。

　　热作模具钢中一般还加入铬、镍、硅、锰等元素，以提高钢的淬透性、强度和韧性。为了细化晶粒，提高钢的回火稳定性以及减小回火脆性，还加入钨、钼、钒等元素。

　　C　热处理特点

　　热作模具钢的热处理也包括锻造后的退火及加工成形后的淬火、回火。

表 31-10　常用模具的牌号、成分、热处理及用途（摘自 GB/T 1299—1985）

类别	牌号	主要化学成分（质量分数）/%							热处理					应用举例
		C	Mn	Si	Cr	W	V	Mo	淬火			回火		
									淬火加热温度/℃	冷却介质	硬度(HRC)	回火温度/℃	硬度 HRC	
冷模具钢	Cr12	2.00~2.30	≤0.35	≤0.40	11.50~13.00	—	—	—	980	油	62~65	180~220	60~62	冷冲模冲头、冷切剪刀（硬薄的金属）、钻套、量规、螺纹滚模、冶金粉模、料模、拉丝模、木工切削工具等
									1080	油	45~50	500~520（三次）	59~60	
	Cr12MoV	1.45~1.70	≤0.35	≤0.40	11.00~12.50	—	0.15~0.30	0.40~0.60	1030	油	62~63	160~180	61~62	冷切剪刀、圆锯、切边模、拉丝模、螺纹滚模、缝口模、标准工具与量规、模等
									1120	油	41~50	510（三次）	60~61	
热模具钢	5CrNiMo	0.50~0.60	0.50~0.80	≤0.35	0.50~0.80	镍 1.40~1.80	—	0.15~0.30	830~860	油	≥47	530~550	364~402 HBS	料压模、大型锻模等
	5CrMnMo	0.50~0.60	1.20~1.60	0.25~0.60	0.60~0.90	—	—	0.15~0.30	820~860	油	≥50	560~580	324~364 HBS	中型锻模等
	6SiMnV	0.55~0.65	0.90~1.20	0.80~1.10	—	—	0.15~0.30	—	820~850	油	≥56	490~510	374~444 HBS	中、小型锻模等
	3Cr2W8V	0.30~0.40	0.20~0.40	≤0.35	2.20~2.70	7.50~9.00	0.20~0.50	—	1050~1100	油	>50	560~580（三次）	44~48	高应力压模、螺钉或铆钉热压模、刀、压铸模等

为了消除锻造应力、降低硬度、改善切削加工性能，热作模具钢在切削加工前必须退火；为了使模具获得所需性能，在机加工后还要进行淬火、回火处理。对于典型的热锻模钢 5CrMnMo、5CrNiMo，退火后组织为珠光体+铁素体，淬火+回火后组织为回火索氏体；对于典型的压铸模钢种 3Cr2W8V，退火后组织为珠光体+碳化物，淬火、回火后组织为回火马氏体+粒状碳化物。

D 常用热作模具钢

用于制造热锻模和压铸模的典型钢种的牌号、化学成分、热处理和用途见表31-10。

31.2.3 量具钢

31.2.3.1 对量具钢的性能要求

量具钢是用来制造各种测量工具如卡尺、千分尺、块规、塞规、卡规、样板等的钢种。它们在使用过程中经常与被测工件接触，受到磨损及碰撞，因此要求它们具有以下性能：

（1）高的尺寸稳定性。量具在长期使用和保存过程中应保持其形状和尺寸不发生变化，以保证测量的精确度。

（2）高硬度和高耐磨性。量具经常与被测工件接触，只有当其具有高硬度和高耐磨性时，才能保证在长期使用中，不致因磨损而失去原有的精度；而且，只有硬度高时，才有可能通过研磨获得光洁度高的量具表面。

（3）足够的韧性。量具应具有足够的韧性，以免在使用过程中，由于偶然的冲击碰撞而受到损坏。

（4）特别精密的量具还要求有良好的耐蚀性。

31.2.3.2 量具用钢

量具没有专用钢。简单量具可选用碳素工具钢来制造，复杂的或高精度的量具可选用低合金工具钢、轴承钢、不锈钢、冷作模具钢等来制造，见表31-11。

表 31-11 量具用钢

用　途	选用的牌号举例	
	钢的类别	牌　号
尺寸小、精度不高、形状简单的量规、塞规、样板等	碳素工具钢	T10A、T11A、T12A
精度不高，耐冲击的卡板、样板、钢直尺等	渗碳钢	15、20、15Cr
块规、螺纹塞规、环规、样柱、样套等	低合金工具钢	CrMn、9CrWMn、CrWMn
块规、塞规、样柱等	滚动轴承钢	GCr15
各种要求精度的量具	冷作模具钢	9Mn2V、Cr2Mn2SiWMoV
要求精度和耐腐蚀的量具	不锈钢	4Cr13、9Cr18

为保证量具的高硬度和高耐磨性，应选择的热处理工艺为淬火+低温回火。

在淬火和低温回火状态下，钢中存在有以下 3 种导致尺寸变化的因素：残余奥氏体转变成马氏体，引起体积膨胀；马氏体分解，使体积收缩；残余应力的变化而引起尺寸变化。因此，为了量具的尺寸稳定，减小时效效应，通常需要有 3 个附加的热处理工序：淬火之前的调质处理、常规淬火之后的冷处理、常规热处理后的时效处理。

（1）调质处理，目的是获得回火索氏体组织。因为回火索氏体组织与马氏体的体积差别较小，能使淬火应力和变形减小，从而有利于降低量具的时效效应。

（2）冷处理，目的是为了使残余奥氏体转变为马氏体，减少残余奥氏体量，从而增加量具的尺寸稳定性。冷处理应在淬火后立即进行。

（3）时效处理，目的是消除残余应力，稳定马氏体和残余奥氏体，通常在淬火、回火后进行。时效温度一般为 120~130℃，时间为几小时至几十小时。为去除磨削加工中产生的应力，有时还要在 120~130℃下保温 8h，进行第二次时效处理。

主题 31.3　特殊性能钢

特殊性能钢是指具有某些特殊的物理、化学性能及力学性能，因而能在特殊的环境、条件下使用的钢。工程中常用的特殊性能钢有不锈钢、耐热钢、耐磨钢等。

31.3.1　不锈钢

不锈钢是不锈耐酸钢的简称，不锈耐酸钢在冶金学和材料科学领域的定义是含铬量大于 13%，且以耐蚀性和不锈性为主要使用性能的一系列铁基合金。其中能抵抗大气（空气、水蒸气、水等腐蚀性较弱的介质）腐蚀（生锈）的钢种称为不锈钢；在酸、碱、盐等腐蚀性强烈的介质中具有耐蚀性的钢种称为耐酸钢。如含铬达 16%~18% 的铬钢（如 Cr17），含铬 16%~18%、含镍 14% 以下的铬镍钢（如 1Cr18Ni9、2Cr18Ni9），以及添加有钼、钛等合金元素的铬镍钢（如 Cr18Ni12Mo2Ti）等都是耐酸钢。不锈钢的合金化程度低，一般不耐酸；耐酸钢的合金化程度高，既具有耐酸性又具有不锈性。

不锈钢的不锈性和耐蚀性是相对的，没有绝对不锈、不受腐蚀的钢，只是腐蚀速度不同而已。

31.3.1.1　金属的腐蚀与防蚀

在外界介质的作用下，金属表面逐渐受到破坏的现象称为腐蚀。腐蚀有化学腐蚀和电化学腐蚀两种形式，实际遇到的主要是电化学腐蚀。

化学腐蚀是金属在外界介质中发生直接化学作用而引起的腐蚀。金属在干燥气体和非电解质液中的腐蚀属于化学腐蚀，腐蚀产物一般覆盖在金属表面形成一层薄膜。如果这层薄膜很稳定、致密，并与基体结合牢固，则这层膜就能将金属与外界介质隔开，阻止腐蚀进一步发展，对金属起保护作用，这种作用称为钝化，这层膜称为钝化膜。

电化学腐蚀是金属与电解质溶液（酸、碱、盐）接触时发生电化学作用形成原电池而引起的腐蚀。形成原电池时，电极电位低的金属将失去电子变成正离子而溶入腐蚀介质中。实际生产生活中两金属相互接触的情况是经常发生的，即使是同一金属或合金，由于化学成分不均匀，组织状态不同，或存在夹杂物与第二相碳化物，也会导致一部分与另一部分的电极电位不同。当其处于电解质溶液或潮湿空气中时，就会形成原电池，产生电化学腐蚀。

综上所述，防止金属腐蚀可采取以下措施：

（1）加入合金元素，提高钢基体的电极电位，以增强其抗电化学腐蚀的能力。往钢中加入铬、镍、硅均能提高钢的电极电位，但镍较稀缺，硅又将使钢的脆性增加，所以主要是加入铬来提高钢的电极电位。

（2）加入合金元素使钢在室温下能以单相状态存在，以免形成双电极。

（3）加入合金元素使钢能在表面形成钝化膜。钢中加入铬、硅、铝等，均能在钢表面形成致密的 Cr_2O_3、SiO_2、Al_2O_3 钝化膜而提高其耐蚀性。

31.3.1.2　对不锈钢的性能要求

金属在大气、海水及酸碱盐介质中工作，腐蚀会自发地进行。统计表明，全世界每年有 15% 的钢材在腐蚀中失效。为了提高材料在腐蚀介质中的寿命，人们研究了一系列不锈钢。这些材料除要求在相应的环境下具有良好的耐蚀性外，还要考虑其受力状态、制造条件，因而要求它具备良好的耐蚀性、良好的力学性能、良好的工艺性能、价格低廉等。

31.3.1.3　不锈钢的化学成分特点

不锈钢的碳含量一般较低，其主要合金元素为 Cr、Cr-Ni，辅加合金元素为 Ti、Nb、Mo、Cu、Mn、N 等。

碳在钢不锈钢中会与铬形成碳化物 $Cr_{23}C_6$，沿晶界析出，使晶界周围基体严重贫铬。含碳量越高，形成的碳化铬就越多，固溶体中的含铬量越低。当铬贫化到耐蚀所必需的最低含量（约 13%）以下时，贫铬区迅速被腐蚀，造成沿晶界发展的晶间腐蚀。因此不锈钢一般要求较低的含碳量，大多数不锈钢的碳含量为 0.1%~0.2%。但是，碳含量越高，钢的强度、硬度、耐磨性会相应地提高，因而对于要求具有高硬度、高耐磨性的刃具和滚动轴承钢，其碳含量达 0.85%~0.95%，同时要相应提高铬含量，以保证形成碳化物后基体含铬量仍大于 13%。

铬是决定不锈钢耐蚀性的主要元素。一是随着钢中含铬量的增加，钢的电极电位增加。研究得知，当含铬量达 12.5%、25%、…时，会使钢基体的电极电位产生突然增高，抗电化学腐蚀能力增强。二是因为铬是缩小奥氏体区的元素，当铬含量超过一定值（约12.7%）时，能获得单一的铁素体组织（铁素体不锈钢），避免了形成双极。另外，铬在氧化性介质（如水蒸气、大气、海水、氧化性酸等）中极易钝化，生成致密的氧化膜，使钢的耐蚀性大大提高。所以，一般不锈钢中含铬量均在 13% 以上。

镍为扩大奥氏体区元素，它的加入主要是配合铬调整组织形式，当 $w_{Cr} \leqslant 18\%$、$w_{Ni} > 8\%$时，可获得单相奥氏体不锈钢（称为 18-8 型不锈钢）。在此基础上进行调整，可获得不同组织形式的不锈钢：如果适当增加 Cr 含量、降低 Ni 含量，可得铁素体和奥氏体双相不锈钢；对于原为单相铁素体的不锈钢如 1Cr17，加入 2% 的 Ni 后就变为马氏体型不锈钢 1Cr17Ni2。

钛、铌作为与碳的亲和力更强的碳化物形成元素，会优先与碳形成碳化物，使铬保留在基体中，避免晶界贫铬，从而减轻钢的晶间腐蚀倾向。

钼、铜的加入，可提高钢在非氧化性酸中的耐蚀性。

锰、氮也为扩大奥氏体区元素，它们的加入是为了部分取代镍，以降低成本。

31.3.1.4　常用不锈钢

不锈钢按金相组织可分为铁素体、马氏体、奥氏体、奥氏体—铁素体双相及沉淀硬化型不锈钢；其中 F、M 又以含铬量多而称为铬不锈钢，它在氧化性酸（如硝酸）中具有良好的耐蚀性能，而在还原性酸（如盐酸）中耐蚀性能很差；A、A-F 又称为铬—镍不锈钢，在硝酸、硫酸等介质中具有良好的耐蚀性；沉淀硬化型不锈钢也是铬—镍不锈钢，经强化处理后有很高的强度和硬度，在许多介质中的耐蚀性与 18-8 型 A 不锈钢相近。常用不锈钢种类有：

（1）奥氏体不锈钢，主要化学成分为 $w_C \leqslant 0.1\%$、$w_{Cr} \leqslant 18\%$、$w_{Ni} > 8\%$。奥氏体不锈钢为面心立方结构的奥氏体组织。工业牌号可分为 Cr-Ni 和 Cr-Ni-Mn-N 两大类型。在正常热处理条件下，钢的基体组织为奥氏体；而在不恰当热处理或不同受热状态下，在奥氏体基体中有可能存在少量的碳化物、第二相等。这类钢不能通过热处理方法改变它的力学性能，只能采用冷变形的方式进行强化。可采用加入钼、铜、硅等合金化方法派生出适用于各类腐蚀环境的不同钢种。此外，无磁性、良好的低温性能、易成型性和可焊性是这类钢的重要特性。

（2）铁素体不锈钢，主要化学成分为 $w_C < 0.15\%$、$w_{Cr} = 12\% \sim 30\%$。铁素体不锈钢为体心立方结构的铁素体组织，不能采用热处理方法改变其组织结构。铁素体不锈钢有磁性，易于成型、耐锈蚀、耐点蚀。根据钢中的碳、氮含量可将铁素体不锈钢分成高纯（C+N≤0.015%）和普通铁素体不锈钢两大类。

（3）马氏体不锈钢，主要化学成分为 $w_C = 0.1\% \sim 1.0\%$、$w_{Cr} = 13\% \sim 18\%$。马氏体不锈钢淬火后可以得到马氏体组织。具有高强度和高硬度，通过热处理可以调整钢的力学性能。马氏体不锈钢具有中等水平的不锈性。

（4）双相不锈钢，主要化学成分为含 18% 以上的铬及一定数量的镍。双相不锈钢通常由奥氏体和铁素体两相组织构成。两相比例可以通过合金成分和热处理条件的改变予以调整。这类钢屈服强度高、耐点蚀、耐应力腐蚀，易于成型和焊接。

（5）沉淀硬化不锈钢，按其组织可分成马氏体沉淀硬化不锈钢、半奥氏体沉淀硬化不锈钢和奥氏体沉淀硬化不锈钢。这类钢可借助于热处理工艺调整其性能，使其在钢的成型、设备制造过程中处于易加工和易成型的组织状态。随后，半奥氏体沉淀硬化不锈钢通过马氏体相变和沉淀硬化，而奥氏体、马氏体沉淀硬化不锈钢通过沉淀硬化处理使其具有高的强度和良好的韧性相配合。这类钢的铬含量接近 17%，加之含有镍、钼等元素，因此，除具有足够的不锈性外，其耐蚀性接近于 18-8 型奥氏体不锈钢。

常用不锈钢的牌号、成分、力学性能和用途见表 31-12。

31.3.2　耐热钢

耐热钢是指在高温下具有高的化学稳定性和热强性的特殊钢，包括抗氧化钢及热强钢。高温下有较好的抗氧化性而强度要求不高的钢为抗氧化钢；高温下有一定的抗氧化能力及较高强度的钢为热强钢。耐热钢按正火组织可分为珠光体钢、马氏体钢、铁素体钢和奥氏体钢。

表 31-12　常用不锈钢的牌号、成分、热处理、力学性能和用途

类型	钢种	主要化学成分（质量分数）/%				热处理				力学性能（不小于）						主要用途
		C	Cr	Ni	其他	淬火/℃	冷却	回火/℃	冷却	σ_σ/MPa	$\sigma_{0.2}$/MPa	δ/%	ψ/%	a_k/J·cm^{-2}	HRC	
马氏体类	1Cr13	0.08~0.15	12~14			1000~1050	油、水	700~750	油空	600	420	20	60	90		常温下弱腐蚀介质设备，如石油热裂设备、汽轮机叶片等
	2Cr13	0.16~0.24	12~14			1000~1050	油、水	650~750	油空	850	650	16	55	60		蒸汽管附近螺钉、螺母、齿轮等
	3Cr13	0.25~0.34	12~14			1000~1050	油	200~300	油空	1600	1300	3	—	—	48	作耐磨作如热油泵的轴和阀门、刀具、弹簧等
	4Cr13	0.35~0.45	12~14			1050~1100	油	200~300	油空	—	—	—	—	—	50	医疗机械、刀具、量具、滚珠轴承等
	9Cr18MoV	0.85~0.95	17~19		1.0~1.3Mo 0.07~0.12V	1050~1075	油	100~200	空	—	—	—	—	—	50	高硬度的滚珠轴承、刀具、耐磨抗蚀件
铁素体类	Cr17、Cr17Ti	≤0.12	16~18		(5×C%~0.8) Ti			700~800	空	450	300	20	—			生产硝酸设备、食品工作设备等
	Cr17Mo2Ti	≤0.10	16~18		1.6~1.8Mo (≥7×C%) Ti			750~800	空	500	300	20	35			醋酸、浓硝酸工业、人造纤维工业等
	Cr25Ti	≤0.12	24~27		0.6~0.8Ti			700~800	空	450	300	20	45			生产硝酸及磷酸等氮肥工业中设备
	Cr28	≤0.15	27~30		≤0.2Ti			700~800	空	450	300	20	45			硝酸浓缩设备，承受高温、高浓度硝酸用的设备

续表 31-12

类型	钢种	主要化学成分（质量分数）/%				热处理				力学性能（不小于）						主要用途
		C	Cr	Ni	其他	淬火/℃	冷却	回火/℃	冷却	σ_σ/MPa	$\sigma_{0.2}$/MPa	δ/%	ψ/%	a_k/J·cm^{-2}	HRC	
奥氏体类	0Cr18Ni9	≤0.08	17~19	8~11		1080~1130	水			500	200	45	60			深冲不锈钢零件
	1Cr18Ni9	≤0.12	17~19	8~11		1100~1150	水			550	200	45	50			
	1Cr18Ni9Ti	≤0.12	17~19	8~11	≤0.8Ti	1000~1100	水			550	200	40	55			飞机蒙皮、隔热板、涡喷发动机的燃气导管等，火箭发动机的液氧、液氢、液氟瓶等，化学工业、硝酸工业、化肥工业的焊接件
	1Cr18Ni12-Mo2Ti	≤0.12	16~19	11~14	1.8~2.5Mo ≤0.8Ti	1000~1100	水			550	220	40	55			
	Cr18Ni18-Mo2Cu2Ti	≤0.07	17~19	17~19	1.8~2.2Mo ≥0.5Ti 1.8~2.2Cu	1050~1100	水			650	230	40	—			
	Cr17Mn13-Mo2N	≤0.08	16.5~18		12~15Mn 0.2~0.3N 1.8~2.2Mo	1030~1070	水			750	450	30	55			可代替1Cr18Ni9Ti用于化学、化肥工业的焊接件；可代替1Cr18Ni12MoTi钢
	Cr18Mn10-Ni5Mo3N	≤0.10	17~19	4~8	8.5~12Mn 2.8~3.5Mo 0.2~0.3N	1100~1150	水			700	350	45	65			

31. 3. 2. 1　耐热钢的性能要求

钢在300℃以上的温度下长期工作时，一方面会带来钢的剧烈氧化，形成氧化皮，截面不断缩小，最终导致破坏；另一方面会引起强度急剧下降。因此对耐热钢提出的性能要求是：高抗氧化性；高的高温力学性能（抗蠕变性、热强性、热疲劳性、抗热松弛性等）；组织稳定性高；膨胀系数小，导热性好；工艺性及经济性好。

普通合金钢作用温度一般不超过300℃。耐热钢适用的工作温度最高一般不超过600~800℃；超过该温度后，通常应选用高温合金，如铌基、钼基、镍基、钴基合金以及陶瓷合金等。

31. 3. 2. 2　耐热钢的抗氧化性和热强性

抗氧化性指金属在高温下抵抗氧化的能力，是保证零件在高温下持久工作的重要条件。

氧化过程是化学腐蚀过程，腐蚀产物即氧化膜覆盖在金属表面，这层膜的结构、性质决定了腐蚀进一步进行的难易程度。钢在570℃以下发生氧化时，氧化层由Fe_2O_3和Fe_3O_4组成，很致密，保护性较好，但还不能完全防止氧化；在570℃以上时，氧化层由Fe_2O_3、Fe_3O_4和FeO组成，其中主要是FeO，FeO结构疏松，保护性差，而且容易脱落。当向钢中加入相当数量的Cr、Si、Al，与氧形成致密稳定的合金氧化膜层，可降低甚至阻止氧化膜的扩散，阻止钢的进一步氧化，从而提高钢的抗氧化性。

热强性（高温强度）是指金属在高温下抵抗机械载荷作用的能力。金属在高温下受力时，将会出现强度随温度升高而降低的现象，所以室温强度不能用来衡量金属的高温强度。同时，高温下的金属在低于屈服极限的应力作用下，随着时间的延长会缓慢发生塑性变形（这种现象称为蠕变）。塑性变形虽能引起强化（加工硬化），但当金属的温度超过再结晶温度时，其硬化作用将会被再结晶软化迅速抵消。所以金属在高温下的力学性能受两方面因素的影响：一方面是塑性变形引起的加工硬化；另一方面是高温下产生的再结晶软化。软化与扩散过程有关，能引起扩散过程加速进行的金属组织结构都将降低金属的蠕变抗力，加速金属的软化过程。因此，提高金属高温强度的途径主要是改变金属的成分和组织结构。具体有以下措施：

（1）提高金属的再结晶温度，其中包括改变金属的组织结构，如采用具有面心立方结构的奥氏体钢。因为面心立方的奥氏体的再结晶温度高于体心立方的铁素体，故奥氏体钢的高温强度高于铁素体钢。往钢中加入钨、钼、铬等合金元素，就能增强原子结合力，使扩散困难，提高其再结晶温度。

（2）采用高熔点的金属作为耐热合金的基础，如以镍、钼、铬等为基的耐热合金。

（3）采用粗晶粒金属。高温下沿晶界的扩散速度比晶粒内大，晶粒粗大时晶界少，因而高温强度高。

（4）高温下保持组织稳定。如弥散强化相在高温下稳定、不易溶解、不易聚集时，就能在高温下起到强化金属的作用，提高金属的高温强度。

31.3.2.3 常用耐热钢

A 抗氧化钢

抗氧化钢多用来制造炉用零件和热交换器，如燃气轮机燃烧室、锅炉吊钩、加热炉底板等，氧化剥落是零件损坏的主要原因。

抗氧化钢化学成分特点为：抗氧化钢的主要合金元素是铬、铝、硅。这些合金元素加入钢中后能使钢在加热时形成致密的氧化膜，从而提高钢的抗氧化性。碳会降低钢的抗氧化性，所以抗氧化钢的含碳量一般较低。

常用抗氧化钢分为铁素体型和奥氏体型抗氧化钢。奥氏体型抗氧化钢的抗氧化性与铁素体型抗氧化钢相当，但工艺性、热强性更好。通常加入一定量的 Mn、N 用来代替 Ni，构成奥氏体型抗氧化钢，如 3Cr18Mn12Si2N，2Cr20Mn9Ni2Si2N。它们的抗氧化性能很好，最高使用温度可达 1000℃，多用于制造加热炉的受热构件、锅炉吊钩等。它们常以铸件的形式使用，主要热处理是固溶处理，以获得均匀的奥氏体组织。

常用抗氧化钢的牌号、成分、热处理及用途见表 31-13。

表 31-13 常用抗氧化钢的牌号、成分、热处理及用途

类别	牌 号	化学成分/%						热处理	用途举例
		C	Mn	Si	Ni	Cr	其他		
铁素体钢	2Cr25N	≤0.20	≤1.50	≤1.00	≤0.60	23.00~27.00	N≤0.25	退火 780~880℃ （快冷）	耐高温腐蚀性强，1082℃ 以下不产生易剥落的氧化皮，用作 1050℃ 以下炉用构件
	0Cr13Al	≤0.08	≤1.00	≤1.00	≤0.60	11.50~14.50	Al 0.10~0.30	退火 780~830℃ （空冷）	最高使用温度 900℃，制作各种承受应力不大的炉用构件，如喷嘴、退火炉罩、吊挂等
奥氏体钢	0Cr25Ni20	≤0.08	≤2.00	≤1.50	19.00~22.00	24.00~26.00	—	固溶处理 1030~1180℃ （快冷）	可作为 1035℃ 以下的炉用材料
	1Cr16Ni35	≤0.15	≤2.00	≤1.50	33.00~37.00	14.00~17.00	—	固溶处理 1030~1180℃ （快冷）	抗渗碳、抗渗氮性好，在 1035℃ 以下可反复加热
	3Cr18Mn12Si2N	0.22~0.30	10.50~12.50	1.40~2.20	—	17.00~19.00	N 0.22~0.33	固溶处理 1100~1150℃ （快冷）	最高使用温度为 1000℃，制作渗碳炉构件、加热炉传送带、料盘等
	2Cr20Mn9Ni2-Si2N	0.17~0.20	8.50~11.00	1.80~2.70	2.00~3.00	18.00~21.00	N 0.20~0.30	固溶处理 1100~1150℃ （快冷）	最高使用温度为 1050℃，用途同 3Cr18Mn12Si2N。还可制造盐浴坩埚，加热炉管道，可代替 0Cr25Ni20

B　热强钢

热强钢的主要合金元素有铬、镍、钼、钨、钒、钛等。其中铬能提高钢的抗氧化性，还能提高钢的再结晶温度，因而能提高钢的高温强度；钼、钨是高熔点金属，进入固溶体后能提高钢的再结晶温度，也能析出较稳定的碳化物；钒和钛形成碳化物的能力高于钼和钨，它们能形成细小弥散的碳化物；镍主要用来形成稳定的奥氏体组织，以提高钢的高温强度。

碳是扩大奥氏体区的元素，对钢有强化作用，但在高温下由于碳化物的聚集，其强化作用显著降低，故碳含量一般较低。

常用的热强钢有珠光体型、马氏体型和奥氏体型热强钢。

（1）珠光体型热强钢。这类钢合金元素含量少，用于工作温度低于600℃的结构件，如锅炉的炉管、过热器、石油热裂装置等。它们一般在正火+高温回火（高于使用温度100~150℃）状态下使用，组织为细珠光体或索氏体+部分铁素体。常用牌号是15CrMo和12CrMoV两种。

（2）马氏体型热强钢。这类钢含有大量的铬，抗氧化性和热强性均好，淬透性很好，回火稳定性也很好，多用于制造600℃以下受力较大的零件，如汽轮机叶片等。它们一般在淬火+高温回火状态下使用，组织为回火马氏体。常用钢种为Cr12型（1Cr11MoV、1Cr12WMoV）和Cr13型（1Cr13、2Cr13）钢。

（3）奥氏体型热强钢。最常用的钢种是1Cr18Ni9Ti，它与Cr13一样，既是不锈钢又是耐热钢。其抗氧化性和热强性比珠光体型和马氏体型耐热钢高，工作温度可达750~800℃，常用于制作一些比较重要的零件，如燃气轮机轮盘和叶片等，这类钢一般进行固溶处理或固溶+时效处理。

常用耐热钢的牌号、化学成分、热处理、性能及用途见表31-14。

表31-14　常用耐热钢的牌号、化学成分、热处理、性能及用途

类别	牌号	化学成分/%						热处理		最高使用温度/℃	
		C	Cr	Mo	Si	W	其他	淬火温度/℃	回火温度/℃	抗氧化	热强性
珠光体钢	15CrMo	0.12~0.18	0.80~1.10	0.40~0.55	—	—	—	930~960（正火）	680~730	<560	—
	35CrMoV	0.30~0.38	1.00~1.30	0.20~0.30	—	—	V 0.10~0.20	980~1020（正火）	720~760	<580	—
马氏体钢	1Cr13	0.08~0.15	12.00~14.00	—	—	—	—	950~1000 油	700~750 快冷	800	480
	1Cr13Mo	0.16~0.24	12.00~14.00	—	—	—	—	970~1000 油	650~750 快冷	800	500
	1Cr11MoV	0.11~0.18	10.00~11.50	0.50~0.70	—	—	V 0.25~0.40	1050~1100 空冷	720~740 空冷	750	540
	1Cr12WMoV	0.12~0.18	11.00~13.00	0.50~0.70	—	0.70~1.10	V 0.18~0.30	1000~1050 油	680~700 空冷	750	580
	4Cr9Si2	0.35~0.50	8.00~10.00	—	2.00~3.00	—	—	1020~1040 油	700~780 油冷	800	650
	4Cr10Si2Mo	0.35~0.45	9.00~10.50	0.70~0.90	1.90~2.60	—	—	1020~1040 油、空	720~760 空冷	850	650

类别	牌号	化学成分/%						热处理		最高使用温度/℃	
		C	Cr	Mo	Si	W	其他	淬火温度/℃	回火温度/℃	抗氧化	热强性
奥氏体钢	0Cr18Ni11Ti	≤0.08	17.00~19.00	—	≤1.00	—	Ni9.00~13.00	920~1150 快冷	—	850	650
	4Cr14Ni14-W2Mo（14-14-2）	0.40~0.50	13.00~15.00	0.25~0.40	≤0.80	2.00~2.75	Ni13~15	1170~1200 固溶处理	—	850	750

31.3.3　耐磨钢

耐磨钢是指具有高耐磨性能的钢种，从广义上讲，耐磨钢也包括结构钢、工具钢、滚动轴承钢等。在各种耐磨材料中，高锰钢是具有特殊性能的耐磨钢，它在高压力和冲击负荷下能产生强烈的加工硬化，因而具有高耐磨性；高锰钢属于奥氏体钢，所以又具有优良的韧性。因此，高锰钢广泛用来制造磨料磨损、高压力和冲击条件下工作的零件。另一类耐磨性较好的材料是石墨钢。石墨钢是一种高碳铸钢，含碳量达 1.20%~1.60%，其铸态组织为粗大的珠光体及分布于晶界的二次渗碳体，经热处理后，渗碳体发生分解形成石墨，因此具有一定强度和高耐磨性。

31.3.3.1　耐磨钢的性能要求

耐磨钢主要用于运转过程中承受严重磨损和强烈冲击的零件，如车辆履带、挖掘机铲、破碎机颚板和铁路分道岔等。这类零件常见的失效方式为磨损，有时出现脆断。因此对耐磨钢的主要要求是有很高的耐磨性和韧性。

31.3.3.2　高锰钢的化学成分特点

高锰钢的含碳量为 0.9%~1.3%，含锰量为 11%~14%，另外还有 0.3%~0.8%的硅。

高含碳量是为了保证钢的耐磨性，但含碳量过高时，易在高温下析出碳化物，引起韧性下降，故含碳量一般不宜超过 1.4%。

锰起扩大奥氏体区、稳定奥氏体的作用，当锰与碳的比例达到 9~11 时，可以完全获得奥氏体组织。

加入一定量的硅是为了改善钢的流动性，起固溶强化作用，并提高钢的加工硬化能力。

31.3.3.3　高锰钢的热处理特点

由于机械加工困难，高锰钢基本上都采取铸造方式生产，如 ZGMn13。

高锰钢铸件的组织中存在着沿奥氏体晶界分布的碳化物，性质硬而脆，耐磨性也差，不能实际应用，因此必须经过热处理。

高锰钢都采用水韧处理。即将钢加热到 1050~1100℃，保温一段时间，待碳化物全部溶入奥氏体后，迅速水淬至室温（避免碳化物析出），获得均匀单一的奥氏体组织，此时的高锰钢具有很高的韧性，故这种处理称为水韧处理。

水韧处理后一般不回火，因为重新加热超过 300℃ 时，会有碳化物析出，使钢的性能降低。

31.3.3.4　性能特点

水韧处理后的高锰钢，室温下为奥氏体组织，具有很高的韧性，硬度不高。但它有很高的加工硬化能力，在冲击或压应力作用下，将迅速加工硬化，并诱发奥氏体转变为马氏体，使表面层硬度、耐磨性显著提高。

应当指出，在工作中受力不大的情况下，高锰钢的高耐磨性是发挥不出来的，这是因为高锰钢本身硬度较低。

附表　国内外常用钢材牌号对照

附表1　碳素结构钢国内外牌号对照

中国 GB	德国 DIN	美国 ASTM	日本 JIS	英国 BS	法国 NF	俄罗斯 ГОСТ
Q195		A283grA		040A10	A33	Cr1сп
Q215A	RSt34-2	A283grB	SS34	040A12	A34-2	Cr2сп
Q215AF	USt34-2					Cr2кп
Q215B	RSt34-2	A283grB	SS34	040A12	A34-2	BCr2сп
Q215BF	USt34-2					BCr2кп
Q235A	RSt37-2	A283grC	SS41	050A17	A37-2	Cr3сп
Q235AF	USt37-2					Cr3кп
Q235B	RSt37-2	A36	SS4	050A17	A37-2	BCr3сп
Q235Bb						BCr3пс
Q235BF	USt37-2					BCr3кп
Q255A	RSt42-2	A238grD		060A22	A42-2	Cr4сп
Q255B	RSt42-2			060A22	A42-2	BCr4сп
Q275	St50-2		SS50	060A32	A50-2	BCr5сп

附表2　优质碳素结构钢国内外牌号对照

中国 GB	国际标准 ISO	德国 DIN	美国 UNS	美国 AISI	日本 JIS	英国 BS	法国 NF	俄罗斯 ГОСТ
08	C10e		G10080	1008	S09CK	050A04		08
10F		CK10						10кп
10			G10100	1010	S10C	050A10	XC10	10
15F	C15e	CK15	G10150	1015	S15C	050A15		15кп
15	C20e	CK20	G10200	1020	S20C	050A20	XC12	15
20	C25e	CK25	G10250	1025	S25C	060A25	XC18	20
25	C30e	CK30	G10300	1030	S30C	060A30	XC25	25
30	C35e	CK35	G10350	1035	S35C	060A35	XC32	30
35	C40e	CK40	G10400	1040	S40C	060A40		35
40	C45e	CK45	G10450	1045	S45C	060A47	XC38H1	40
45	C50e	CK50	G10500	1050	S50C	060A52	XC42H1	45
50	C55e	CK55	G10550	1055	S55C	060A57	XC48H1	50
55	C60e	CK60	G10600	1060	S58C	060A62	XC55H1	55
60		CK67	G10650	1065		060A67		60
65			G10700	1070		060A72		65
70		CK75	G10750	1075		060A78	XC68	70

中国 GB	国际标准 ISO	德国 DIN	美 国		日本 JIS	英国 BS	法国 NF	俄罗斯 ГОСТ
			UNS	AISI				
75		CK80	G10800	1080		060A83	XC75	75
80			G10850	1085		060A86	XC80	80
85		14Mn4	G10160	1016	SB46	080A15		85
15Mn		21Mn4	G10220	1022		080A20		15г
20Mn			G10260	1026	S28C	080A25		20г
25Mn			G10330	1033	S30C	080A30		25г
30Mn			G10370	1037	S35C	080A35		30г
35Mn		40Mn4	G10390	1039	S40C	080A40		35г
40Mn			G10430	1043	S45C	080A47	XC38H2	40г
45Mn			G10530	1053	S50C	080A52	KC42H2	45г
50Mn			G15610	1561	S58C	080A62	XC48H2	50г
60Mn			G15660	1566		080A67	XC55H2	60г
65Mn			G15720	1572		080A72		65г

附表 3　合金结构钢国内外牌号对照

中国 GB	德国 DIN	美 国		日本 JIS	英国 BS	法国 NF	俄罗斯 ГОСТ
		UNS	AISI				
20Mn2	20Mn5	G13200	1320	SMn420	150M19	20M5	20г2
30Mn2	28Mn6	G13300	1330	SMn433	150M28	22M5	30г2
35Mn2	36Mn6	G13350	1335	SMn433	150M36	35M5	35г2
40Mn2		G13400	1340	SMn438		40M5	40г2
45Mn2	46Mn7	G13450	1345	SMn443		45M5	45г2
50Mn2	50Mn7					55M5	50г2
20MnV	17MnV6						
27SiMn	27MnSi5						27Cr
35SiMn	37MnSi5					38Ms5	35Cr
42SiMn	46MnSi4					41s7	42Cr
40B	35B2	G50401	50B40				
45B	45B2	G50461	50B46				
50B		G50501	50B50				
40MnB	40MnB4					38MB5	
20Mn2B						20MB5	
15Cr	15Cr3	G51150	5115	SCr415	527A17	12C3	15X
15CrA							15XA
20Cr	20Cr4	G51200	5120	SCr420	527A19	18C3	20X

中国 GB	德国 DIN	美　国		日本 JIS	英国 BS	法国 NF	俄罗斯 ГOCT
		UNS	AISI				
30Cr	28Cr4	G51300	5130	SCr430	530A30	28C4	30X
35Cr	34Cr4	G51350	5135	SCr435	530A36	38C4	35X
40Cr	41Cr4	G51400	5140	SCr440	530A40	42C4	40X
45Cr		G51450	5145	SCr445		45C4	45X
50Cr		G51500	5150			50C4	50X
38CrSi							38XC
12CrMo	13CrMo44					12CD4	12XM
15CrMo	15CrMo5			SCM415		15CD4.05	15XM
20CrMo	20CrMo4	G41190	4119	SCM420	CDS12	18CD4	20XM
30CrMo		G41300	4130	SCM430	CDS13	30CD4	30XM
35CrMo	34CrMo4	G41350	4135	SCM435	708A37	34CD4	35XM
42CrMo	42CrMo4	G41400	4140	SCM440	708A40	42CD4	38XM
35CrMoV	35CrMoV5						35XMФ
12Cr1MoV	13CrMoV4.2						12X1MФ
38CrMoAl	41CrAlMo7		6470E	SACM645	905M35	40CAD6.12	38XMЮA
20CrV	21CrV4	G61200	6120				20XФ
40CrV	42CrV6		6140				40XФA
50CrVA	50CrV4	G61500	6150	SUP10	735A50	50CV4	50XФA
15CrMn	16MnCr5					16MC5	15XГ
20CrMn	20MnCr5	G51200	5120	SMnC420		20MC5	20XГ
40CrMn			5140	SMnC443			40XГ
20CrMnMo	20CrMo5		4119	SCM421			25XГM
40CrMnMo				SCM440	708M40	42CD4	38XГM
30CrMnTi	30MnCrTi4						30XГT
20CrNi	20NiCr6		3120		637M17	20NC6	20XH
40CrNi	40NiCr6	G31400	3140	SNC236	640M40	35NC6	40XH
45CrNi	45NiCr6	G31450	3145				45XH
50CrNi			3150				50XH
12CrNi2	14NiCr10		3215	SNC415		14NC11	12XH2
12CrNi3	14NiCr14		3415	SNC815	655M13	14NC12	12XH3A
20CrNi3	22NiCr14					20NC11	20XH3A
30CrNi3	31NiCr14		3435	SNC631	653M31	30NC12	30XH3A
37CrNi3	35NiCr18		3335	SNC836		35NC15	37XH3
12Cr2Ni4	14NiCr18	G33106	3310		659M15	12NC15	12X2H4A
20Cr2Ni4			3320			20NC14	ZOX2H4A
20CrNiMo	21NiCrMo2	G86200	8620	SNCM220	805M20	20NCD2	20XHM
40CrMMoA	36NiCrMo4	G43400	4340	SNCM439	817M40	40NCD3	40XHM

附表 4　弹簧钢国内外牌号对照

中国 GB	德国 DIN	美 国		日本 JIS	英国 BS	法国 NF	俄罗斯 ГОСТ
		UNS	AISI				
65	CK67	G10650	1065		080A67	XC65	65
70		G10700	1070		070A72	XC70	70
85	CK85	C10840	1084	SUP3		XC85	85
65Mn		G15660	1566				65Г
55Si2Mn	55Si7	G92550	9255	SUP6	250A53	56SC7	55С2
60Si2Mn	66Si7	G92600	9260	SUP7	250A58	61SC7	60С2
60Si2MnA							60С2А
60Si2CrA	67SiCr5				685A55		60С2ХА
60SiCrVA							60С2ХфА
55CrMnA	55Cr3	G51550	5155	SUP9		55С3	55ХГА
60CrMnA		G51600	5160	SUP9A	527H60		60С2
60CrMnMoA		G41610	4161	SUP13	805A60		
50CrVA	50CrV4	G61500	6150	SUP10	735A50	50CV4	55ХфА
60CrMnBA		G51601	51B60	SUP11A			55ХГРА

附表 5　低合金高强度结构钢国内外牌号对照

中国 GB	国际标准 ISO	德国 DIN	美国 ASTM	日本 JIS	英国 BS	法国 NF	俄罗斯 ГОСТ
Q295A		15Mo3，PH295	Gr. 42	SPFC490		A50	295
Q295B		15Mo3，PH295	Gr. 42	SPFC490		A50	295
Q345A		Fe510C	Gr. 50	SPFC590	Fe510C	Fe510C	345
Q345B	E355CC		Gr. 50	SPFC590			345
Q345C	E355DD			SPFC590			345
Q345D	E355E						345
Q390A				STKT540			390
Q390B	E390CC			STKT540			390
Q390C	E390DD			STKT540		A550-I	390
Q390D	E390E						
Q420B	E420CC					E420-I	
Q460C	E460DD			SMA570		E460T-II	

附表 6　碳素工具钢国内外牌号对照

中国 GB	德国 DIN	美 国		日本 JIS	英国 BS	法国 NF	俄罗斯 ГОСТ
		UNS	AISI				
T8	C80W2	T72301	W108Extra	SK6，SK5		1104Y₁75	У8
T8A	C80W1	T72301	W108Special				У8А
T8Mn							У8Г
T8MnA	C85W						У8ГА
T9		T72301	W109Extra	SK5，SK4	BW1A	1103Y190	У9
T9A		T72301	W109Special			1203 Y290	У9А
T10	C105W2	T72301	W110Extra	SK4，SK3	BW1B	1303Y390	У10
T10A	C105W1	T72301	W110Special				У10А
T11	C110W	T72301	W110Extra	SK3			У11
T11A		T72301	W110Special			1202Y2105	У11А
T12		T72301	W112Eatra	SK2	BW1C	1102Y1105	У12
T12A		T72301	W112Special			1201Y2120	У12А
T13	C125W			SK1		1101Y1120	У13
T13A	C125W1					1200Y2135	У13А

附表 7　不锈钢国内外牌号对照

中国 GB	国际标准 ISO	德国 DIN	美 国		日本 JIS	英国 BS	法国 NF	俄罗斯 ГОСТ
			UNS	AISI				
1Cr18Ni9	12	X12CrNi18. 8	S30200	302	SUS302	302S25	Z10CN18. 09	12X18H9
1Cr18M9Ti		X12CrNiTi18. 9				321S20	Z10CNT18. 10	12X18H9T
0Cr13	1	X7Cr13	S41008	410S	SUS410S	403S17	Z6C13	08X13
1Cr17	8	X8Cr17	S43000	430	SUS430	430S15	Z8C17	12X7
1Cr13	3	X10Cr13	S41000	410	SUS410	410S27	Z12C13	12X13
3Cr13	5	X30Cr13			SUS420J2	420S45	Z30C13	30X13
1Cr17Ni2	9	X22CrNi17	S43100	431	SUS431	431S29	Z15CN16. 02	14X17H2
0Cr18Ni9	11	X5CrNi18. 9	S30400	304	SUS304	304S15	Z6CN18. 09	08K18Hi0

参 考 文 献

[1] 王雅贞，张岩. 新编连续铸钢工艺与设备 [M]. 2版. 北京：冶金工业出版社，2007.

[2] 史宸兴. 实用连铸冶金技术 [M]. 北京：冶金工业出版社，2005.

[3] 黄如林，刘新佳，汪群. 切削加工简明实用手册 [M]. 北京：化学工业出版社，2004.

[4] 安继儒. 中外常用金属材料手册 [M]. 西安：陕西科学技术出版社，2005.

[5] 崔占全，孙振国. 工程材料 [M]. 北京：机械工业出版社，2003.

[6] 李方连. 金属学及热处理 [M]. 北京：冶金工业出版社，2002.

[7] 赵忠，丁仁亮，周而康. 金属材料及热处理 [M]. 北京：机械工业出版社，2000.

冶金工业出版社部分图书推荐

书　名	作　者	定价(元)
冶炼基础知识（高职高专教材）	王火清	40.00
连铸生产操作与控制（高职高专教材）	于万松	42.00
小棒材连轧生产实训（高职高专实验实训教材）	陈　涛	38.00
型钢轧制（高职高专教材）	陈　涛	25.00
高速线材生产实训（高职高专实验实训教材）	杨晓彩	33.00
炼钢生产操作与控制（高职高专教材）	李秀娟	30.00
地下采矿设计项目化教程（高职高专教材）	陈国山	45.00
矿山地质（第2版）（高职高专教材）	包丽娜	39.00
矿井通风与防尘（第2版）（高职高专教材）	陈国山	36.00
采矿学（高职高专教材）	陈国山	48.00
轧钢机械设备维护（高职高专教材）	袁建路	45.00
起重运输设备选用与维护（高职高专教材）	张树海	38.00
轧钢原料加热（高职高专教材）	戚翠芬	37.00
炼铁设备维护（高职高专教材）	时彦林	30.00
炼钢设备维护（高职高专教材）	时彦林	35.00
冶金技术认识实习指导（高职高专实验实训教材）	刘艳霞	25.00
中厚板生产实训（高职高专实验实训教材）	张景进	22.00
炉外精炼技术（高职高专教材）	张士宪	36.00
电弧炉炼钢生产（高职高专教材）	董中奇	40.00
金属材料及热处理（高职高专教材）	于　晗	33.00
有色金属塑性加工（高职高专教材）	白星良	46.00
炼铁原理与工艺（第2版）（高职高专教材）	王明海	49.00
塑性变形与轧制原理（高职高专教材）	袁志学	27.00
热连轧带钢生产实训（高职高专教材）	张景进	26.00
连铸工培训教程（培训教材）	时彦林	30.00
连铸工试题集（培训教材）	时彦林	22.00
转炉炼钢工培训教程（培训教材）	时彦林	30.00
转炉炼钢工试题集（培训教材）	时彦林	25.00
高炉炼铁工培训教程（培训教材）	时彦林	46.00
高炉炼铁工试题集（培训教材）	时彦林	28.00
锌的湿法冶金（高职高专教材）	胡小龙	24.00
现代转炉炼钢设备（高职高专教材）	季德静	39.00
工程材料及热处理（高职高专教材）	孙　刚	29.00